Mechanik, Werkstoffe und Konstruktion im Bauwesen

Band 45

Institutsreihe zu Fortschritten bei Mechanik, Werkstoffen, Konstruktionen, Gebäudehüllen und Tragwerken.

Johannes Franz

Untersuchungen zur Resttragfähigkeit von gebrochenen Verglasungen

Investigation of the residual load-bearing behaviour of fractured glazing

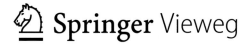

Johannes Franz
Institut für Statik und Konstruktion
Technische Universität Darmstadt
Darmstadt, Deutschland

Dissertation Technische Universität Darmstadt, 2015

D 17

Mechanik, Werkstoffe und Konstruktion im Bauwesen
ISBN 978-3-662-48555-2   ISBN 978-3-662-48556-9 (eBook)
DOI 10.1007/978-3-662-48556-9

Die Deutsche Nationalbibliothek verzeichnet diese Publikation in der Deutschen Nationalbibliografie; detaillierte bibliografische Daten sind im Internet über http://dnb.d-nb.de abrufbar.

Springer Vieweg

Gedruckt auf säurefreiem und chlorfrei gebleichtem Papier

Springer Berlin Heidelberg ist Teil der Fachverlagsgruppe Springer Science+Business Media
(www.springer.com)

Danksagung

Die vorliegende Arbeit entstand während meiner Tätigkeit als wissenschaftlicher Mitarbeiter am Institut für Statik und Konstruktion der Technischen Universität Darmstadt.

Daher gilt auch mein besonderer Dank Herrn Prof. Dr.-Ing. Jens Schneider für die Übernahme des Referats, das entgegengebrachte Vertrauen und Interesse an meiner Forschung, die freie wissenschaftliche Entfaltung sowie die stets wohlwollende Förderung und Betreuung.

Ebenso danke ich herzlich Herrn Prof. habil. Dr.-Ing. Stefan Kolling der Technischen Hochschule Mittelhessen für seine Bereitschaft zur Übernahme des Korreferats, den motivierenden wissenschaftlichen Zugang in die Polymermechanik und die stets freundliche Unterstützung bei der Bearbeitung meiner Arbeit insbesondere bei mechanischen und numerischen Fragestellungen.

Bei meinen Kollegen und Mitarbeitern des Institutes bedanke ich mich für die gute Zusammenarbeit. Dabei gilt mein besonderer Dank Jonas Hilcken, Jonas Kleuderlein, Johannes Kuntsche und Sebastian Schula für die inspirierenden Diskussionen und Ratschläge. Für die Unterstützung bei den experimentellen Untersuchungen und den dabei entstandenen Studienarbeiten möchte ich mich bei den Studierenden bedanken, die dadurch einen nicht unerheblichen Anteil zur Fertigstellung dieser Arbeit beigetragen haben. Bei Herrn Dipl.-Ing. Stefan Hiss von Kuraray Europe GmbH für die unermüdliche und kostenfreie Bereitstellung der zahlreichen und komplexen Probekörper. Die vielfältigen Versuche wären ohne die wohlwollende Unterstützung des Deutschen Instituts für Bautechnik und dessen Mitarbeiterin Frau Dipl.-Ing. Monika Herr nicht möglich gewesen.

Ich danke Joschi, Krystyna, Marion und Reinhard für die konstruktive Kritik und das Korrekturlesen meiner Arbeit sowie bei Andi und Ratz für die uneingeschränkten Unterstützungen über all die Jahre.

Meiner Familie, insbesondere meiner Frau Kerstin, danke ich für die entgegengebrachte Unterstützung und Geduld während meiner wissenschaftlichen Tätigkeit.

Hausen, im August 2015   *Johannes Franz*

Kurzzusammenfassung

Im Bauwesen verwendete horizontale Verglasungen, die nicht den geregelten bautechnischen konstruktiven Randbedingungen entsprechen, müssen gemäß den Vorgaben der deutschen Bauaufsichtsbehörde einem der Einbausituation angepassten Resttragfähigkeitsversuch unterzogen werden.

Die vorliegende Arbeit leistet einen praxisrelevanten Beitrag zum derzeitigen Wissenstand von gebrochenen Verbundgläsern und zeigt eine Weiterentwicklung der aufwendigen Resttragfähigkeitsversuche auf.

Um die Zeit- und Kostenintensität der Resttragfähigkeitsversuche zu verbessern sowie die Reproduzierbarkeit solcher zu ermöglichen, wird der Frage nachgegangen, inwieweit eine Klassifizierung der Zwischenschicht von Verbundglas hinsichtlich der Resttragfähigkeit möglich ist. Dazu werden verschiedene Prüfmethoden mit unterschiedlichen Zwischenschichten betrachtet, welche das Verbundglas als Ganzes im Kontext der Resttragfähigkeit berücksichtigen.

Die Ergebnisse zeigen, dass die beiden Prüfmethoden Through-Cracked-Bending Test und Through-Cracked-Tensile Test eine Klassifizierung der Zwischenschicht über den Vergleich zur Standardfolie für Bauanwendungen ermöglichen. Zudem wird aus den Ergebnissen die Bedeutung des Delaminationsvermögens der Folie vom Glas im gebrochenen Zustand deutlich.

Basierend auf diesen Erkenntnissen wird das Delaminationsvermögen von verschiedenen Haftgraden der Standardfolie im Through-Cracked-Tensile Test bei unterschiedlichen Wegraten studiert. Das Delaminationsvermögen des Verbundglases kann mittels seiner Energiefreisetzungsrate charakterisiert werden, welche die benötigte Energie zur Ablösung der Folie vom Glas quantifiziert. Aus den experimentellen Versuchen kann eine Korrelation zwischen der Energiefreisetzungsrate und dem Haftgrad sowie der Wegrate festgestellt werden.

Anhand dieser Ergebnisse wird die numerische Abbildung der Delamination der Folie in gebrochenem Verbundglas mit Kohäsivzonenmodellen in dieser Grenzschicht mittels der Methode der finiten Elemente eingehend untersucht. Hierzu werden verschiedene Materialgesetze der Folie und der Grenzschicht beleuchtet.

Der Vergleich zwischen den experimentellen Versuchsergebnissen und den numerischen Ergebnissen zeigt, dass die Modellierung der Grenzfläche mit Kohäsivzonenmodellen eine geeignete Methode darstellt, um das Verhalten von gebrochenen Verglasungen realitätsnah abzubilden. Die Finite Elemente Berechnungen zeigen jedoch auch die derzeitigen Grenzen der implementierten Materialgesetze, insbesondere bei ratenabhängigen Materialien mit großen Dehnungen, auf.

Abstract

Laminated horizontal glazing used in construction falling outside of German building regulations must be subjected to a residual load-bearing capacity test. The test is set up to resemble the installation situation in accordance with the individual guidelines of the German building supervisory board.

The following work contributes to the existing knowledge of fractured laminated glazing and expands on approaches of performing the residual loading-bearing capacity test. The objective is to optimize the procedure for carrying out the residual load-bearing test in terms of time and cost, and to address the lack of reproducibility of residual load-bearing capacity tests.

Methods for classifying laminated glass interlayers in terms of their residual load-bearing capacity are investigated by subjecting various types of interlayers to several different test methods. The results show that two testing methods – the Through-Cracked-Bending Test and the Through-Cracked-Tensile Test – may be used to classify laminated glass interlayers relative to a standard interlayer for construction applications. Findings also point to the importance of considering the delamination capacity of the interlayer in fractured laminated glazing.

Based on the results of these investigations, the delamination behaviour of different adhesion levels of a standard interlayer are studied by the means of the Through-Cracked-Tensile Test which is performed with different displacement rates. The delamination capacity of fractured laminated glass can be characterized by its energy release rate, which quantifies the interfacial energy required to detach the interlayer from glass. The experimental tests undertaken reveal that the energy release rate is dependent on the interlayer adhesion level and displacement rate.

Finally, the interfacial delamination of fractured laminated glazing exhibited in experimental testing is simulated through a finite element model consisting of cohesive zone models between the interlayer and the glass. Therefore, various material laws of the interlayer and the interfacial adhesion are taken into account. The partial agreement between experimental test results and the finite element model results indicates that a numerical approach based on the cohesive zone model is a viable method for assessing the behavior of fractured glass. The finite element analysis also reveals that existing finite element programs have shortcomings with respect to their capability of simulating rate-dependent material behaviour with high strain.

Inhaltsverzeichnis

Abbildungsverzeichnis

Tabellenverzeichnis

Abkürzungen und Formelzeichen

Abkürzungen

abZ	allgemeine bauaufsichtliche Zulassung
BG	Trosifol® Building Grade
BG R10	Trosifol® Building Grade R10
BG R15	Trosifol® Building Grade R15
BG R20	Trosifol® Building Grade R20
BRL	Bauregelliste A Teil 1
DCB Test	Double-Cantilever-Beam Test
DIBt	Deutsches Institut für Bautechnik
DMS	Dehnungsmessstreifen
DMTA	Dynamisch Mechanisch Thermische Analyse
E-Modul	Elastizitätsmodul
ENF Test	End-Notched-Flexure Test
ES	Trosifol® Extra Strong
ESG	Einscheiben-Sicherheitsglas
ESZ	ebener Spannungszustand
EVA	Ethylenvinyl-Acetat
EVZ	ebener Verzerrungszustand
FE	Finite Elemente
FEM	Finite Elemente Methode
HMWV	Hessisches Ministerium für Wirtschaft, Energie, Verkehr und Landesentwicklung
ISMD	Institut für Statik und Konstruktion
LEBM	linear elastische Bruchmechanik
MLTB	Muster-Liste der Technischen Baubestimmung
PE	Polyethylen
PVB	Polyvinyl-Butyral
SC	Trosifol® Sound Control

SC^+	Trosifol® Sound Control Plus
SentryGlas®	DuPont SentryGlas® Type SG 5000
TCB Test	Through-Cracked-Bending Test
TCT Test	Through-Cracked-Tensile Test
TRAV	Technische Richtlinie für absturzsichernde Verglasungen
TRLV	Technische Richtlinie für linienförmig gelagerte Verglasungen
TVG	Teilvorgespanntes Glas
VG	Verbundglas
VSG	Verbund-Sicherheitsglas
ZiE	Zustimmung im Einzelfall

Wichtige Formelzeichen

a, δ, w	Separation, Verschiebung
$\mathbb{C}$	Elastizitätstensor 4. Stufe
d_f	Dicke der Zwischenschicht des VSG
d_g	Dicke des Glases
E	Elastizitätsmodul
ε_b	Bruchspannung
$\boldsymbol{\varepsilon}$	Verzerrungstensor
ε	Dehnung
F, P	Kraft im Versuch
$\mathcal{G}, \mathcal{G}_\mathrm{n}, \mathcal{G}_\mathrm{t}$	Energiefreisetzungsraten
h	halbe Dicke der Zwischenschicht
l, l_0	Länge, Ausgangslänge
λ_i	Hauptstreckung eines Linienelements
n	Anzahl der Proben (Stichprobe)
Π	elastisches Potential
$\boldsymbol{\sigma}$	Spannungstensor
σ_b	Bruchspannung (Zug- oder Druckversagen)
σ_t	technische Spannung
σ_w	wahre Spannung
s	Standardabweichung einer Stichprobe der Zufallsvariable x
τ	Schubspannung
τ_b	Bruchspannung (Scherversagen)
T	Temperatur

T_f	Schmelztemperatur
T_g	Glasübergangs- bzw. Transformationstemperatur
T_n, T_t	Kohäsionsspannungen
t	Zeit
V	Variationskoeffizient
W	Arbeit
$\bar{x}$	Mittelwert: Erwartungswert der Zufallsvariable x

Wichtige mathematische Operatoren

$\mathbf{1}$	Einheitstensor 2. Stufe, dessen Komponenten auf der Hauptdiagonalen den Wert 1 besitzen und alle anderen Komponenten den Wert 0
:	Doppelte Überschiebung entspricht der zweifachen Verjüngung bei einem Tensorprodukt
$\mathrm{tr}()$	Spur eines Tensors, die der Summe der Komponenten der Hauptdiagonalen entspricht
d	Totales Differential einer Funktion
$\det()$	Determinante eines Tensors 2. Stufe
$\mathrm{grad}()$	Gradient einer partiell differenzierbaren Funktion
∂	Partielle Ableitung einer Funktion

1 Einleitung

1.1 Problemstellung

In der Vergangenheit wurde Architekturglas für Fensterverglasungen von Gebäuden verwendet mit dem pragmatischen Zweck, Helligkeit aufgrund der transparenten Eigenschaft von Glas ins Gebäude zu leiten. In der modernen Architektur sind mittlerweile Verglasungen zu einem gestalterischen Stilmittel avanciert, das bei Fassaden, Dachkonstruktionen oder Überdachungen dem Gebäude und der Gebäudehülle ein oftmals filigranes und charakteristisches Aussehen verleiht.

Ermöglicht wurde dies durch den Einzug des Verbundglases ins Bauwesen. Glas versagt als spröder Werkstoff ohne Vorankündigung, wodurch bei monolithischen Verglasungen eine Gefährdung durch herabfallende Glasbruchstücke entsteht. Verbundglas besteht aus mindestens zwei Glasscheiben und einer polymeren Zwischenschicht. Verbundglas mit einer Zwischenschicht aus Polyvinyl-Butyral (PVB) ist ein geregeltes Bauprodukt und wird als Verbund-Sicherheitsglas (VSG) bezeichnet. Durch die Kombination des Glases mit einem Kunststoff werden die physikalischen Eigenschaften maßgeblich verbessert. Der Verbundwerkstoff versagt nicht mehr schlagartig, sondern kann bei der richtigen Wahl des Kunststoffes einer Belastung weiter standhalten, obwohl alle Glasscheiben gebrochen sind.

Die Fähigkeit des Verbundglases in diesem Zustand in der Konstruktion zu verbleiben und mindestens sein Eigengewicht über einen definierten Zeitraum abtragen zu können, wird als Resttragfähigkeit bezeichnet (siehe Abb. 1.1). Die Anforderungen an die Resttragfähigkeit von Horizontalverglasungen sind in den Normen und den technischen Richtlinien definiert. Die Resttragfähigkeit wird über Bauteilversuche nachgewiesen.

Ein typischer Resttragfähigkeitsversuch ist in Abb. 1.2 abgebildet. Es zeigt ein vollständig gebrochenes VSG, das zusätzlich zu seiner Eigenlast ein Gewicht von 250 kg über einen Zeitraum von 24 h standhalten muss. Für Standardbauteile, die den in den Normen geregelten technischen konstruktiven Randbedingungen entsprechen, müssen keine Resttragfähigkeitsversuche durchgeführt werden. Andere Bauteile hingegen gelten als nicht geregelte Bauprodukte und es bedarf einer Zustimmung im Einzelfall (ZiE). Diese ist durch die Bauteilversuche sehr zeit- sowie kostenintensiv und wird nach Möglichkeit vermieden.

Aufgrund dessen ist es wünschenswert, den Widerstand und die Standdauer von gebrochenen Verglasungen zu prognostizieren. Hierzu muss der Versagensmechanismus verstanden, untersucht und quantifiziert werden. Mit den derzeit angewandten Resttragfä-

Abbildung 1.1   Resttragfähigkeit einer punktförmig gelagerten Horizontalverglasung aus Verbund-Sicherheitsglas

higkeitsversuchen ist eine solche Prognose nicht ansatzweise möglich. Es lässt sich nur feststellen, ob ein Bauteil den definierten Einwirkungen standhält oder nicht. Wie sich das untersuchte Bauteil unter anderen Randbedingungen verhält, kann nicht vorhergesagt werden.

Die Beurteilung der Resttragfähigkeit wird auch aufgrund des zunehmenden Einsatzes neuer Zwischenschichtmaterialien im Verbundglas immer wichtiger. Dies macht eine Untersuchung des Einflusses der Materialeigenschaften dieser Zwischenschichten auf die Resttragfähigkeit im Vergleich zu den üblicherweise verwendeten PVB-Folien notwendig. Folgerichtig müssen hierfür Mindestanforderungen an die maßgeblichen Eigenschaften des Verbundglases definiert werden. Dies sind die Haftung zwischen der Glasoberfläche und der Zwischenschicht, die Steifigkeit und die Bruchdehnung der Zwischenschicht. Mit den derzeit anerkannten Prüfmethoden, Pendelschlagversuch nach DIN EN 12600, Kugelfallversuch nach DIN 52338 oder Pummeltest, können diese Eigenschaften nicht näher quantifiziert werden.

1.2 Zielsetzung und Aufbau der Arbeit

Ausgehend von den oben dargestellten Problemstellungen der Resttragfähigkeit von Verglasungen ist es Ziel dieser Arbeit, Prüfmethoden zu entwickeln, mit denen ein Vergleich verschiedener Zwischenschichten mit der herkömmlichen PVB-Folie möglich ist, um eine Klassifizierung hinsichtlich der Resttragfähigkeit machen zu können und den experimentellen Aufwand dabei gering zu halten.

Es wird zunächst das mechanische Tragverhalten von gebrochenem Verbundglas charakterisiert.

Im Anschluss werden Prüfmethoden entwickelt, anhand derer Aussagen zur Resttragfähigkeit gemacht werden können. Die Prüfungen sollen an Kleinbauteilen erfolgen, einfach und reproduzierbar sein.

Abbildung 1.2 Resttragfähigkeitsprüfung einer Verglasung in Einbausituation

Da die Resttragfähigkeit sowohl von der Widerstandsfähigkeit der Zwischenschicht (Steifigkeit und Festigkeit) als auch von der Haftung zwischen Glasoberfläche und Zwischenschicht abhängig ist, wurden ausschließlich experimentelle Versuche durchgeführt, die das Verbundglas als Ganzes und nicht die einzelnen Werkstoffe Glas und Kunststoff getrennt voneinander berücksichtigen.
Aufbauend auf den herausgearbeiteten Prüfmethoden soll ein Kriterium abgeleitet werden, das zur Beurteilung der Resttragfähigkeit herangezogen werden kann.

Ein weiteres Ziel dieser Arbeit ist es, numerische Berechnungsansätze aufzuzeigen, mit denen die Interaktion zwischen Haftung und Steifigkeit der Zwischenschicht abgebildet werden kann. Ist die Haftung im Vergleich zur Steifigkeit und Bruchdehnung der Zwischenschicht gering, so kommt es zu einem Ablösen der Zwischenschicht von der Glasoberfläche. Dies wird als Delamination bezeichnet und soll in dieser Arbeit mit Kohäsivzonenmodellen numerisch umgesetzt werden.

Die numerischen Berechnungen sollen die Grundlage für weitere Forschungsarbeiten bilden, deren Ziel eine Prognose der Resttragfähigkeit von gebrochenen Verglasungen ist.

Zusammengefasst werden für die vorliegende Arbeit folgende Zielsetzungen definiert:

- Charakterisierung des Tragverhaltens von VSG,

- Entwicklung einer Prüfmethode zur Klassifizierung der Zwischenschicht von VSG hinsichtlich der Resttragfähigkeit,

- Ableitung mechanischer Größen für eine Klassifizierung von Zwischenmaterialien von VSG hinsichtlich der Resttragfähigkeit,

- Numerische Berechnung der Delamination von PVB in gebrochenem VSG.

In Abb. 1.3 ist der Aufbau der Arbeit dargestellt.

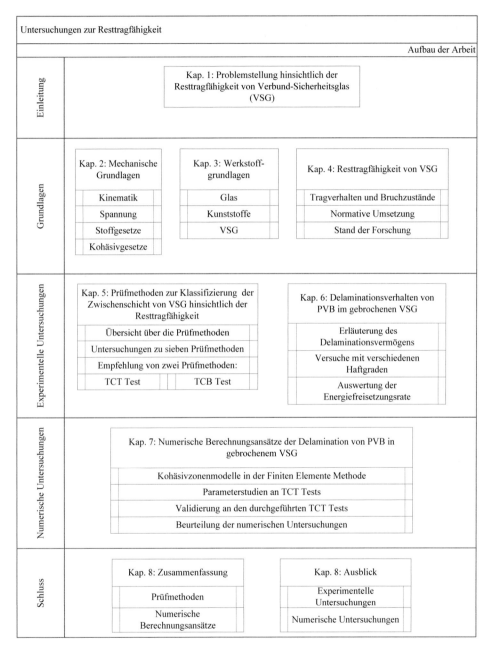

Abbildung 1.3 Aufbau der Arbeit

2 Mechanische Grundlagen

2.1 Allgemeine Bemerkungen

Für das Verständnis der durchgeführten experimentellen Versuche und numerischen Betrachtungen werden zunächst die notwendigen mechanischen Grundlagen geschaffen. Diese sind allgemeingültig und sind im Wesentlichen aus (BECKER et al., 2002; GROSS et al., 2011; GROSS et al., 2007; HOLZAPFEL, 2000; ALTENBACH, 2012) entnommen. Als Notation für Tensoren wird die folgende Schreibweise verwendet:

- a : Skalar (Tenor 0. Stufe) ,

- $\vec{a}$: Vektor (Tensor 1. Stufe) ,

- $\boldsymbol{a}$: Tensor 2. Stufe, speziell: $\boldsymbol{1}$ ist der Einheitstensor ,

- $\mathbb{A}$: Tensor 4. Stufe .

2.2 Kinematik

2.2.1 Deformation

Erfährt ein materieller Punkt in einem Körper eine Verschiebung, wird dies als Deformation bezeichnet (siehe Abb. 2.1). Die undeformierte Lage des materiellen Punktes P_0 wird Ausgangs- bzw. Referenzkonfiguration genannt. In der deformierten Lage befindet sich dagegen der materielle Punkt P in der Momentankonfiguration, die oftmals auch aktuelle Konfiguration genannt wird.

Die Beschreibung eines beliebigen Punktes des Körpers erfolgt im dreidimensionalen euklidischen Punktraum, der als $\mathbb{E}^3$ bezeichnet wird. Darin werden die Punkte in der Ausgangskonfiguration mittels Ortsvektoren $\vec{X}$ in der Lagrangesche Darstellung dargestellt, in der Momentankonfiguration durch die Ortsvektoren $\vec{x}$ in der Eulerschen Darstellung. Die Lagrangeschen Darstellung wird als materielle Beschreibung bezeichnet, da sich der „Betrachter" auf dem Körper befindet und dadurch immer den selben Körper beschreibt. Dagegen wird die Eulersche Darstellung als raumfeste Beschreibung aufgefasst, denn der „Betrachter" befindet sich an einem festen Ort außerhalb des Körpers und kann dadurch die Änderung der Eigenschaften eines oder mehrerer Körper beschreiben. Diese Darstellung wird vor allem in der Fluidmechanik zugrunde gelegt.

In der Festkörpermechanik wird die Lagrangesche Darstellung bevorzugt. Aus diesem Grund wird die hier vorgestellte Kinematik in der Lagrangesche Darstellung beschrieben. Die Menge aller Ortsvektoren bilden den undeformierten bzw. deformierten Körper B_0 bzw. B und die dazugehörigen Oberflächen ∂B_0 bzw. ∂B.

Die Verschiebung der materiellen Punkte im Körper wird durch die Ortsvektoren und die Einführung des Verschiebungsvektors $\vec{u}$ dargestellt:

$$\vec{x} = \vec{X} + \vec{u} \quad . \tag{2.1}$$

Die Deformation des elastischen Körpers ist als eine eindeutig bestimmte, umkehrbare Abbildung von B_0 nach B postuliert. Damit ist eine Bewegungsbeziehung zwischen den beiden Konfigurationen möglich:

$$\vec{x} = \vec{x}\left(\vec{X},t\right) \quad . \tag{2.2}$$

Die Deformation eines materiellen Linienelementes $d\vec{X}$ in der Referenzkonfiguration am Punkt P_0 kann mit dem Deformationsgradienten $\boldsymbol{F}$ in ein Linienelement $d\vec{x}$ in der Momentankonfiguration am Punkt P überführt werden:

$$d\vec{x} = \frac{\partial \vec{x}\left(\vec{X},t\right)}{\partial \vec{X}} d\vec{X} = \text{grad}\left(\vec{x}\right) d\vec{X} = \boldsymbol{F}\, d\vec{X} \quad , \text{mit} \quad \boldsymbol{F} = \frac{\partial \vec{x}}{\partial \vec{X}} \quad . \tag{2.3}$$

Der Deformationsgradient $\boldsymbol{F}$ besitzt demnach eine Basis mit jeweils einem Basisvektor in der Ausgangskonfiguration und in der Momentankonfiguration. Er berücksichtigt sowohl die Längenänderung des Linienelementes $d\vec{X}$ als auch die Starrkörperbewegungen des Körpers. Der Deformationsgradient kann polar in eine Abbildung aus einer reinen Rotation mit anschließender Streckung oder umgekehrt zerlegt werden:

$$\boldsymbol{F} = \boldsymbol{R}\boldsymbol{U} = \boldsymbol{V}\boldsymbol{R} \quad . \tag{2.4}$$

Der Rechts-Strecktensor $\boldsymbol{U}$ und der Links-Strecktensor $\boldsymbol{V}$ sind symmetrisch und positiv definit. Der Drehtensor $\boldsymbol{R}$ ist orthogonal $\left(\boldsymbol{R}^{\text{T}}\boldsymbol{R} = \boldsymbol{R}\boldsymbol{R}^{\text{T}} = \boldsymbol{1}\right)$. Der Zusammenhang des Körpers muss gewährleistet sein; auch eine Durchdringung des Körpers ist auszuschließen. Um dies zu gewährleisten, muss die Jakobi-Determinante des Deformationsgradienten $J = \det\boldsymbol{F} > 0$ sein. Folglich existiert auch die Inverse $\boldsymbol{F}^{-1}$, welche die Voraussetzung für die Umkehrbarkeit einer Deformation eines elastischen Körpers ermöglicht.

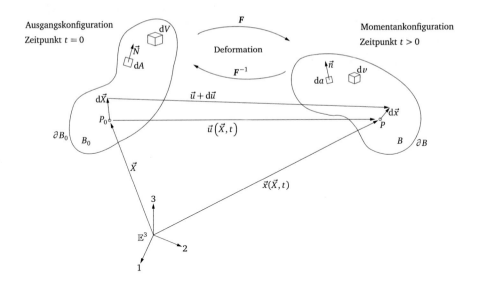

Abbildung 2.1 Schematische Darstellung der Deformation eines Körpers

Mit Einführung des Verschiebungsgradienten $\boldsymbol{H}$ lässt sich der Deformationsgradient $\boldsymbol{F}$ unter Berücksichtigung von Gleichung (2.1) darstellen als:

$$\boldsymbol{F} = \mathrm{grad}\left(\vec{X} + \vec{u}\left(\vec{X}, t\right)\right) = 1 + \mathrm{grad}\left(\vec{u}\right) = 1 + \boldsymbol{H} \qquad , \text{mit} \quad \boldsymbol{H} = \frac{\partial \vec{u}}{\partial \vec{X}} \quad . \qquad (2.5)$$

Der Einheitsvektor $\vec{N}$ in der Ausgangskonfiguration steht senkrecht auf dem infinitesimalen Flächenelement $\mathrm{d}A$ (siehe Abb. 2.1). Dadurch ist $\mathrm{d}\vec{A} = \vec{N}\,\mathrm{d}A$ der Schnittflächenvektor, der als Komponenten die Projektion des Flächenelements $\mathrm{d}A$ senkrecht zur jeweiligen Koordinatenachse besitzt. Dies gilt auch für den Schnittflächenvektor in der Momentankonfiguration $\mathrm{d}\vec{a} = \vec{n}\,\mathrm{d}a$. Die Transformation eines infinitesimalen Volumenelements $\mathrm{d}V$ bzw. eines infinitesimalen Flächenelements $\mathrm{d}A$ von der Ausgangskonfiguration in die Momentankonfiguration ist mit den folgenden Beziehungen zu überführen:

$$\mathrm{d}v = \det\left(\boldsymbol{F}\right)\mathrm{d}V \quad , \text{mit} \quad J = \det\left(\boldsymbol{F}\right) > 0 \quad , \qquad\qquad (2.6)$$

$$\mathrm{d}\vec{a} = \det\left(\boldsymbol{F}\right)\boldsymbol{F}^{-\mathrm{T}}\mathrm{d}\vec{A} \quad . \qquad\qquad (2.7)$$

Aus Gleichung (2.6) wird Folgendes deutlich: wenn die Determinante des Deformationsgradienten den Wert $\det \boldsymbol{F} = 1$ annimmt, ist das Volumen des betrachteten Materials in der Ausgangs- und Momentankonfiguration gleich groß. Solch ein Materialverhalten wird als isochor oder inkompressibel bezeichnet.

2.2.2 Verzerrungsmaße

Das mechanische Verhalten eines Körpers bei einem Deformationsprozess wird durch Verzerrungen, also eine Veränderung der Lagebeziehung der Linienelemente zwischen Ausgangskonfiguration und Momentankonfiguration, hervorgerufen. Es wird davon ausgegangen, dass Starrkörperbewegungen keinen Einfluss auf das mechanische Verhalten des Körpers haben. Für die Beschreibung von Verzerrungen müssen Verzerrungsmaße definiert werden, die je nach der verwendeten Theorie bestimmte Eigenschaften aufweisen. So eignet sich beispielsweise der Deformationsgradient F nicht als Verzerrungsmaß, da er auch die Starrkörperbewegung als Rotation beinhaltet. Des Weiteren fallen bei keiner Deformation $d\vec{x} = F\,d\vec{X}$ die Linienelemente der Ausgangs- und der Momentankonfiguration zusammen und der Deformationsgradient wird zu $F = 1$. Dadurch eignet sich der Deformationsgradient für ein Verzerrungsmaß nicht. Zudem befindet sich eine Basis des Deformationsgradienten in der Ausgangskonfiguration und die andere in der Momentankonfiguration, was für die Berechnung der aus den Verzerrungen resultierenden Spannungen unzweckmäßig ist.

Aufgrund den Eigenschaften bei der polaren Zerlegung des Deformationsgradienten nach Gleichung (2.4) lassen sich Hilfstensoren einführen, die keine Rotationsanteile mehr besitzen und sich mit beiden Basen in einer Konfiguration befinden:

$$C = F^{\mathrm T}F = UR^{\mathrm T}RU = U^2 \qquad \text{rechter Cauchy-Green Tensor} \quad, \tag{2.8}$$
$$b = FF^{\mathrm T} = VRR^{\mathrm T}V = V^2 \qquad \text{linker Cauchy-Green Tensor} \quad. \tag{2.9}$$

Der rechte Cauchy-Green Tensor befindet sich in der Ausgangskonfiguration und der linke Cauchy-Green Tensor in der Momentankonfiguration.

Aus dem Cauchy-Green Tensor und der Bedingung, dass bei keiner Deformation auch keine Verzerrungen auftreten, ergibt sich der Green-Lagrangesche Verzerrungstensor E in der Ausgangskonfiguration und der Euler-Almansische Verzerrungstensor e in der Momentankonfiguration, die ein geeignetes Verzerrungsmaß darstellen:

$$E = \frac{1}{2}\left(F^{\mathrm T}F - 1\right) = \frac{1}{2}\left(C - 1\right) = \frac{1}{2}\left(H + H^{\mathrm T} + H^{\mathrm T}H\right) \quad, \tag{2.10}$$
$$e = \frac{1}{2}\left(1 - b^{-1}\right) = \frac{1}{2}\left(1 - F^{-\mathrm T}F^{-1}\right) \quad. \tag{2.11}$$

Die beiden Verzerrungsmaße, Green-Lagrangescher und Euler-Almansischer Verzerrungstensor, sind als die halbe Differenz der Längenquadrate des undeformierten und des deformierten Linienelements deutbar.

2-D: Infinitesimale einachsige Dehnung ε_{xx}

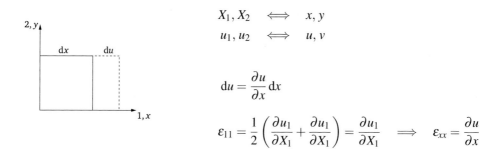

$$X_1, X_2 \quad \Longleftrightarrow \quad x, y$$
$$u_1, u_2 \quad \Longleftrightarrow \quad u, v$$

$$du = \frac{\partial u}{\partial x} dx$$

$$\varepsilon_{11} = \frac{1}{2} \left(\frac{\partial u_1}{\partial X_1} + \frac{\partial u_1}{\partial X_1} \right) = \frac{\partial u_1}{\partial X_1} \quad \Longrightarrow \quad \varepsilon_{xx} = \frac{\partial u}{\partial x}$$

2-D: Infinitesimale technische Schubverformung γ_{xy} **in der Ebene**

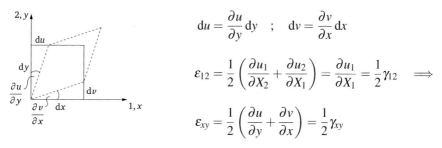

$$du = \frac{\partial u}{\partial y} dy \quad ; \quad dv = \frac{\partial v}{\partial x} dx$$

$$\varepsilon_{12} = \frac{1}{2} \left(\frac{\partial u_1}{\partial X_2} + \frac{\partial u_2}{\partial X_1} \right) = \frac{\partial u_1}{\partial X_1} = \frac{1}{2} \gamma_{12} \quad \Longrightarrow$$

$$\varepsilon_{xy} = \frac{1}{2} \left(\frac{\partial u}{\partial y} + \frac{\partial v}{\partial x} \right) = \frac{1}{2} \gamma_{xy}$$

Abbildung 2.2   Geometrische Deutung der Dehnung und Schubverformung

2.2.3 Lineare Theorie

Hat der Deformationsprozess eines Körpers kleine Verzerrungen zur Folge, so gehen damit einige Vereinfachungen einher. Für das Auftreten von kleinen Verzerrungen ist es gerechtfertigt, den Verschiebungsgradienten $\boldsymbol{H}$ wie folgt anzunehmen:

$$\boldsymbol{H} = \frac{\partial \vec{u}}{\partial \vec{X}} << 1 \quad . \tag{2.12}$$

Demzufolge wird der Deformationsgradient nach Gleichung (2.5) zum Einheitstensor $\boldsymbol{F} \approx \boldsymbol{1}$ und die Referenzkonfiguration und Momentankonfiguration fallen zusammen. Dadurch ist der Green-Lagrangesche Verzerrungstensor identisch zum Euler-Almansischen Verzerrungstensor. Zudem können die Terme höherer Ordnung des Verschiebungsgradienten im Green-Lagrangeschen Verzerrungstensor nach Gleichung (2.10) näherungsweise entfallen:

$$\boldsymbol{\varepsilon} = \boldsymbol{E} = \boldsymbol{e} = \frac{1}{2}\left(\boldsymbol{H} + \boldsymbol{H}^T\right) \quad . \tag{2.13}$$

Der linearisierte Verzerrungstensor $\boldsymbol{\varepsilon}$ wird als infinitesimaler Verzerrungstensor bezeichnet. Die geometrische Deutung des infinitesimalen Verzerrungstensors ist in Abb. 2.2 gezeigt. Die Komponenten des Verzerrungstensors $\boldsymbol{\varepsilon}$ auf der Hauptdiagonalen werden als Dehnung oder Stauchung bezeichnet, die Komponenten auf den Nebendiagonalen als Schubverformung oder Gleitung. Dabei ist die als technische Gleitung γ definierte Ingenieurgröße doppelt so groß wie die mathematische Schubverformung ε_{ij} mit $i \neq j$. Dementsprechend muss bei der Berechnung der Verzerrungen klar definiert werden, ob es sich um die mathematischen oder technischen Verzerrungen handelt.

Ausgehend vom ersten Axiom der Rheologie, das besagt, dass unter isotropem Druck sich alle Materialien gleichartig elastisch verhalten, können vier rheologische Grundmodelle formuliert werden: das elastische Modell für Volumenverzerrungen und das elastische, das viskose und das plastische Modell für die deviatorischen Verzerrungen (ALTENBACH, 2012). Folglich setzt sich die Formänderung eines Körpers infolge einer Belastung aus einer Volumenänderung (volumetrischer oder hydrostatischer Anteil) und einer Gestaltänderung (deviatorischer Anteil) zusammen. Bei einer Gestaltänderung bleibt das Volumen des Körpers konstant. Dagegen tritt bei einer hydrostatischen Beanspruchung nur eine Volumenänderungen auf und keine Gestaltänderung. Abhängig vom Werkstoff und der auftretenden Belastung auf den Körper kann der hydrostatische Anteil oder der deviatorische Anteil dominieren. Für die Modellierung des Materialverhaltens ist auch die Kenntnis des Werkstoffversagens notwendig: Es wird davon ausgegangen, dass der hydrostatische Anteil einer Belastung keine Schädigung des Materials verursacht.

Daher ist die Trennung der Formänderung des Körpers in einen hydrostatischen Anteil und einen deviatorischen Anteil nützlich. Dies wird durch die additive Aufspaltung des Verzerrungstensors $\boldsymbol{\varepsilon}$ in einen volumetrischen Anteil $\boldsymbol{\varepsilon}^{\text{vol}}$ und in einen deviatorischen Anteil $\boldsymbol{\varepsilon}^{\text{dev}}$ erreicht:

$$\boldsymbol{\varepsilon} = \boldsymbol{\varepsilon}^{\text{vol}} + \boldsymbol{\varepsilon}^{\text{dev}} = \frac{1}{3}\text{tr}(\boldsymbol{\varepsilon})\,\mathbf{1} + \left(\boldsymbol{\varepsilon} - \frac{1}{3}\text{tr}(\boldsymbol{\varepsilon})\,\mathbf{1}\right) \quad . \tag{2.14}$$

2.3 Spannung

2.3.1 Spannungsvektor

Die mechanische Wechselwirkung zwischen verschiedenen Teilen von einem Körper und seiner Umgebung wird in der Kontinuumsmechanik mit Hilfe von Kräften beschrieben. Es werden drei Arten von Kräften unterschieden:

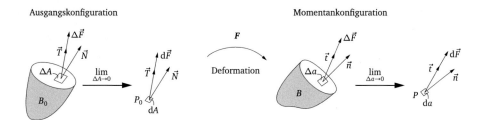

Abbildung 2.3 Spannungsvektor in der Ausgangs- und Momentankonfiguration

- Kontaktkräfte $\vec{F}$, die zwischen verschiedenen Teilen des Körpers wirken,

- Kontaktkräfte $\vec{F}$ auf der Oberfläche des Körpers, die durch die Umgebung erzeugt werden und

- Volumenkräfte $\vec{f}$ im Inneren vom Körper, die durch die Umgebung erzeugt werden.

Die Kontaktkräfte $\vec{F}$ werden durch die zeitliche Ableitung des Impulses $\vec{p}$ beschrieben

$$\vec{F} = \frac{\mathrm{d}\vec{p}}{\mathrm{d}t} = \frac{\mathrm{d}}{\mathrm{d}t}(m\vec{v}) \qquad \text{(2. Newtonsches Axiom)} \quad . \tag{2.15}$$

Die Kontaktkräfte $\vec{F}$, auch als Schnittkräfte bezeichnet, sind unabhängig von der Konfiguration gleich groß. Als Spannungen werden auf eine Schnittfläche im Körper bezogene Kontaktkräfte bezeichnet. Dabei können die Spannungen in der Ausgangskonfiguration oder in der Momentankonfiguration gemäß Abb. 2.3 dargestellt werden. In einem Schnitt durch den Körper wirkt in der Momentankonfiguration die Kontaktkraft ΔF auf die freigelegte Fläche ΔA. Der lokale Spannungsvektor $\vec{t}$ ist definiert durch die Kontaktkraft in einem lokalen Punkt P bezogen auf die dazugehörige infinitesimale Fläche $\mathrm{d}a$. Die Orientierung der Fläche ist durch den Normalenvektor $\vec{n}$ gegeben. Analog zur Momentankonfiguration ist der Spannungsvektor $\vec{T}$ in der Ausgangskonfiguration durch die entsprechenden Bezugsgrößen darstellbar. Der Spannungsvektor in der jeweiligen Konfiguration ist demnach definiert als:

$$\vec{t} = \lim_{\Delta a \to 0} \frac{\Delta \vec{F}}{\Delta a} = \frac{\mathrm{d}\vec{F}}{\mathrm{d}a} \qquad \text{(Momentankonfiguration)} \quad , \tag{2.16}$$

$$\vec{T} = \lim_{\Delta A \to 0} \frac{\Delta \vec{F}}{\Delta A} = \frac{\mathrm{d}\vec{F}}{\mathrm{d}A} \qquad \text{(Ausgangskonfiguration)} \quad . \tag{2.17}$$

2.3.2 Spannungstensoren

Für ein bewegtes Kraftsystem $(\vec{t}, \vec{f})$ müssen die Impuls- und Drehimpulsbilanzgleichung gelten. Um diese zu erfüllen, ist es gemäß dem Satz von Cauchy notwendig und hinreichend, dass ein Spannungstensors $\boldsymbol{\sigma}$ zweiter Stufe existiert (Cauchyscher Spannungstensor), mit folgenden Eigenschaften:

$$\vec{t} = \boldsymbol{\sigma}\vec{n} \tag{2.18}$$

$$\boldsymbol{\sigma} = \boldsymbol{\sigma}^{\mathrm{T}} \tag{2.19}$$

$$\mathrm{div}\,\boldsymbol{\sigma} + \vec{f} = \rho\ddot{\vec{x}} \tag{2.20}$$

Der Spannungsvektor $\vec{t}$ lässt sich in der Momentankonfiguration als lineare Abbildung des Cauchyschen Spannungstensors $\boldsymbol{\sigma}$ und der Normalen $\vec{n}$ des betrachteten Punktes deuten (vgl. Gleichung (2.18)). Der Cauchysche Spannungstensor $\boldsymbol{\sigma}$ ist nach Gleichung (2.19) symmetrisch aufgrund der Einhaltung der Drehimpulsbilanz und befindet sich ausschließlich in der Momentankonfiguration. Die dazugehörigen linear unabhängigen Spannungskomponenten werden deshalb auch als „wahre Spannungen" bezeichnet. Gleichung (2.20) stellt die Impulsbilanz für ein bewegtes Kraftsystem dar. Im Falle eines statischen Kraftsystems $(\vec{v} = \ddot{\vec{x}} = \vec{0})$, von welchem für die hier betrachteten Problemstellungen ausgegangen wird, ist der Impulssatz Gleichung (2.20) gleichzusetzen mit dem lokalen Kräftegleichgewicht eines beliebigen infinitesimalen Volumens V.

Wie bereits erläutert, hat eine hydrostatische Belastung keine Schädigung des Materials zur Folge, sodass bei der Modellierung des Materials der hydrostatische Anteil der Formänderung des Körpers keinen Einfluss auf das Werkstoffversagen hat. Daher ist eine Aufspaltung des Spannungstensors, analog zum Verzerrungstensor nach Gleichung (2.14), in einen volumetrischen Anteil $\boldsymbol{\sigma}^{\mathrm{vol}}$ (hydrostatischer Spannungsanteil) und einen Gestaltänderungsanteil $\boldsymbol{\sigma}^{\mathrm{dev}}$ (Spannungsdeviator) nützlich:

$$\boldsymbol{\sigma} = \boldsymbol{\sigma}^{\mathrm{vol}} + \boldsymbol{\sigma}^{\mathrm{dev}} = \frac{1}{3}\mathrm{tr}(\boldsymbol{\sigma})\,\mathbf{1} + \left(\boldsymbol{\sigma} - \frac{1}{3}\mathrm{tr}(\boldsymbol{\sigma})\,\mathbf{1}\right) \quad. \tag{2.21}$$

Die Spannungsvektoren können durch die Definition von Spannungstensoren auf die unterschiedlichen Konfigurationen bezogen und in den unterschiedlichen Konfigurationen beschrieben werden. Es sind in der Kontinuumsmechanik vor allem der erste und zweite Piola-Kirchhoffsche Spannungstensor von Bedeutung. Mit der Definition des ersten Piola-Kirchhoffschen Spannungstensors $\boldsymbol{P}$ (1. PK) wird die Schnittkraft dF durch den Spannungsvektor in der Momentankonfiguration, bezogen auf die Schnittfläche in der Referenzkonfiguration, beschrieben:

$$\boldsymbol{P} := (\det\boldsymbol{F})\,\boldsymbol{F}^{-1}\boldsymbol{\sigma} \quad (\text{1. Piola-Kirchhoff}) \quad. \tag{2.22}$$

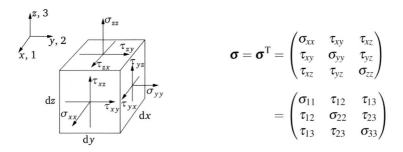

Abbildung 2.4 Darstellung des dreidimensionalen Cauchyschen Spannungstensors $\boldsymbol{\sigma}$ an einem infinitesimalen Volumen

Somit hat er die eine Basis in der Momentan- und die zweite in der Ausgangskonfiguration und ist unsymmetrisch. Er ist dadurch als konjugierter Spannungstensor zu den in Abschn. 2.2.2 vorgestellten Verzerrungstensoren ungeeignet. Durch Symmetrisierung des 1. PK erhält man den zweiten Piola-Kirchhoffschen Spannungstensor $\boldsymbol{S}$ (2. PK):

$$\boldsymbol{S} := \boldsymbol{P}\boldsymbol{F}^{-\mathrm{T}} = (\det \boldsymbol{F})\,\boldsymbol{F}^{-1}\boldsymbol{\sigma}\boldsymbol{F}^{-\mathrm{T}} \qquad \text{(2. Piola-Kirchhoff)} \quad . \tag{2.23}$$

Im Gegensatz zum ersten Piola-Kirchhoffschen Spannungstensor kann der zweite Piola-Kirchhoffsche Spannungstensor nicht als eine physikalische Spannung interpretiert werden. Er stellt jedoch den konjugierten Spannungstensor zum Green-Lagrangschen Verzerrungstensor dar, denn er befindet sich vollständig in der Ausgangskonfiguration und ist symmetrisch. Aufgrund seiner Eigenschaften wird er für die Umsetzung von kontinuumsmechanischen Problemen mit der Methode der finiten Elemente verwendet.

Analog zu den Verzerrungstensoren der unterschiedlichen Konfigurationen gehen die drei vorgestellten Spannungstensoren bei kleinen Verzerrungen ineinander über: $\boldsymbol{\sigma} = \boldsymbol{P} = \boldsymbol{S}$. In Abb. 2.4 werden die Komponenten des Cauchyschen Spannungstensors an einem infinitesimalen Volumen dargestellt. Der erste Index steht für die Normalenrichtung des Schnittes und der zweite Index gibt die Richtung der Komponente an. Die Komponenten auf der Hauptdiagonalen werden als Normalspannungen bezeichnet. Die Spannungen auf den Nebendiagonalen als Schubspannungen. Aufgrund der Drehimpulserhaltung ist der Spannungstensor symmetrisch.

2.4 Konstitutivgleichung

2.4.1 Elastizitätsgesetz

Die Beschreibung von Körpern geht in der Elastomechanik in der Regel mit der Kenntnis der Beanspruchung und der Deformation des Körpers einher. Die materialunabhängigen

Gleichgewichtsbedingungen und die kinematischen Beziehungen reichen im Allgemeinen nicht aus, um die Spannungen und die Verformungen des Körpers zu ermitteln. Es sind weitere Gleichungen erforderlich, die zu einem vollständigen, lösbaren Gleichungssystem führen: Diese werden Materialgleichungen, Konstitutivgleichungen oder Stoffgesetze genannt. Ein Körper ist durch zwei konstitutive Beziehungen charakterisiert: Stoffgesetze, die einen Zusammenhang zwischen Spannungen und Verzerrungen herstellen, und kohäsive Konstitutivgleichungen für durch Risse entstandene Oberflächen (Xu et al., 1994). Kohäsive Konstitutivgleichungen werden in Abschn. 2.6.4 vorgestellt. Stoffgesetze, die einen Zusammenhang zwischen Spannungen und Verzerrungen beschreiben, werden häufig aus Experimenten abgeleitet:

$$\boldsymbol{\sigma} = \boldsymbol{\sigma}(\boldsymbol{\varepsilon}) \quad . \tag{2.24}$$

Die Annahmen für Materialgleichungen sind so zu formulieren, dass die experimentell beobachteten Eigenschaften möglichst gut abgebildet werden. Verhalten sich in einem eindimensionalen Spannungsproblem die Spannung und Verzerrung linear zueinander, dann lässt sich die Materialgleichung durch das bekannte Hookesche Gesetz $\sigma = E\varepsilon$ beschreiben. Bei einem linear elastischen, mehrdimensionalen Spannungsproblem ist der Elastizitätstensor $\mathbb{C}$ ein Tensor der 4. Stufe und das Stoffgesetz lautet:

$$\boldsymbol{\sigma} = \mathbb{C} : \boldsymbol{\varepsilon} \quad . \tag{2.25}$$

Bei einer Belastung geht der Körper von der Ausgangslage in einen deformierten Zustand übergeht der Körper bei anschließender Entlastung wieder vollständig in die Ausgangslage zurück, so wird das Materialverhalten des Körpers als elastisch bezeichnet. Der Elastizitätstensor $\mathbb{C}$ weist $3^4 = 81$ Komponenten auf. Aufgrund des Potentialcharakters der Formänderungsenergie und der Symmetrie des Spannungs- und des Verzerrungstensors lässt sich der Elastizitätstensor auf 21 Komponenten reduzieren.

2.4.2 Linear elastisches, isotropes Materialverhalten

Die im Rahmen dieser Arbeit untersuchten Werkstoffe weisen in allen Richtungen gleiches Materialverhalten auf und sind damit für beliebige Transformationen des zugrunde gelegten Koordinatensystems invariant. Materialien mit dieser Eigenschaft werden als isotrop bezeichnet. Sind die Materialien zudem linear elastisch, so hängt der Elastizitätstensor nur von den beiden sogenannten Laméschen Konstanten λ und μ ab.

Dann kann das Hookesche Gesetz nach Gleichung (2.25) in Abhängigkeit von den Laméschen Konstanten formuliert werden:

$$\boldsymbol{\sigma} = \lambda \operatorname{tr}(\boldsymbol{\varepsilon})\,\mathbf{1} + 2\mu\boldsymbol{\varepsilon} \quad . \tag{2.26}$$

Mit der Einführung der Aufspaltung des Spannungs- bzw. Verzerrungstensors in einen volumetrischen und deviatorischen Anteil, gemäß Gleichungen (2.14) und (2.21), lässt sich das Hookesche Gesetz umformulieren zu:

$$\boldsymbol{\sigma} = \frac{1}{3}\,\mathrm{tr}(\boldsymbol{\sigma})\,\mathbf{1} + \boldsymbol{\sigma}^{\mathrm{dev}} = \underbrace{\left(\lambda + \frac{2}{3}\mu\right)\mathrm{tr}(\boldsymbol{\varepsilon})\,\mathbf{1}}_{\text{Volumetrischer Anteil}} + \underbrace{2\mu\left(\boldsymbol{\varepsilon} - \frac{1}{3}\mathrm{tr}(\boldsymbol{\varepsilon})\,\mathbf{1}\right)}_{\text{Deviatorischer Anteil}} \quad . \tag{2.27}$$

Als Kompressionsmodul K wird der Faktor $\lambda + \frac{2}{3}\mu$ bezeichnet. In invertierter Form lautet das Konstitutivgesetz ausgehend von Gleichung (2.14):

$$\boldsymbol{\varepsilon} = -\frac{\lambda}{2\mu(3\lambda + 2\mu)}\,\mathrm{tr}(\boldsymbol{\sigma})\,\mathbf{1} + \frac{1}{2\mu}\boldsymbol{\sigma} \quad . \tag{2.28}$$

Die Lamésche Konstanten können mit den experimentell ermittelten Ingenieurkonstanten Elastizitätsmodul E und Querdehnzahl ν bzw. Schubmodul G in Beziehung gebracht werden:

$$\lambda = \frac{\nu E}{(1+\nu)(1-2\nu)} \quad , \qquad\qquad \mu = G = \frac{E}{2(1+\nu)} \quad . \tag{2.29}$$

Ausgehend mit Gleichung (2.29) können nun die Materialkonstanten E, ν, G, K miteinander in Beziehung gebracht werden:

$$E > 0 \quad , \qquad\qquad -1 \leq \nu < \frac{1}{2} \quad , \tag{2.30}$$

$$K = \frac{E}{3(1-2\nu)} \quad , \qquad\qquad G = \frac{E}{2(1+\nu)} \quad . \tag{2.31}$$

Im Folgenden werden diese anstatt den Laméschen Konstanten verwendet.
Die Gleichungen (2.27) und (2.28) sind mit Gleichung (2.29) demnach auch in Abhängigkeit der Ingenieurkonstanten darstellbar:

$$\begin{aligned}
\boldsymbol{\sigma} &= \frac{E}{3(1-2\nu)}\,\mathrm{tr}(\boldsymbol{\varepsilon})\,\mathbf{1} + \frac{E}{1+\nu}\left(\boldsymbol{\varepsilon} - \frac{1}{3}\mathrm{tr}(\boldsymbol{\varepsilon})\,\mathbf{1}\right) \\
&= K\,\mathrm{tr}(\boldsymbol{\varepsilon})\,\mathbf{1} + 2G\left(\boldsymbol{\varepsilon} - \frac{1}{3}\mathrm{tr}(\boldsymbol{\varepsilon})\,\mathbf{1}\right) \quad ,
\end{aligned} \tag{2.32}$$

$$\boldsymbol{\varepsilon} = -\frac{\nu}{E}\,\mathrm{tr}(\boldsymbol{\sigma})\,\mathbf{1} + \frac{1+\nu}{E}\boldsymbol{\sigma} \quad . \tag{2.33}$$

2.4.3 Hyperelastizität

Erfährt ein Körper eine Deformation, so leisten die inneren Kräfte entlang des Weges von der Ausgangskonfiguration in die Momentankonfiguration Arbeit. Bei uniaxialem Zug in

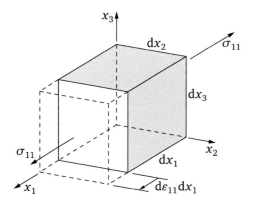

Abbildung 2.5   Arbeit am infinitesimalen Volumenelement (BECKER et al., 2002)

x_1-Richtung (siehe Abb. 2.5) ergibt sich für ein infinitesimales Volumenelement unter einer Kraft F und einer Deformationsänderung du eine Arbeit von $F\,du$. Unter Berücksichtigung der Gleichungen (2.13) und (2.16) erhält man die Arbeit auf das Volumen $dx_1\,dx_2\,dx_3$:

$$F\,du = \sigma_{11}\,dx_2\,dx_3\,d\varepsilon_{11}\,dx_1 = \sigma_{11}\,d\varepsilon_{11}\,dx_1\,dx_2\,dx_3 \quad . \tag{2.34}$$

Bei einem dreidimensionalen Spannungszustand mit den zugehörigen Deformationsänderungen erweitert sich das Arbeitsinkrement aus Gleichung (2.34) zu einem Gesamtarbeitsinkrement. Bezieht man das Gesamtarbeitsinkrement auf das betrachtete Volumen $dx_1\,dx_2\,dx_3$, so wird dieses als spezifische Formänderungsdichte oder Verzerrungsenergiedichte dW bezeichnet. Sie lässt sich in allgemeiner Form ausdrücken:

$$dW(\boldsymbol{\varepsilon}) = \boldsymbol{\sigma} : d\boldsymbol{\varepsilon} \quad . \tag{2.35}$$

Verhält sich ein Material bei Belastung und Entlastung gleich, d. h. die (nicht-)lineare Spannung-Verzerrungskurve ist identisch wie in Abb. 2.6 dargestellt, dann wird dieses Materialverhalten als hyperelastisch bezeichnet. Ist der Belastungspfad identisch mit dem Entlastungspfad, so ist die Verzerrungsenergiedichte und deren Spannungsenergiedichte (Komplementärenergie) pfadunabhängig: Die Belastungsgeschichte spielt daher keine Rolle. Die Spannungen und Verzerrungen können einzig vom aktuellen Deformationszustand (Momentankonfiguration) berechnet werden. Für linear elastische Materialien ist es thermodynamisch konsistent, mit Gleichung (2.35) die Spannung über die Ableitung eines definierten Potentials (Formänderungsdichte) nach den kleinen Verzerrungen zu berechnen:

$$\boldsymbol{\sigma} = \frac{\partial W}{\partial \boldsymbol{\varepsilon}} \quad . \tag{2.36}$$

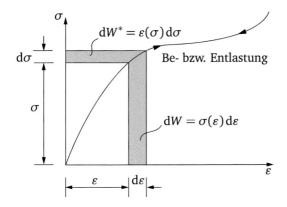

Abbildung 2.6 Nichtlineare Spannungs-Verzerrungskurve eines hyperelastischen Materials bei Be- bzw. Entlastung mit Darstellung der Verzerrungsenergiedichte dW und der Spannungsenergiedichte dW^*

Hyperelastizität geht jedoch mit großen Deformationen einher, sodass Referenz- und Momentankonfiguration nicht mehr annähernd gleich sind. Die Idee für das hyperelastische Materialgesetz ist im Grundsatz mit dem für kleinen Verzerrungen in Gleichung (2.36) identisch. Es wird zunächst der zweite Piola-Kirchhoffsche Spannungstensor (siehe Abschn. 2.3.2), der eine konjugierte Größe zum Green-Lagrangeschen Verzerrungstensor darstellt, über ein in der Ausgangskonfiguration definiertes Potential bestimmt:

$$S = \frac{\partial W}{\partial E} = 2\frac{\partial W}{\partial C} \quad . \tag{2.37}$$

Um die wahren Spannungen zu erhalten, wird der zweite Piola-Kirchhoffsche Spannungstensor nach Umstellung von Gleichung (2.23) in die Momentankonfiguration überführt:

$$\boldsymbol{\sigma} = \frac{1}{\det \boldsymbol{F}} \boldsymbol{F} \boldsymbol{S} \boldsymbol{F}^{\mathrm{T}} = 2\frac{1}{\det \boldsymbol{F}} \boldsymbol{F} \frac{\partial W}{\partial C} \boldsymbol{F}^{\mathrm{T}} \quad . \tag{2.38}$$

Die Antwort des Materials soll unabhängig vom Bezugssystem sein. Invarianten von Tensoren erfüllen diese Bedingung und sind zudem skalare Größen. Sie eignen sich daher für die Formulierung einer Formänderungsdichte. Für die Beschreibung der Formänderungsdichte eines hyperelastischen Werkstoffes werden zweckmäßig die Invarianten des rechten Cauchy-Green Tensors $\boldsymbol{C} = \boldsymbol{F}^{\mathrm{T}}\boldsymbol{F}$ (vgl. Gleichung (2.8)) in Abhängigkeit der Hauptstreckungen $\lambda = l\,(l_0)^{-1}$ verwendet. l ist die Länge eines Linienelementes in der Momentankonfiguration und l_0 die Länge vor der Deformation des Linienelementes in der Referenzkonfiguration. Die Hauptstreckungen bilden die Diagonalen des Deformationsgradienten $\boldsymbol{F}$.

Die Invarianten des Cauchy-Green Tensors können mit Hilfe des Eigenwertproblems $(\boldsymbol{C} - C\boldsymbol{1})\,\vec{a} = \vec{0}$ bestimmt werden, wobei C die Eigenwerte darstellen. Die Eigenwertgleichung führt auf ein charakteristisches Polynom 3. Grades:

$$C^3 - I_1 C^2 - I_2 C - I_3 = 0 \quad . \tag{2.39}$$

Darin bilden die Vorfaktoren I_1, I_2, und I_3 die Invarianten, die unabhängig vom Bezugssystem und von der Rotation sind.

Nach dem Cayley-Hamilton Theorem folgen alle symmetrische Tensoren 2. Stufe dieser Eigenwertgleichung mit den drei Invarianten:

$$I_1 = \boldsymbol{1} : \boldsymbol{C} = \operatorname{tr}(\boldsymbol{C}) = \lambda_1^2 + \lambda_2^2 + \lambda_3^2 \quad , \tag{2.40}$$

$$I_2 = \frac{1}{2}\left((\operatorname{tr}(\boldsymbol{C}))^2 - \boldsymbol{C}:\boldsymbol{C}\right) = \lambda_1^2\lambda_2^2 + \lambda_2^2\lambda_3^2 + \lambda_3^2\lambda_1^2 \quad , \tag{2.41}$$

$$I_3 = \det\boldsymbol{C} = \lambda_1^2\lambda_2^2\lambda_3^2 \quad . \tag{2.42}$$

Der Deformationsgradient $\boldsymbol{F}$ wird in (FLORY, 1961) multiplikativ in einen in einen volumetrischen Anteil $\boldsymbol{F}^{\text{vol}}$ und einen deviatorischen Anteil $\boldsymbol{F}^{\text{dev}}$ getrennt: $\boldsymbol{F} = \boldsymbol{F}^{\text{vol}}\boldsymbol{F}^{\text{dev}}$. Mit dieser Trennung lassen sich Konstitutivgleichungen für hyperelastische Materialien entwickeln, da die erste deviatorische Invariante beim multiplikativen Split im Gegensatz zum additiven Split ungleich Null ist. Der volumetrische Anteil des Deformationsgradienten kann als Verhältnis der mittlere Kantenlängen des Volumens zum Ausgangsvolumen interpretiert werden $\boldsymbol{F}^{\text{vol}} = (\det\boldsymbol{F})^{\frac{1}{3}}\boldsymbol{1}$ und der multiplikative Split des Deformationsgradienten lässt sich in folgender Form darstellen:

$$\boldsymbol{F} = (\det\boldsymbol{F})^{\frac{1}{3}}\boldsymbol{F} = J^{\frac{1}{3}}\boldsymbol{F}^{\text{dev}} \quad . \tag{2.43}$$

Dementsprechend kann auch der rechte Cauchy-Green Tensors multiplikativ getrennt werden:

$$\boldsymbol{C} = \boldsymbol{F}^{\text{T}}\boldsymbol{F} = J^{\frac{2}{3}}\left(\boldsymbol{F}^{\text{dev}}\right)^{\text{T}}\boldsymbol{F}^{\text{dev}} = \left(J^{\frac{2}{3}}\boldsymbol{1}\right)\boldsymbol{C}^{\text{dev}} \quad . \tag{2.44}$$

$\boldsymbol{C}^{\text{dev}}$ entspricht dem deviatorischen Anteil des rechten Cauchy-Green Tensors. Mit Gleichung (2.44) können die deviatorischen Invarianten des rechten Cauchy-Green Tensors unter Berücksichtigung von Gleich. 2.40 bis 2.42 bestimmt werden:

$$\bar{I}_1 = J^{-\frac{2}{3}}I_1 \quad , \tag{2.45}$$

$$\bar{I}_2 = J^{-\frac{4}{3}}I_2 \quad , \tag{2.46}$$

$$\bar{I}_3 = 1 \quad . \tag{2.47}$$

Im Folgenden werden zwei einfache Modelle vorgestellt, die das hyperelastische Materialverhalten beschreiben können.

Neo-Hooke   Das Neo-Hookesche Modell stellt die einfachste Art dar, Hyperelastizität zu beschreiben (KOSCHECKNICK et al., 2013). In (DORFMANN, 2009) wird erläutert, dass das Modell über die Betrachtung des molekularen Aufbaus abgeleitet werden kann. Die Formänderungsdichte U des Neo-Hookeschen Modells lautet:

$$W = C_{10}(\bar{I}_1 - 3) + \frac{1}{D}(J-1)^2 \quad . \tag{2.48}$$

Es können inkompressible ($\nu = 0,5$) und kompressible ($\nu < 0,5$) Materialien beschrieben werden, falls die Konstanten C_{10} und D experimentell bestimmbar sind.
Es besteht ein linearer Zusammenhang zwischen der Formänderungsdichte und der 1. deviatorischen Verzerrungsinvariante. Bei inkompressiblen Materialien hat ausschließlich der Anfangsschubmodul $G = \mu = 2C_{10}$ einen Einfluss auf die Formänderungsdichte. Dagegen werden die kompressiblen Materialien zusätzlich durch den Kompressionsmodul $K = \frac{2}{D}$ beschrieben.

Mooney-Rivlin   Das hyperelastische Modell nach Mooney und Rivlin stellt eine Erweiterung des Neo-Hookeschen Modells dar, das durch die 2. deviatorische Invariante des Verzerrungstensors linear erweitert wird. Es ist im Gegensatz zum Neo-Hookeschen Modell phänomenologisch motiviert und kann prinzipiell durch eine beliebige Anzahl von Konstanten als Summation erweitert werden.
Das einfachste Mooney-Rivlin Modell ist mit zwei Parametern formulierbar und die dazugehörige Formänderungsdichte ist

$$W = C_{10}(\bar{I}_1 - 3) + C_{01}(\bar{I}_2 - 3) + \frac{1}{D}(J-1)^2 \quad . \tag{2.49}$$

Das Modell kann analog zum Neo-Hookeschen Modell inkompressibles und kompressibles Materialverhalten beschreiben. Dabei haben die Konstanten C_{10} und C_{01} einen physikalischen Zusammenhang zum Anfangsschubmodul $G = \mu$

$$C_{10} + C_{01} = \frac{\mu}{2} \quad . \tag{2.50}$$

Es wird ersichtlich, dass für $C_{01} = 0$ das Modell von Mooney-Rivlin in das Neo-Hookesche Modell nach Gleichung (2.48) übergeht.
Das 5-parametrische Mooney-Rivlin Modell ergibt eine gute Übereinstimmung mit den hier untersuchten PVB-Folien. Es lässt sich in der folgender Form darstellen:

$$U = C_{10}\,(\bar{I}_1 - 3) + C_{01}\,(\bar{I}_2 - 3) + C_{20}\,(\bar{I}_1 - 3)^2$$
$$+ C_{11}\,(\bar{I}_1 - 3)\,(\bar{I}_2 - 3) + C_{02}\,(\bar{I}_2 - 3)^2 + \frac{1}{D}\,(J - 1)^2 \quad . \quad (2.51)$$

2.4.4 Lineare Viskoelastizität

Viskoelastische Werkstoffe, wie die in Abschn. 3.2 vorgestellten Kunststoffe, zeigen sowohl die Eigenschaften eines Festkörpers als auch die einer Flüssigkeit, die auf ein zeit- und temperaturabhängiges Materialverhalten hinweisen. Das Materialverhalten wird durch das Stoffgesetz charakterisiert, das die Wechselbeziehung zwischen Verzerrungen und Spannungen beschreibt. Viskoelastisches Werkstoffverhalten wird in der Regel mit rheologischen Modellen abgebildet, deren Parameter mit einem Kriech- oder Relaxationsversuch experimentell bestimmt werden können. Bei einem Kriechversuch wird der viskoelastische Werkstoff mit einer konstanten Spannung belastet, dadurch ändert sich die Deformation mit der Belastungsdauer. Dagegen wird bei einem Relaxationsversuch der viskoelastische Werkstoff in einer deformierten Lage gehalten, dementsprechend nimmt die resultierende Spannung über die Haltezeit ab.

Die Theorie der Viskoelastizität unterliegt der Gültigkeit des Boltzmannschen Superpositionsprinzips (BOLTZMANN, 1874). Es besagt, dass sich die Gesamtdeformation und die Gesamtspannung eines Körpers aus der Summe aller zeitlich vorangegangenen Veränderungen des Beanspruchungszustandes zusammensetzt. Hiermit sind dann auch alle vorhergehenden Belastungsfälle berücksichtigt.

Rheologische Grundmodelle   Die lineare Viskoelastizität kann durch die geeignete Kombination von Federn (Hooke-Element) und Dämpfern (Newton-Element) mechanisch abgebildet werden. Das Hooke-Element beschreibt die Eigenschaft eines linearelastischen Festkörpers mit dem Stoffgesetz $\sigma_H = E\varepsilon$. Der Charakter einer viskosen Flüssigkeit wird über das Newton-Element mit dem Stoffgesetz $\sigma_N = \eta\dot{\varepsilon}$ abgebildet. Dabei ist η die dynamische Viskosität. Es ist erkennbar, dass das Verhalten einer viskosen Flüssigkeit von der Zeit abhängig ist, die in der Verzerrungsrate $\dot{\varepsilon}$ impliziert ist.

Kriechversuche können sehr gut mit einem Kelvin-Voigt-Körper, der sich aus der Parallelschaltung einer Feder und einem Dämpfer zusammensetzt, abgebildet werden. In Abb. 2.7 sind das Stoffgesetz des Kelvin-Voigt-Körpers und die Kriechfunktion $J(t)$ eines Kriechversuches gegeben. Die Kriechfunktion nähert sich asymptotisch der Gleichgewichtsnachgiebigkeit $J(\infty)$, welche durch die Hookesche Feder bestimmt wird. Der Kelvin-Voigt-Körper hat demnach zu Beginn ein flüssigkeitsartiges Verhalten und zum Ende hin das Verhalten eines Festkörpers. Die Retardationszeit τ ist bei einer Kriechnachgiebigkeit von 63,2 % erreicht. Ein Sprung in der angelegten Spannung führt aufgrund des Dämpfers zu

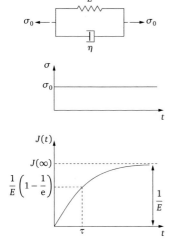

Kriechfunktion: $\qquad J(t) = \dfrac{\varepsilon(t)}{\sigma_0}$

Retardationszeit: $\qquad \tau = \dfrac{\eta}{E}$

Stoffgesetz über Superposition:

$$\sigma_0 = E\left(\varepsilon + \tau\dot{\varepsilon}\right)$$

Lösen des Stoffgesetzes mit $\varepsilon(0) = 0$:

$$\varepsilon(t) = \frac{\sigma_0}{E}\left(1 - e^{-\frac{t}{\tau}}\right)$$

Kriechfunktion des Kelvin-Voigt-Körpers:

$$J(t) = \frac{1}{E}\left(1 - e^{-\frac{t}{\tau}}\right)$$

Abbildung 2.7 Kriechversuch an einem Kelvin-Voigt-Körper unter konstanter Spannung σ_0 (GROSS et al., 2007)

einem Sprung in der Dehnrate $\dot{\varepsilon}$. Dies macht sich durch einen Knick im Verlauf der Kriechfunktion bemerkbar. Das rheologische Modell kann jedoch keine endlichen Spannungen infolge des Dehnungssprungs abbilden.

Hierfür eignet sich der sogenannte Maxwell-Körper, bei dem eine Feder mit einem Dämpfer in Reihe geschaltet ist. Das zugehörige Stoffgesetz und die Relaxationsfunktion $E(t)$ ist in Abb. 2.8 gegeben. Bei einem Dehnungssprung erfährt die Hookesche Feder sofort eine endliche Spannung, die mit der Zeit durch den Dämpfer wieder abgebaut wird. Der Maxwell-Körper verhält sich daher zu Beginn wie ein Festkörper und weist, zum Ende hin, flüssigkeitsartiges Verhalten auf. Die Relaxationszeit $\bar{\tau}$ ist bei $36{,}8\,\%$ des E-Moduls erreicht. Der Maxwell-Körper kann Kriechen, wegen des in Reihe geschalteten Dämpfers, nur linear abbilden. Dies wird durch Lösen des Stoffgesetzes in Abb. 2.8 bei angelegter konstanter Spannung ($\sigma = \sigma_0$, $\dot{\sigma} = 0$) deutlich.

Lineare Standardkörper und verallgemeinertes Relaxationsmodell Die vorgestellten Grundmodelle (Kelvin-Voigt-Körper und Maxwell-Körper) können in der Regel das viskoelastische Materialverhalten von Werkstoffen nicht hinreichend genau abbilden. Die Beschreibung des viskoelastischen Materialverhaltens kann durch die Erweiterung der Grundmodelle mit weiteren Feder- oder Dämpferelementen verbessert werden. Wird dem Kelvin-Voigt-Körper eine Feder in Reihe zugeschaltet bzw. eine Feder mit dem Maxwell-Körper parallel geschaltet, so werden diese rheologischen Modelle als lineare Standardkörper bezeichnet (siehe Abb. 2.9). In (GROSS et al., 2007) wird gezeigt, dass die beiden

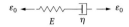

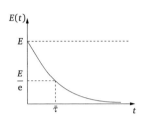

Relaxationsfunktion: $\quad E(t) = \dfrac{\sigma(t)}{\varepsilon_0}$

Relaxationszeit: $\quad \bar{\tau} = \dfrac{\eta}{E}$

Stoffgesetz über Superposition:

$$\sigma + \bar{\tau}\dot{\sigma} = \eta\dot{\varepsilon}$$

Lösen des Stoffgesetzes mit $\sigma(0) = E\varepsilon_0$ und $\dot{\varepsilon}(t) = 0$:

$$\sigma(t) = E\varepsilon_0 \mathrm{e}^{-\frac{t}{\bar{\tau}}}$$

Relaxationsfunktion des Maxwell-Körpers:

$$E(t) = E\mathrm{e}^{-\frac{t}{\bar{\tau}}}$$

Abbildung 2.8 Relaxationsversuch an einem Maxwell-Körper unter konstanter Dehnung ε_0 (GROSS et al., 2007)

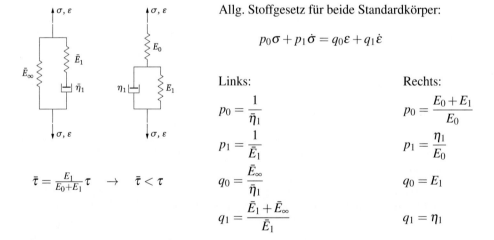

Allg. Stoffgesetz für beide Standardkörper:

$$p_0\sigma + p_1\dot{\sigma} = q_0\varepsilon + q_1\dot{\varepsilon}$$

Links:

$p_0 = \dfrac{1}{\bar{\eta}_1}$

$p_1 = \dfrac{1}{\bar{E}_1}$

$q_0 = \dfrac{\bar{E}_\infty}{\bar{\eta}_1}$

$q_1 = \dfrac{\bar{E}_1 + \bar{E}_\infty}{\bar{E}_1}$

Rechts:

$p_0 = \dfrac{E_0 + E_1}{E_0}$

$p_1 = \dfrac{\eta_1}{E_0}$

$q_0 = E_1$

$q_1 = \eta_1$

$\bar{\tau} = \dfrac{E_1}{E_0+E_1}\tau \quad \rightarrow \quad \bar{\tau} < \tau$

Abbildung 2.9 Lineare Standardkörper nach (GROSS et al., 2007)

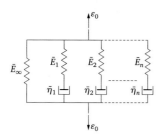

Resultierende **Prony-Reihe** (Relaxationsfunktion) aus dem abgebildeten allgemeinen Relaxationsmodell:

$$G(t) = \bar{E}_\infty + \sum_{j=1}^{n} \bar{E}_j e^{-\frac{t}{\bar{\tau}_j}} \quad , \qquad \bar{\tau}_j = \frac{\bar{\eta}_j}{\bar{E}_j}$$

Abbildung 2.10 Allgemeines Relaxationsmodell (GROSS et al., 2007)

linearen Standardkörper mechanisch äquivalent sind und sich nur durch die Interpretation der Parameter unterscheiden. Zudem ist die Relaxationszeit $\bar{\tau}$ immer kleiner als die Retardationszeit τ.

Die linearen Standardkörper lassen sich durch Zufügen von beliebig vielen Kelvin-Voigt-Körper oder Maxwell-Körper erweitern, dadurch können linear viskoelastische Werkstoffe besser beschrieben werden. Diese allgemeinen rheologischen Modelle werden als Prony-Reihen bezeichnet. In Finite Elemente Programmen sind für die numerischen Berechnungen allgemeine Relaxationsmodelle in Form einer Prony-Reihe implementiert. Das allgemeine Relaxationsmodell, das aus Parallelschaltung von mehreren Maxwell-Körpern und einer Feder besteht, ist in Abb. 2.10 gezeigt.

Im Rahmen dieser Arbeit werden keine Prony-Reihen für viskoelastische Materialien experimentell bestimmt, deswegen wird an dieser Stelle nur das prinzipielle Vorgehen erläutert und auf (SCHWARZL, 1990) verwiesen. Dort wird der Zusammenhang zwischen der Kriechfunktion $J(t)$ und der Relaxationsfunktion $G(t)$ gezeigt, sodass die Relaxationsfunktion in eine Kriechfunktion und umgekehrt überführt werden kann.

Zeit-Temperatur-Verschiebungsprinzip   Für die experimentelle Ermittlung der Relaxationsfunktion in Form einer Prony-Reihe macht man sich das Zeit-Temperatur-Verschiebungsprinzip zunutze, denn Kunststoffe weisen neben der Zeitabhängigkeit auch eine starke Temperaturabhängigkeit auf. Dies ist in den Umlagerungsvorgängen der Atome des Werkstoffes begründet, die das Relaxations- bzw. Retardationsspektrum beeinflussen (GRELLMANN et al., 2005). Es wird davon ausgegangen, dass die Umlagerungsvorgänge thermisch aktive Prozesse sind, die sich aufgrund einer höheren Temperatur beschleunigen, jedoch keine Veränderung in der Art und Weise der Umlagerung der Atome zur Folge haben. Dadurch führt eine höhere Temperatur nur zu einer kürzeren Relaxationszeit und die Form der Relaxationsfunktion bleibt bei jeder Temperatur erhalten. Folgerichtig kann eine Relaxationskurve deckungsgleich mit einer Relaxationskurve bei einer anderen Temperatur durch eine Verschiebung entlang der Zeitachse gebracht werden (siehe Abb. 2.11). Ist dieses Zeit-Temperatur-Verschiebungsprinzip für ein Material anwendbar, so wird das Material als „thermorheologisch einfach" bezeichnet (SCHWARZL, 1990).

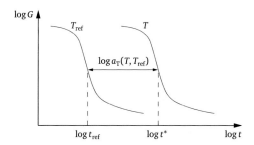

Abbildung 2.11   Zeit-Temperatur-Verschiebungsprinzip

Das Zeit-Temperatur-Verschiebungsprinzip kann durch verschiedene Ansätze (*shift*-Funktion $a_T(T)$) mathematisch beschrieben werden. Die vorgestellte *shift*-Funktion nach Williams, Landel und Ferry (WLF-Funktion) wird für das Zeit-Temperatur-Verschiebungsprinzip der in dieser Arbeit betrachteten Werkstoffe verwendet:

$$\log_{10} a_T = \frac{C_1 \left(T - T_{\text{ref}} \right)}{C_2 + T - T_{\text{ref}}} \quad . \tag{2.52}$$

Die Konstanten $C_1 \, [-]$ und $C_2 \, [^\circ C]$ müssen für jeden Werkstoff experimentell ermittelt werden, indem neben der Relaxationskurve bei der Referenztemperatur T_{ref} noch zwei weitere Relaxationskurven bei anderen Temperaturen experimentell bestimmt werden. Angemerkt sei, dass als Approximation der *shift*-Funktion auch die Arrhenius-Gleichung, wie in (SCHWARZL, 1990) beschrieben, verwendet werden kann, jedoch liegen für die in dieser Arbeit betrachteten Kunststoffe nur die Parameter der WLF-Funktion vor. Zudem wird dem WLF-Ansatz eine gute Anpassung an die experimentellen Beobachtungen erzielt (KUNTSCHE, 2015).

Generell gilt, dass der Zusammenhang zwischen Zeit und Temperatur nur eine Näherung darstellt, die für Ingenieurprobleme jedoch ausreichend ist.

Verhält sich ein Material thermorheologisch einfach, so kann durch das Zeit-Temperatur-Verschiebungsprinzip der beschränkte Messbereich eines experimentellen Versuchs bei verschiedenen Temperaturen für das zu untersuchende Material erweitert werden, wie es in Abb. 2.12 schematisch dargestellt ist: Ausgehend von einer gemessenen Relaxationskurve einer beliebigen Referenztemperatur T_{ref} über einen beschränkten Zeitbereich werden die bei anderen Temperaturen gemessenen Relaxationskurven horizontal entlang der logarithmischen Zeitachse so verschoben, dass sich eine kontinuierliche Relaxationskurve über eine längere Zeitspanne für die gewählte Referenztemperatur ergibt, die sogenannte Masterkurve. Als Referenztemperatur wird oftmals die Raumtemperatur $20\,^\circ C$ bis $23\,^\circ C$ oder die Glasübergangstemperatur des Materials herangezogen.

Die Parameter der Prony-Reihe für das allgemeine rheologische Relaxationsmodell nach Abb. 2.10 lassen sich nun durch Anpassung an die Masterkurve bestimmen. Mit der

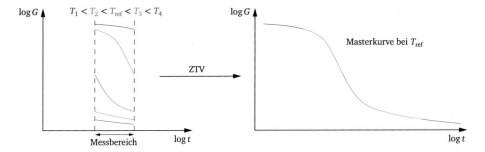

Abbildung 2.12 Erstellen einer Masterkurve mit Hilfe des Zeit-Temperatur-Verschiebungsprinzips (KUNTSCHE, 2015)

Kenntnis der WLF-Funktion und der Prony-Reihe kann der Verlauf der Relaxation des Kunststoffes bei unterschiedlichen Temperaturen beschrieben und für numerische Berechnungen verwendet werden.

Die Relaxationskurven eines Werkstoffs lassen sich mittels Relaxationsversuchen oder sogenannten Dynamisch Mechanisch Thermischen Analysen (DMTA) bestimmen. Die Erstellung einer Masterkurve für einen Kunststoff mit der WLF-Funktion ist nicht Gegenstand dieser Arbeit und es sei deshalb an dieser Stelle für weiterführende Erläuterungen auf (KUNTSCHE, 2015; SCHWARZL, 1990) verwiesen.

2.5 Linear elastisches Konstitutivgesetz von Scheiben

Ingenieurprobleme lassen sich oftmals auf ebene Probleme reduzieren, die Belastung, Randbedingungen, Kinematik und Material hinreichend genau abbilden. Dadurch verringert sich erheblich die Komplexität der mechanischen Beschreibung und der damit verbundene Aufwand bei der Lösung des Problems. Vor allem Flächentragwerke wie Scheiben, Platten oder Schalen können Ingenieurprobleme sehr gut approximieren. Die in dieser Arbeit betrachteten Problemstellungen sind mit Scheiben beschrieben worden. Scheiben besitzen als Freiheitsgrade nur die beiden Verschiebungen u und v in der xy-Ebene, die von der Dickenrichtung z unabhängig sind und können nur in ihrer xy-Ebene eine Belastung erfahren. Die Scheibendicke ist zu den übrigen Abmessungen der Scheibe klein. Im Folgenden werden die Verzerrungen $\varepsilon_{xx} = \varepsilon_x$, $\varepsilon_{xy} = \frac{1}{2}\gamma_{xy}$ und die Spannungen $\sigma_{xx} = \sigma_x$, $\sigma_{xy} = \tau_{xy}$ verwendet.

Zur Beschreibung eines ebenen Problems für isotrope Materialien liegt einer der beiden folgenden Zustände vor:

- ebener Spannungszustand (ESZ): $\sigma_z = \tau_{xz} = \tau_{yz} = 0$,
  $\varepsilon_z =$ konstant, $\gamma_{xz} = \gamma_{yz} = 0$,

- ebener Verzerrungszustand (EVZ): $\sigma_z = \text{konstant}$, $\tau_{xz} = \tau_{yz} = 0$,
  $\varepsilon_z = \gamma_{xz} = \gamma_{yz} = 0$.

Die Ansätze führen zwangsläufig zu verschiedene Konstitutivgesetze. Werden die Annahmen der jeweiligen Ansätze in Gleichung (2.33) berücksichtigt, so erhält man ein Elastizitätsgesetz für den ebenen Spannungszustand (ESZ) und eines für den ebenen Verzerrungszustand (EVZ):

Ebener Spannungszustand (ESZ):

$\sigma_z = 0$

$\varepsilon_x = \dfrac{1}{E}(\sigma_x - v\sigma_y)$

$\varepsilon_y = \dfrac{1}{E}(\sigma_y - v\sigma_x)$

$\varepsilon_z = -\dfrac{v}{E}(\sigma_x + \sigma_y)$

$\gamma_{xy} = \dfrac{2(1+v)}{E}\tau_{xy}$

Ebener Verzerrungszustand (EVZ):

$\varepsilon_z = 0$

$\varepsilon_x = \dfrac{1}{E}\left[(1-v^2)\sigma_x - v(1+v)\sigma_y\right]$

$\varepsilon_y = \dfrac{1}{E}\left[(1-v^2)\sigma_y - v(1+v)\sigma_x\right]$

$\varepsilon_z = 0$

$\gamma_{xy} = \dfrac{2(1+v)}{E}\tau_{xy}$

In (BECKER et al., 2002) wird gezeigt, dass mit der Einführung eines Ersatz-Elastizitätsmoduls E' und einer Ersatz-Querkontraktionszahl v', die wie folgt definiert sind:

$$E' = \frac{E}{1-v^2} \quad , \quad v' = \frac{v}{1-v} \quad , \tag{2.53}$$

der ebene Verzerrungszustand in folgender Form darstellbar ist:

$$\varepsilon_x = \frac{1}{E'}(\sigma_x - v'\sigma_y) \quad , \quad \varepsilon_y = \frac{1}{E'}(\sigma_y - v'\sigma_x) \quad , \quad \gamma_{xy} = \frac{2(1+v')}{E'}\tau_{xy} \quad . \tag{2.54}$$

Werden die Differentialgleichungen aus Gleichgewicht, Kinematik und Elastizitätsgesetz aufgestellt, so erhält man ein Gleichungssystem mit 8 Gleichungen und 8 Unbekannten, das theoretisch lösbar ist. Dazu wird ein Ansatz für die Spannungen gewählt, die sogenannte Airysche Spannungsfunktion F. Dies führt zur bekannten Scheibengleichung $\Delta\Delta F = 0$, wobei $\Delta = \frac{\partial^2}{\partial x^2} + \frac{\partial^2}{\partial y^2}$ der *Laplace-Operator* darstellt. Das Lösen der Differentialgleichung ist nur für einige Problemstellungen analytisch möglich, da alle Randbedingungen der Randwertaufgabe erfüllt sein müssen. Die Herleitung der Differentialgleichung und deren Lösung für bekannte Randwertprobleme sind in (GIRKMANN, 1959; HAKE et al., 2001) ausführlich dargestellt. Die hier betrachteten Randwertaufgaben können aufgrund ihrer Komplexität nicht analytisch gelöst werden, vielmehr werden diese mit der Finite Elemente Methode (FEM) approximiert.

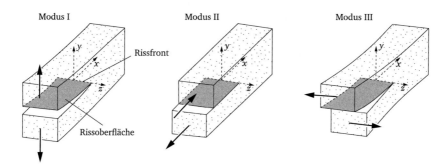

Abbildung 2.13 Rissöffnungsarten nach (GROSS et al., 2011)

2.6 Mechanische Beschreibung von Rissen

2.6.1 Linear elastische Bruchmechanik

Als Bruch wird die Trennung eines ganzen Körpers in mindestens zwei Teile bezeichnet. Dies kommt durch das Lösen von Bindungen zwischen Bausteinen des Materials zustande (GROSS et al., 2011). Für die Beschreibung dieses Vorgangs gibt es einerseits mikroskopische Aspekte, welche die Festigkeit des Materials auf der atomaren Ebene betrachten. Vor dem Bruch des Körpers werden durch die Lösung der atomaren Bindungen neue Oberflächen geschaffen und ein Riss entsteht, der im Falle des Rissfortschritts zum Bruch führen kann. Andererseits gibt es die makroskopische Betrachtungsweise, die es ermöglicht, einen Bruch kontinuumsmechanisch zu beschreiben. Die hier vorgestellte Zusammenfassung der makroskopischen, kontinuumsmechanischen Beschreibung des Bruches wird detailliert in (GROSS et al., 2011) erläutert.

Die kontinuumsmechanische Betrachtungsweise kann keine Initialisierung eines Risses abbilden, deshalb muss der Körper bereits Defekte in Form von Anfangs-Rissen aufweisen. Ein Riss wird durch eine Rissfront und der Rissoberfläche (Rissufer) nach Abb. 2.13 charakterisiert. Risse im Material können dann je nach Belastungsart fortschreiten und bis zum Bruch des Köpers führen. Dementsprechend werden drei Rissöffnungsarten nach Abb. 2.13 unterschieden. Als Modus I wird eine in xz-Ebene verlaufende symmetrische Rissöffnung infolge einer Belastung in y-Richtung bezeichnet. Modus II stellt eine antimetrische Rissöffnung aufgrund einer gegenseitigen Deformation der beiden Rissufer in x-Richtung dar. Modus III kennzeichnet eine antimetrische Rissöffnung durch eine tangentiale Separation in z-Richtung. Im Bereich der Rissfront bzw. -spitze lösen sich auf mikromechanischer Ebene die Bindungen und der Riss schreitet fort. Wird der Rissfortschritt durch ein makroskopisches, kontinuumsmechanisches Modell abgebildet, so muss die Ausdehnung der Prozesszone um die Rissfront im Verhältnis zu dem rissbehafteten Körper auf makroskopischer Ebene vernachlässigbar klein sein.

Dementsprechend wird bei der linear elastischen Bruchmechanik LEBM die Umgebung eines Risses (Rissspitzenfeld) in einem Körper als linear elastisch angesehen und etwaige inelastische Vorgänge in der Prozesszone können aus makroskopischer Sicht vernachlässigt werden. Für die kontinuumsmechanische Beschreibung des Rissfortschritts ist die Umgebung an der Rissspitze hinsichtlich der vorherrschenden Spannung und Deformation der Rissufer von zentraler Bedeutung. An der Rissspitze herrscht eine singuläre Spannung vor, oftmals proportional zu $r^{-\frac{1}{2}}$ mit r als Radius der Umgebung um die Rissspitze. Damit wird auch deutlich, dass für $r \to 0$ die Spannung an der Rissspitze unendlich groß wird.

In einfachster Form ist ein Riss als ebenes Problem zu betrachten, das für wenige Randbedingungen analytisch mit der Scheibengleichung gelöst werden kann. Es zeigt sich, dass das Rissspitzenfeld durch den Spannungsintensitätsfaktor K charakterisiert wird. Mit ihm lassen sich die Spannungen und Deformationen im Nahbereich des Risses beschreiben, falls die geschlossene analytische Lösung des Problems bekannt ist. Der Spannungsintensitätsfaktor ist als Zustandsgröße abhängig von der Geometrie des Körpers und der Größe und Art der Belastung und hat die Einheit MPa$\sqrt{m}$. Der Spannungsintensitätsfaktor K wird in der Regel mit einem Index versehen, der den Modus der Rissöffnung nach Abb. 2.13 kennzeichnet. So lautet beispielhaft der Spannungsintensitätsfaktor K_I für einen innenliegenden Riss (Länge $2a$) in einer unendlichen Scheibe unter einachsiger Zugspannung σ am Scheibenrand (orthogonal zu den Rissufern): $K_I = \sigma\sqrt{\pi a}$.

Sind die inelastischen Vorgänge in der Prozesszone nicht mehr klein im Verhältnis zum betrachteten Körper, so müssen diese zur Beschreibung des Risses berücksichtigt werden. Hierzu haben sich im Wesentlichen zwei Konzepte durchgesetzt: Das pfadunabhängige J-Integral, welches auch in der LEBM seine Gültigkeit hat, und die Methode der Rissspitzenverschiebung Crack Tip Opening Displacement (CTOD). Die in dieser Arbeit untersuchten Materialien weisen nur bedingt plastisches Materialverhalten auf, sodass an dieser Stelle nicht näher auf die elastisch-plastische Bruchmechanik eingegangen wird.

2.6.2 K-Konzept

Der Spannungsintensitätsfaktor stellt ein Maß für die Belastung im Rissspitzenbereich dar und kann dadurch in der Formulierung eines Bruchkriteriums, das den Rissfortschritt beschreibt, verwendet werden. Das durch G. R. Irwin entwickelte K-Konzept in (IRWIN, 1957) ist eine lokale Versagensbedingung, das sich auf den Spannungsintensitätsfaktor K_I als eine charakteristische Größe um das Rissspitzenumfeld stützt und mit der Bruchzähigkeit K_{Ic} verglichen wird. Bei Erreichen des kritischen Wertes setzt der Rissfortschritt $K_I = K_{Ic}$ ein.

Die Bruchzähigkeit K_c ist eine materialspezifische Größe, die durch Experimente je nach Rissöffnungsart (Modus I, Modus II, Modus III) bestimmt werden muss. Zur Bestimmung des Spannungsintensitätsfaktors gibt es nur wenige analytische Lösungen von Randwertproblemen. Erst im Zuge der FEM lassen sich für beliebige Randwertaufgaben die Spannungsintensitätsfaktoren näherungsweise durch Auswertung der Spannung oder besser durch die Auswertung der Rissuferverschiebungen bestimmen.

2.6.3 Energetische Konzepte

2.6.3.1 Motivation

Das vorgestellte K-Konzept stellt eine lokale Versagensbedingung im Rissspitzenumfeld dar. Es gibt jedoch auch Ansätze, die den Rissfortschritt auf globaler Ebene mit Hilfe von Energiebilanzen beschreiben (GROSS et al., 2011), die zudem noch folgenden Vorteil im Gegensatz zum K-Konzept haben: Der Riss muss nicht in einem aus einem Material bestehenden, homogenen Körper vorhanden sein. Vielmehr kann der Riss an der Grenzfläche von zwei Materialien mit unterschiedlicher Steifigkeit auftreten und mit einem energetischen Konzept beschrieben werden. Solche Grenzflächenrisse treten vorwiegend bei gebrochenem VSG auf, deshalb wird die Herleitung des energetischen Konzeptes über die Energiebilanz etwas ausführlicher betrachtet.

2.6.3.2 Energiebilanz

Der Energiesatz fordert, dass die zeitliche Änderung der Gesamtenergie eines Körpers aus der mechanischen Leistung entsteht. Diese Forderung wird auch der erste Hauptsatz der Thermodynamik genannt und lautet:

$$\dot{E} + \dot{K} = P + Q \quad . \tag{2.55}$$

Hierin besteht die Gesamtenergie aus der inneren Energie E und der kinetischen Energie K. Die mechanische Leistung setzt sich aus der Leistung der äußeren Kräfte P und aus dem Wärmefluss Q in den Körper zusammen.
Wird formal über die zeitliche Änderung von t_1 nach t_2 bzw. von Zustand 1 nach Zustand 2 integriert, so erhält man aus 2.55:

$$(E+K)_2 - (E+K)_1 = \int_{t_1}^{t_2} (P+Q)\, dt \quad . \tag{2.56}$$

Die hier betrachteten Randwertprobleme unterliegen einer quasi-statischen Belastung ohne Wärmefluss, sodass $K = 0$ sowie $Q = 0$ sind. Damit vereinfacht sich die Energiebilanz nach Gleichung (2.56) zu:

$$\Pi_2^i - \Pi_1^i = W_{12}^a \quad . \tag{2.57}$$

Π^i kann hierbei als die innere Energie und W^a als die äußere Arbeit angesehen werden.

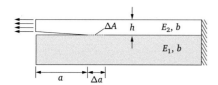

Abbildung 2.14 Schematischer Rissfortschritt nach (GROSS et al., 2011)

Erfolgt ein stabiler Rissfortschritt der Länge Δa, so geht der Körper von einem Gleich-gewichtszustand 1 (GG 1) in einen neuen Gleichgewichtszustand 2 (GG 2) über (vgl. Abb. 2.14). Die Energiebilanz kann für diesen Rissvorgang auch für Substrate mit dünnen Schichten der Dicke h aufgestellt werden, bei denen das Substrat eine deutliche Steifigkeit gegenüber der dünnen Schicht hat ($E_{\text{Substrat}} \gg E_{\text{Schicht}}$). Dazu wird im Allgemeinen da-von ausgegangen, dass zum GG 1 die fortschreitende Risslänge Δa (ebenes Problem) bzw. Rissfläche $\Delta A = \Delta a \cdot b$ gedanklich vor der Rissspitze aufgeschnitten wird. Die hieraus re-sultierenden anliegenden Spannungen werden dann als äußere Belastung aufgefasst und sind im GG 2 nicht mehr vorhanden. Folglich leisten sie während des Rissfortschritts eine Arbeit ΔW_σ, die kleiner oder gleich Null ist $\Delta\Pi = \Delta W_\sigma \leq 0$. Beim Rissfortschritt nimmt demnach die gesamte mechanische Energie $\Delta\Pi$ des Systems ab und steht für den weiteren Bruchprozess in Form der freigesetzten Energie Γ zur Verfügung:

$$\Delta\Pi + \Gamma = 0 \quad . \tag{2.58}$$

Es wird für die weiteren Betrachtungen angenommen, dass das Material vor der Rissspitze ungedehnt ist und dadurch keine innere Bindungsarbeit W_B geleistet wird.
Beim Übergang von GG 1 nach GG 2 wird durch die äußere Belastung Arbeit verrichtet, die durch die äußere Potentialdifferenz ausgedrückt werden kann $W^a_{12} = -\Delta\Pi^a$. Die Än-derung der inneren Verzerrungsenergie der betrachteten Zustände wird durch die innere Potentialdifferenz $\Delta\Pi^i$ berücksichtigt.
Demnach wird bei einem Rissfortschritt ΔA die freigesetzte Energie Γ, die durch die Ab-nahme der mechanischen Energie des Systems vom GG 1 zu GG 2 entsteht, für das Schaf-fen neuer Oberflächen zur Verfügung gestellt. Mit Gleichung (2.57) lautet die Energiebi-lanz nach Gleichung (2.58) bei einer Rissbildung:

$$\Delta\Pi^i + \Delta\Pi^a + \Gamma = 0 \quad . \tag{2.59}$$

2.6.3.3 Energiefreisetzungsrate

Wird ausgehend von Gleichung (2.59) ein infinitesimaler Rissfortschritt dA eines Rissfortschrittes ΔA auf die freigesetzte Energie Γ bezogen, so wird dies als Energiefreisetzungsrate $\mathcal{G}$ bezeichnet:

$$\mathcal{G} = \frac{\Gamma}{\mathrm{d}A} = -\frac{\mathrm{d}\Pi}{\mathrm{d}A} = -\frac{\mathrm{d}\Pi}{b\,\mathrm{d}a} = -\frac{\mathrm{d}\Pi^{\mathrm{i}} + \mathrm{d}\Pi^{\mathrm{a}}}{b\,\mathrm{d}a} \quad . \tag{2.60}$$

A. A. Griffith hat hieraus in (GRIFFITH, 1921) ein erstes energetisches Bruchkriterium in einer etwas modifizierten Art entwickelt:

$$\mathcal{G} = \mathcal{G}_c \quad , \tag{2.61}$$

wobei $\mathcal{G}_c$ als Risswiderstand des Materials bezeichnet wird. Das Kriterium besagt, dass der Rissfortschritt einsetzt, wenn die freigesetzte Energie so groß ist wie die benötigte Energie zum Erreichen des Risswiderstandes des Materials. In der linear elastischen Bruchmechanik gibt es einen direkten Zusammenhang zwischen dem Spannungsintensitätsfaktor K und der Energiefreisetzungsrate $\mathcal{G}$. Für reine Rissöffnungsarten nach Abb. 2.13 sind das K-Konzept und das energetische Bruchkriterium äquivalent.

Das energetische Kriterium der Energiefreisetzungsrate kann auch für den Rissfortschritt in einer Grenzfläche eines Verbund-Sicherheitsglas (VSG) zwischen dem Kunststoff und dem Glas verwendet werden. Dieser Vorgang des Rissfortschrittes wird im Folgenden als Delamination bezeichnet. Der Risswiderstand ist dann ein Maß für die Haftung zwischen dem Kunststoff und dem Glas.
In Kap. 6 werden noch zusätzliche Vereinfachungen getroffen, damit der Risswiderstand bzw. die Energiefreisetzungsrate experimentell ermittelt werden kann.

2.6.4 Kohäsivzonenmodelle

Kohäsivzone Die Beschreibung eines Bruchprozesses in einem Körper kann mit Kohäsivzonenmodellen erfolgen. Die Modellvorstellung ist, dass vor der physikalischen Rissspitze ein Bereich existiert, der die Kraftwechselwirkung in Abhängigkeit der Relativverschiebung der beiden Rissflanken (Separation) berücksichtigt. Demnach weisen die Rissflanken vor der physikalischen Rissspitze bereits eine Separation auf, die eine intermolekulare Kohäsionsspannung zwischen den Rissflanken zur Folge hat (siehe Abb. 2.15). Diese Abhängigkeit kann durch Kohäsivgesetze beschrieben werden: Ausgehend von der Separation der Rissflanke δ an der mathematischen Rissspitze (Punkt A) steigen die Kohäsionsspannungen T in dem Bereich B bis zu einem maximal Wert σ° (Punkt C). Die dazugehörige Separation δ° wird als kohäsive Rissspitze bezeichnet. Mit zunehmender Separation (Bereich D) bis hin zur physikalischen Rissspitze (Punkt E) nehmen die Kohäsionsspannungen kontinuierlich ab, bis diese verschwindend klein sind.

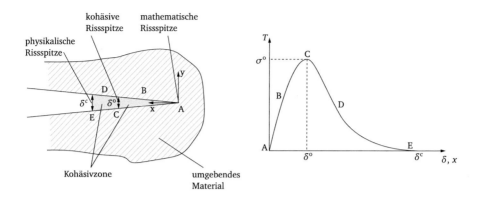

Abbildung 2.15 Modellvorstellung der Kohäsivzone mit Kohäsionsspannung-Separations-Beziehung nach (SHET et al., 2002)

Diese Modellvorstellung wurde in (ROSE, 1981) beschrieben. Sie ist phänomenologisch mechanisch motiviert und kann als atomare Separation vor einer physikalischen Rissspitze gedeutet werden. Das erste Kohäsivzonenmodell geht auf (BARENBLATT, 1959) zurück. Darin wird eine makroskopische Beschreibung eines perfekten Sprödbruchs in einem linear elastischen Körper vorgestellt.

Das Kohäsivgesetz $T(\delta)$ beschreibt das lokale Stoffverhalten der Kohäsivzone mit einer Spannungs-Separationsbeziehung und unterscheidet sich damit von den Konstitutivgleichungen der Spannungs-Verzerrungsbeziehung des Körpers. Die durch das Kohäsivgesetz eindeutig festgelegte spezifische Separationsarbeit ist identisch mit der in Abschn. 2.6.3.3 vorgestellten Energiefreisetzungsrate $\mathcal{G}$, falls das umgebende Material elastisch ist. Die Separationsarbeit bis zur physikalischen Rissspitze wird als Risswiderstand des Materials bezeichnet und es gilt nach dem Bruchkriterium nach Gleichung (2.61):

$$\mathcal{G} = \mathcal{G}_c = \int_0^{\delta^c} t(\delta)\,\mathrm{d}\delta \quad . \tag{2.62}$$

Im Folgenden wird der Risswiderstand des Materials auch als Energiefreisetzungsrate bezeichnet, da diese genau nötig ist, damit ein Riss in dem Material fortschreitet.

Die Kraftwechselwirkung in der Kohäsivzone lässt sich in tangentiale und normale Kohäsivspannungen (T_t und T_n) zur Rissflanke auffassen, die abhängig von den dazugehörigen Separationen δ_t und δ_n sind.

Kohäsivzonenmodelle haben im Vergleich zum Rissspitzenfeld der klassischen linearen Bruchmechanik den Vorteil, dass sie durch die Beschränkung der Kohäsionsspannung die Singularität vor der Rissspitze vermeiden (SHET et al., 2002). Zudem sind die Kohäsivzonenmodelle einfacher in numerischen Berechnungsmethoden zu implementieren. Deshalb haben sich Kohäsivzonenmodelle in numerischen Simulationen zur Beschreibung von Bruchprozessen sowohl in homogenen Materialien als auch in Grenzflächen, die aus unterschiedlich angrenzenden Materialien bestehen, etabliert. Es sei angemerkt, dass mit Kohäsivzonenmodellen auch Risswachstum infolge von Materialermüdung abgebildet werden kann (LIU et al., 2013).

Wie in (LEE et al., 2002) erläutert, gibt es zwei Ansätze, Kohäsivgesetze zu formulieren. Der erste Ansatz ist die Einführung eines Potentials, mit dem die Spannungs-Separationsbeziehung abgeleitet werden kann. Die andere Möglichkeit ist ein Spannungs-Separationsgesetz zu formulieren, aus dem die Energie durch Integration nach Gleichung (2.62) ermittelt werden kann. Es werden hier zwei Kohäsivgesetze vorgestellt, die für die Untersuchungen im Rahmen dieser Arbeit relevant sind.

Exponentielles Kohäsivgesetz In (XU et al., 1994) wird ausgehend von der Definition eines Potentials $\phi(\delta)$ ein exponentielles Kohäsivgesetz abgeleitet. Dabei wird angenommen, dass sich die Kohäsivzone elastisch verhält; dadurch können die Kohäsionsspannungen in normaler und tagentialer Richtung durch die Ableitung des Potentials nach der entsprechenden Separation ermittelt werden:

$$T_n = \frac{\partial \phi(\delta)}{\partial \delta_n} \qquad \text{bzw.} \qquad T_t = \frac{\partial \phi(\delta)}{\partial \delta_t} \quad . \tag{2.63}$$

Der allgemeine Ansatz des Potentials nach (XU et al., 1994) sieht eine Wichtung des Potentials der normalen Richtung zur tangentialen Richtung vor. Wird jedoch davon ausgegangen, dass die Potentiale in beiden Richtungen gleich groß sind $\phi_n = \phi_t$, wie es für viele Materialien zutrifft, so vereinfacht sich das Potential zu:

$$\phi(\delta) = \phi_n \left[1 - (1 + \Delta_n)\, e^{\Delta_n} e^{\Delta_t} \right] \qquad \text{mit} \qquad \Delta_n = \frac{\delta_n}{\delta_n^o}, \Delta_t = \frac{\delta_t}{\delta_t^o} \quad . \tag{2.64}$$

δ^o ist die charakteristische Länge der kohäsiven Rissspitze (vgl. Abb. 2.15). In Normalenrichtung δ_n^o tritt an dieser Stelle die maximale Kohäsionsspannung auf. Wird das Potential gemäß Gleichung (2.63) abgeleitet, ergeben sich die Kohäsivspannungen:

$$T_n = \phi_n \left(\delta_n^o \right)^{-1} \Delta_n e^{-\Delta_n} e^{-\Delta_t^2} \quad , \tag{2.65}$$

$$T_t = 2\phi_n \left(\delta_t^o \right)^{-1} (1 + \Delta_n)\, e^{-\Delta_n} e^{-\Delta_t} \quad . \tag{2.66}$$

Das Potential in Normalenrichtung ϕ_n lässt sich aus Gleichung (2.65) mit folgender Annahme ermitteln: Bei der maximalen normalen Kohäsionsspannung $T_n = \sigma_{max} = \sigma^o$, $\delta_n = \delta_n^0$, $\Delta_n = 1$, tritt keine tangentiale Separation $\delta_t = 0$, $\Delta_t = 0$ auf:

$$\phi_n = e\, \sigma^o \delta_n^o \quad . \tag{2.67}$$

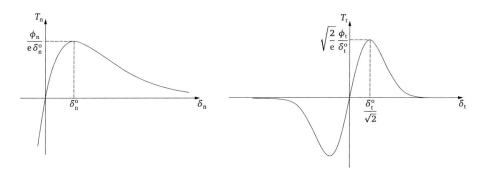

Abbildung 2.16   Exponentielles Kohäsivgesetz nach (XU et al., 1994)

Die tangentiale Separation δ_t, welche die maximale tangentiale Schubspannungen $T_t = \tau_{\max}$ verursacht, wird durch die Bestimmung der Extrema der Gleichung (2.66) gefunden: $\delta_t = \frac{\sqrt{2}}{2}\delta_t^o$.

Damit ist die maximale tangentiale Kohäsionsspannung $\tau_{\max} = \sqrt{2e}\,\sigma^o\delta_n^o(\delta_t^o)^{-1}$, und man erhält das Potential in tangentialer Richtung:

$$\phi_t = \sqrt{\frac{e}{2}}\,\tau_{\max}\delta_t^o \quad . \tag{2.68}$$

Für die Beschreibung des exponentiellen Kohäsivgesetzes eines Materials nach Abb. 2.16 müssen demnach nur die maximale normale Kohäsionsspannung σ^o und die normale und tangentiale Separation des kohäsiven Risses δ_n^o und δ_t^o bekannt sein.

Bilineares Kohäsivgesetz   Das bilineare Kohäsivgesetz nach (ALFANO et al., 2001) bedient sich einer anderen Vorgehensweise. Darin wird eine bilineare Spannungs-Separationsbeziehung nach Abb. 2.17 definiert, bei dem sich die Kohäsivzone bis zur maximalen Kohäsionsspannung, die an der kohäsiven Rissspitze δ^o auftritt, linear elastisch verhält. Hinter der kohäsiven Rissspitze nimmt die Kohäsionsspannung bis zum physikalischen Riss δ^c linear ab. Danach ist das Material getrennt und es ist keine Wechselwirkung zwischen den beiden Rissflanken mehr vorhanden.

Modus I und Modus II   Die Kohäsionsspannung für eine Rissöffnung, die einen dominanten Modus (*Modus I* oder *Modus II*) darstellt (siehe Abb. 2.13), wird beschrieben durch:

$$T_i = K_i\delta_i\,(1 - D_i) \qquad \text{mit} \qquad i = \text{n, t} \quad . \tag{2.69}$$

$K_i = T^o(\delta_i^o)^{-1}$ ist die kohäsive Steifigkeit, δ_i die tangentiale oder normale Separation der Rissflanken und D_i ist ein Schädigungsparameter, der den Abfall der Kohäsionsspannung

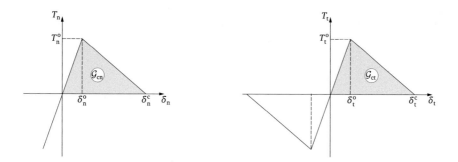

Abbildung 2.17 Bilinearer Ansatz nach (ALFANO et al., 2001)

nach Erreichen der maximalen Kohäsionsspannung T_i^o abbildet. Der Schädigungsparameter wird mittels der geometrischen Beziehung nach Abb. 2.17 berechnet:

$$
D_i = \begin{cases}
0 & \delta_i \leq \delta_i^0 \\[2mm]
\left(\dfrac{\delta_i - \delta_i^0}{\delta_i}\right)\left(\dfrac{\delta_i^c}{\delta_i^c - \delta_i^0}\right) & \delta_i^0 < \delta_i \leq \delta_i^c \\[2mm]
1 & \delta_i > \delta_i^c
\end{cases}
\qquad . \tag{2.70}
$$

Die jeweilige Kohäsionsspannung T_i ist nur von der dazugehörigen Separation δ_i abhängig.

Mixed-Mode Ist jedoch der Rissprozess abhängig von der normalen als auch von der tangentialen Separation, so wird dies als *Mixed-Mode* bezeichnet und die jeweiligen Kohäsionsspannungen sind von beiden Separationsrichtungen abhängig.
In (WU et al., 1965) wird folgendes lineare Kriterium für den Rissprozess vorgeschlagen:

$$
\frac{\mathcal{G}_n}{\mathcal{G}_{cn}} + \frac{\mathcal{G}_t}{\mathcal{G}_{ct}} = 1 \qquad . \tag{2.71}
$$

In (ALFANO et al., 2001) wird ein Ansatz vorgestellt, der dieses Kriterium nach Gleichung (2.71) erfüllt. Darin wird für die Beschreibung der Kohäsionsspannung im *Mixed-Mode* der Parameter $\Delta_m^{max}(\tau)$, der von der Deformationsgeschichte abhängt, eingeführt:

$$
\Delta_m^{max}(\tau) = \max_{0 \leq \tau' \leq \tau} \Delta_m(\tau') \qquad , \tag{2.72}
$$

mit

$$\Delta_m\left(\tau'\right) = \sqrt{\left(\frac{\delta_n\left(\tau'\right)}{\delta_n^o}\right)^2 + \left(\frac{\delta_t\left(\tau'\right)}{\delta_t^o}\right)^2} \quad . \tag{2.73}$$

Hierbei wird zunächst davon ausgegangen, dass die Separationen bei den dazugehörigen maximalen Kohäsionsspannungen gleich groß sind $\delta_n^o = \delta_t^o$.

Die Kohäsionsspannungen können analog zu Gleichung (2.69) mit dem Schädigungsparameter D_m, der jedoch von den Separationen beider Richtungen abhängig ist, ermittelt werden:

$$T_i = K_i \delta_i \left(1 - D_m\right) \qquad \text{mit} \qquad i = n, t \quad , \tag{2.74}$$

mit

$$D_m = \begin{cases} 0 & \Delta_m^{max} \leq 1 \\ \max\left\{0, \dfrac{\delta_i^c}{\delta_i^o - \delta_i^o}\dfrac{\Delta_m - 1}{\Delta_m}\right\} & \Delta_m^{max} > 1 \end{cases} \quad . \tag{2.75}$$

3 Werkstoffgrundlagen

3.1 Glas

3.1.1 Amorphes Material

Je nach Themengebiet gibt es verschiedene Definitionen von Glas. Für wissenschaftliche Untersuchungen ist es sinnvoll, Werkstoffe anhand ihrer physikalischen und chemischen Eigenschaften klassifizieren zu können. Demzufolge ist die Definition des Werkstoffes nach DIN 1259-1 an dieser Stelle geeignet:

Definition 1 (Glas) *„anorganisches nichtmetallisches Material, das durch völliges Aufschmelzen einer Mischung von Rohmaterialien bei hohen Temperaturen erhalten wird, wobei eine homogene Flüssigkeit entsteht, die dann zum festen Zustand abgekühlt wird, üblicherweise ohne Kristallisation."* (DIN 1259-1, 2001)

Mit dieser Definition lassen sich Glasgruppen und -arten anhand ihrer chemischen und physikalischen Eigenschaften unterscheiden. Im Bauwesen kommen ausschließlich silikatische Gläser als Werkstoff zum Einsatz, die im allgemeinen Sprachgebrauch auch als Bauglas bezeichnet werden. Der Hauptgrund für die Verwendung von Bauglas als Baustoff ist die Lichtdurchlässigkeit im optisch sichtbaren Spektralbereich (400 nm bis 760 nm) (WÖRNER et al., 2001). Silikatische Gläser, wie z. B. Kalk-Natronsilikatglas, bestehen vorwiegend aus Silizumdioxid (SiO_2), das beim Übergang von der Schmelze in den festen Zustand ein unregelmäßiges SiO_2-Netzwerk ausbildet. Bei einer langsameren Abkühlung der homogenen Flüssigkeit (Schmelze) können sich die SiO_2-Moleküle zu einem regelmäßigen SiO_2-Netzwerk anordnen (siehe Abb. 3.1). Materialien mit einer regelmäßigen Atomstruktur werden als kristallin und solche mit einer unregelmäßigen Atomstruktur werden als amorph bezeichnet.

Der Übergang der Schmelze in den festen Zustand findet bei Kristallen durch eine unstetige (sprunghafte) Verdichtung des Volumens bei einer bestimmten Schmelztemperatur T_f statt (siehe Abb. 3.2). Diese Kristallisation kann bei Glas nicht beobachtet werden: Vielmehr findet dieser Übergang kontinuierlich statt. In diesem Bereich wird das Volumen mit abnehmender Temperatur stetig verdichtet, bis die Viskosität[1] der Schmelze zu hoch ist, um von dem vorherrschenden metastabilen thermodynamischen Gleichgewicht der Schmelze in einen anderen Gleichgewichtszustand überzugehen (WÖRNER et al., 2001).

---

[1] Maß für die Zähflüssigkeit eines Fluids

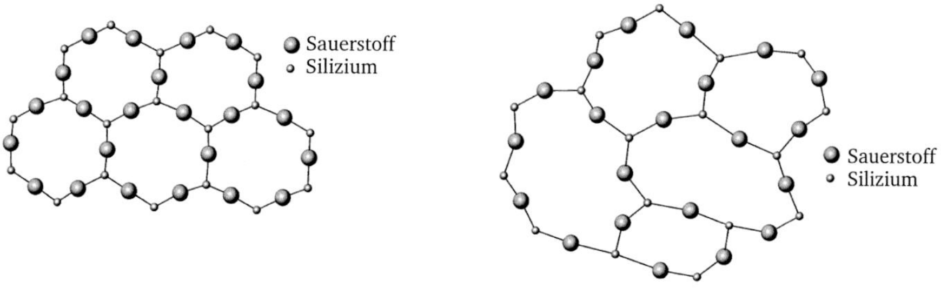

(a) Regelmäßiges SiO_2-Netzwerk: Quarzkristall **(b)** Unregelmäßgies SiO_2-Netzwerk: Quarzglas

Abbildung 3.1 Darstellung unterschiedlicher SiO_2-Netzwerke (WÖRNER et al., 2001)

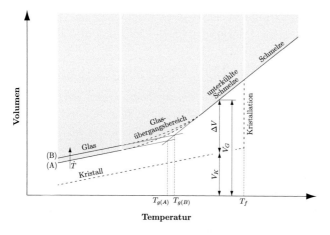

Abbildung 3.2 Temperaturabhängigkeit des Volumens von Glas (SCHULA, 2015)

Da der Übergang zum Festkörper stetig erfolgt, wird dieser Bereich auch als Transformationsbereich oder Glasübergangsbereich bezeichnet. Die dazugehörige Glasübergangs- bzw. Transformationstemperatur T_g ist der Schnittpunkt der Geraden des Zustandes Glas und der unterkühlten Schmelze. Im wissenschaftlichen Sprachgebrauch wird von Glas als einem Festkörper unterhalb von T_g und von der Glasschmelze oberhalb von T_g ausgegangen (SCHOLZE, 1988). Das Erreichen des Glaszustandes ist abhängig von dem Temperaturpfad und der Abkühlungsgeschwindigkeit $\dot{T}$ (siehe Abb. 3.2). Mit dieser Abhängigkeit ändert sich dann auch die Glasübergangstemperatur T_g.

Tabelle 3.1   Chemische Hauptbestandteile von Kalk-Natronsilikatglas nach DIN EN 572-1

Bestandteil	Massenanteil
Siliziumdioxid (SiO_2)	69 % bis 74 %
Kalziumoxid (CaO)	5 % bis 14 %
Natriumoxid (Na_2O)	10 % bis 16 %
Magnesiumoxid (MgO)	0 % bis 6 %
Aluminiumoxid (Al_2O_2)	0 % bis 3 %

3.1.2 Glasoberfläche

Für die Untersuchung von Verbund-Sicherheitsglas (VSG) ist neben der bisherigen betrachteten inneren Struktur von Glas vor allem die Glasoberfläche von Interesse, da sie in Kontakt zu den Verbundwerkstoffen steht. In (SCHOLZE, 1988) wird erläutert, dass die Oberfläche theoretisch eine zweidimensionale Grenzfläche zwischen zwei Werkstoffen darstellt, jedoch für die chemische Erläuterung der Adhäsionskräfte aus mindestens einer Atomlage bestehen muss. Dahingehend muss sich der Aufbau der Glasoberfläche zwangsläufig vom Glasinneren unterscheiden, denn die Atomlage auf der Oberfläche besitzt im Gegensatz zu dem SiO_2-Netzwerk im Glasinneren auf der einen Seite (hier: nach Außen hin) keine unmittelbare Atompartner. Die in der Oberfläche des Glases befindlichen O^{2-}-Ionen reagieren mit Wasser oder Wasserdampf aus der Luft und es bildet sich eine Hydroxygruppe (OH^{-}-Gruppe), die sich an ein Siliziumatom bindet

$$\equiv Si - O - Si \equiv \ + \ H_2O \ \longrightarrow \ \equiv Si - OH \ + \ HO - Si \equiv \quad . \quad (3.1)$$

Diese Bindung wird auch als freie Silanolgruppe ($\equiv Si - OH$) bezeichnet. Es kann davon ausgegangen werden, dass die Glasoberfläche vorwiegend aus Silanolgruppen besteht (vgl. SCHOLZE, 1988); dagegen das Glasinnere aus einem SiO_2-Netzwerk aufgebaut ist, wie es in Abb. 3.10 bereits angedeutet ist.

3.1.3 Kalk-Natronsilikatglas

Im Bauwesen werden fast ausschließlich die Glasarten Kalk-Natronsilikatglas und Borosilikatglas als Bauglas verwendet. Für besondere Anforderungen an den Brandschutz findet Borosilikatglas als Brandschutzglas seinen Einsatz, denn es hat aufgrund des geringeren thermischen Ausdehnungskoeffizienten eine größere Temperaturwechselbeständigkeit mit 100 K im Vergleich zu Kalk-Natronsilikatglas mit 40 K (WÖRNER et al., 2001). Für Standardanforderungen werden in der Regel Kalk-Natronsilikatgläser verwendet, welche infolgedessen ausschließlich in der vorliegende Arbeit betrachtet werden.

Tabelle 3.2 Mechanische und physikalische Eigenschaften von Floatglas aus Kalk-Natronsilikatglas nach DIN EN 572-1 und DIN 18008-1

Eigenschaft	Symbol	Zahlenwert und Einheit
Dichte (bei 18 °C)	ρ	$2500\,\mathrm{kg\,m^{-3}}$
E-Modul (Elastizitätsmodul)	E	$70\,000\,\mathrm{MPa}$
Querkontraktionszahl	ν	0,2 bis 0,23 (0,23 verwendet)
Härte (Knoop-Härte nach ISO 9385)	$HK_{0,1/20}$	$6000\,\mathrm{MPa}$
Spezifische Wärmekapazität	c_P	$0,72 \cdot 10^3\,\mathrm{J\,kg^{-1}\,K^{-1}}$
Mittlerer thermischer Längenausdehnungskoeffizient (20 °C bis 300 °C)	α_T	$9 \cdot 10^{-6}\,\mathrm{K^{-1}}$
Wärmeleitfähigkeit	λ	$1\,\mathrm{W\,m^{-1}\,K^{-1}}$

Für wissenschaftliche Untersuchungen ist es sinnvoll, die chemische Zusammensetzung des Werkstoffes Kalk-Natronsilikatglas zu kennen. Wie in Abschn. 3.1.1 erläutert, muss bei der Glasherstellung die Kristallisation vermieden werden, damit sich ein amorphes Material mit optischer Lichtdurchlässigkeit bilden kann. Dies wird mit den Grundstoffen Quarzsand (Siliziumdioxid), Kalk (Calciumcarbonat) und Soda (Natriumcarbonat) erreicht. Beim Schmelzen der Grundstoffe verwandeln sich die Carbonate in Oxide und das nach der Erstarrung hergestellte Kalk-Natronsilikatglas setzt sich aus den in der Tab. 3.1 aufgelisteten Hauptbestandteilen zusammen. Zudem enthalten Kalk-Natronsilikatgläser geringe Anteile von Magnesium- und Aluminiumoxid.

Um das Verhalten von Werkstoffen unter mechanischer Beanspruchung erläutern und numerisch abbilden zu können, sind Materialkennwerte der mechanischen und physikalischen Eigenschaften des Werkstoffes nötig. Die baupraktischen Temperaturen liegen weit unterhalb der Glasübergangstemperatur T_g des Glases. Es wird daher wie ein Feststoff bei baurelevanten Fragestellungen behandelt. Als Basis für die Materialkennwerte von Kalk-Natronsilikatglas werden die für das Bauwesen gültige Normen DIN EN 572-1 und DIN 18008-1 herangezogen (siehe Tab. 3.2).

3.1.4 Basisprodukt Floatglas

Herstellung   Bauglas aus Kalk-Natronsilikatglas wird heutzutage überwiegend im modernen Floatverfahren auf einem Zinnbad hergestellt, das von Sir Alastair Pilkington 1952 entwickelt wurde. Das daraus entstehende Basisprodukt wird als Floatglas bezeichnet und bezieht sich dabei nur auf das Herstellungsverfahren. Im Folgenden wird das im Floatverfahren hergestellte Kalk-Natronsilikatglas als Floatglas bezeichnet. Der Herstellungsprozess von Floatglas ist in Abb. 3.3 dargestellt und wird eingehend in (WÖRNER et al., 2001) erläutert: Die Grundstoffe für das Kalk-Natronsilikatglas (siehe Abschn. 3.1.3) werden bei etwa 1500 °C geschmolzen und unter Schutzgasatmosphäre bei ca. 1100 °C über ein flüssi-

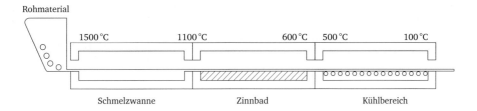

Abbildung 3.3 Herstellungsprozess von Floatglas (WÖRNER et al., 2001)

ges Zinnbad geschickt. Zinn hat den Vorteil, dass der Siedepunkt mit 2720 °C höher als die Schmelztemperatur der Glasschmelze ist. Dafür liegt der Schmelzpunkt mit 232 °C sehr niedrig, sodass das Zinn am Ende des Zinnbads (ca. 600 °C) immer noch flüssig ist, obwohl die Glasschmelze sich hier dann im Glasübergangsbereich zum Festkörper (T_g bei 500 °C bis 600 °C) befindet. Zudem ist Zinn gegenüber der Glasschmelze ein reaktionsträger Stoff und vermengt sich demnach kaum mit ihr. Die Schmelze fließt wegen der geringen spezifischen Dichte $\left(\rho_{Glas} = 2{,}5\,\mathrm{t\,m}^{-3}, \rho_{Zinn} = 7{,}3\,\mathrm{t\,m}^{-3}\right)$ über die Zinnbadoberfläche. Die Kontaktfläche zwischen Glasschmelze und Zinn führt zu einer glatten, porenfreien Oberfläche, die einem Spiegel ähnelt. Aus diesem Grund wird Floatglas auch Spiegelglas (SPG) genannt. Die Schutzgasatmosphäre, bestehend aus Wasserstoff und Stickstoff, ist nötig, damit das Zinn nicht oxidiert. Im anschließenden Kühlbereich wird das Glas kontrolliert von 500 °C auf 100 °C abgekühlt, sodass eine sehr geringe thermische Eigenspannung im Floatglas vorhanden ist < 10 MPa. Die Dicke des Glases kann über die Geschwindigkeit der Rollen eingestellt werden. Bei dünneren Gläsern wird eine höhere Rollengeschwindigkeit benötigt als bei dickeren Gläsern. In der Regel können mit dem Floatverfahren Glasdicken zwischen 2 mm bis 35 mm hergestellt werden. Am Ende des Kühlbereiches wird das Glas auf optische Fehler geprüft und zugeschnitten. Floatglas hat üblicherweise produktionstechnisch maximale Abmessungen von 3,21 m × 6,00 m.

Festigkeit von Floatglas und von thermisch vorgespanntem Floatglas

Durch strukturelle Defekte auf der Glasoberfläche entstehen Kerben, welche die Festigkeit des Floatglases maßgebend beeinflussen. Die Kerbempfindlichkeit des Glases führt auch dazu, dass die Zugfestigkeit erheblich geringer als die Druckfestigkeit ist (WÖRNER et al., 2001).

Bauglas unterliegt bei den häufigsten bautechnischen Anwendungen einer Biegebeanspruchung, sodass vor allem die Zug- bzw. die Biegezugfestigkeit für die Bemessung des Bauteils von Bedeutung ist. In DIN EN 1288 werden für die Bestimmung der Biegefestigkeit zwei Prüfverfahren, der Doppelring-Biegeversuch und der 4-Punkt-Biegeversuch, geregelt.

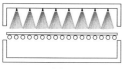 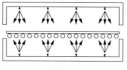 

Reinigung   Erhitzen   Anblasen

Abbildung 3.4 Herstellung von vorgespanntem Glas (WÖRNER et al., 2001)

Erst durch die Entwicklung des thermisch vorgespannten Floatglases konnte die Biegezugfestigkeit für den Werkstoff Glas deutlich erhöht werden. Diese Veredelung macht es
möglich, den architektonischen Anforderungen nach leichten, lichtdurchfluteten Strukturen gerecht zu werden. Glas ist dadurch zu einem wichtigen Werkstoff im konstruktiven
Ingenieurbau avanciert.

Thermisch vorgespanntes Floatglas wird im Wesentlichen in drei Schritten hergestellt
(siehe Abb. 3.4). Im ersten Schritt wird das Floatglas von Verschmutzungen gereinigt. Anschließend wird es durch Erhitzen auf eine Temperatur über der Glasübergangstemperatur T_g gebracht. Wenn sich das Floatglas im Glasübergangsbereich befindet, wird es durch
einen kalten Luftstrom rasch abgekühlt, sodass die Glasoberflächen schneller erstarren als
der Kern. Die dabei entstehenden Eigenspannungen, Zugspannung an der Oberfläche und
Druckspannung im Kern, können so lange relaxieren aufgrund der Viskosität der Glasschmelze, bis die Temperatur der Glasoberfläche unterhalb T_g ist. Nach und nach kühlt die
Glasschmelze weiter ab, die dabei aufgebauten Eigenspannungen können aber nicht mehr
relaxieren, da die Oberfläche des Glases schon erstarrt ist. Es stellt sich infolge des inneren
Gleichgewichts ein Eigenspannungszustand des Glases ein, bei dem die Glasoberflächen
unter Druckspannungen und der Kern der Scheibe unter Zugspannungen stehen. Der Verlauf der Vorspannung ist über die Glasdicke parabolisch. Der Vorteil liegt auf der Hand:
Um die Biegezugfestigkeit des thermisch vorgespannten Glases zu erreichen, muss zunächst die eingeprägte Druckspannung an der Oberfläche aus dem Vorspannprozess über-
wunden werden. Aufgrund des eingeprägten Eigenspannungszustandes müssen Zuschnitt,
Kantenbearbeitungen und Bohrungen vor dem Vorspannprozess abgeschlossen sein. Im
Bauwesen gibt es die thermisch vorgespannten Gläser Einscheiben-Sicherheitsglas (ESG)
und Teilvorgespanntes Glas (TVG). Sie unterscheiden sich nur im Grad der thermischen
Vorspannung und damit in der gespeicherten Energie im Eigenspannungszustand des Glases. Um den Vorspanngrad eines TVG zu erhalten, bedarf es eines Abkühlprozesses, der
viel Erfahrung und technisches Wissen erfordert: Der Eigenspannungszustand darf nicht
zu gering und nicht zu hoch sein, und ein homogener Eigenspannungszustand über die
gesamte Fläche muss gewährleistet sein. In der Produktion können diese Anforderungen
noch nicht zuverlässig erfüllt werden, sodass eine bauaufsichtliche Erlaubnis zur Einführung von TVG noch nicht erteilt werden konnte.

 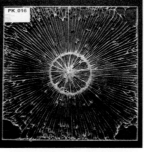 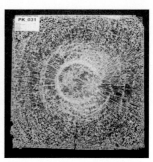

Floatglas (SPG)   Teilvorgespanntes Glas (TVG)   Einscheiben-Sicherheitsglas (ESG)

Abbildung 3.5 Bruchbilder von Basis- und Veredelungsprodukten nach Doppelringbiegeversuch (SCHULA, 2015)

Tabelle 3.3 Charakteristische Biegezugfestigkeit von Floatglas und thermisch vorgespanntem Floatglas

Bezeichnung	Biegezugfestigkeit[a]	Bauprodukt	Normativer Hinweis
Floatglas (SPG)	45 MPa	geregelt	DIN EN 572-1, 2012
TVG aus SPG	70 MPa	nicht geregelt	DIN EN 1863-1, 2012
ESG aus SPG	120 MPa ($t \geq 4$ mm)	geregelt	DIN EN 12150-1, 2000

[a] 5 %-Fraktile in einem 95 %-Vertrauensintervall

Glas verhält sich bis zum Bruch linear elastisch und versagt ohne wesentliche Vorankündigung spröde. ESG hat eine wesentlich höhere charakteristische Biegezugfestigkeit als TVG. Dies wird auch in den unterschiedlichen Bruchbildern bei einem Doppelring-Biegeversuch in Abb. 3.5 deutlich. Die hohe gespeicherte Energie im Eigenspannungszustand lässt ESG beim Bruch in kleine, krümelige Glasstücke zerspringen. Im TVG ist weniger Energie gespeichert, dementsprechend sind die Bruchstücke größer. Beim Floatglas wird deutlich, dass die gespeicherte Energie im Vergleich zu den thermisch vorgespannten Floatgläsern sehr gering ist, denn es entstehen sehr grobe Bruchstücke.
Eine Übersicht der charakteristischen Biegezugfestigkeit von Floatglas und thermisch vorgespanntem Floatglas ist in Tab. 3.3 dargestellt.

3.2 Kunststoffe

3.2.1 Molekulare Struktur und Materialverhalten von Polymeren

Im konstruktiven Ingenieurbau finden Kunststoffe immer häufiger Einsatzmöglichkeiten aufgrund ihrer Vielfalt in den Materialeigenschaften, ihres geringen spezifischen Gewichts und der geringen Herstellkosten. Das Grundverständnis der molekularen Struktur der Kunststoffe wird benötigt, um diese Materialeigenschaften mechanisch zu beschreiben. Diese Mannigfaltigkeit macht eine grobe Einteilung der Polymere notwendig und es kann nur auf die für diese Arbeit relevanten Kunststoffe etwas detaillierter eingegangen werden.

In der Chemie ist Polymer ein Oberbegriff für Kunststoffe. Polymere entstehen durch die einfache chemische Grundreaktion von reaktionsfreudigen, gleichartigen Einzelbausteinen, den Monomeren, zu sogenannten Makromolekülen bzw. Molekülketten. Im Rahmen dieser Arbeit werden solche Polymere als Kunststoffe bezeichnet, die als Endprodukt, in der Regel bestehend aus Grundbausteinen (Polymer-Rohstoffe), Additiven und Weichmachern, im Bauwesen ihren Einsatz finden.

Wie in (SCHWARZL, 1990) erläutert, bestehen Monomere hauptsächlich aus den Elementen Kohlenstoff (C) und Wasserstoff (H). Gelegentlich kann ein oder mehrere Wasserstoffatome durch andere Elemente wie Sauerstoff (O), Stickstoff (N), Chlor (Cl), Fluor (F), Silizium (Si) oder Schwefel (S) ersetzt werden, wodurch die Vielfältigkeit der Kunststoffe deutlich wird. Bei den hier betrachteten Monomeren liegt eine doppelte kovalente Bindung (Atombindung) zwischen zwei Kohlenstoffatomen vor. Die Atombindung wird durch eine chemische Grundreaktion, wie z. B. durch die Polymerisation, aufgebrochen, um sich dann über eine einfache kovalente Kohlenstoff-Bindung zu einem Makromolekül zusammenzusetzen. Diese Makromoleküle liegen dann als lineare Molekülketten mit einer sehr großen Anzahl an Atomen vor, die aus 10^3 bis 10^5 Monomeren bestehen und eine Länge von einigen Mikrometern haben können (RÖSLER et al., 2012). Durch mehrere aufeinander folgende chemische Grundreaktionen werden Makromoleküle hergestellt, die als Polymer-Rohstoffe für die Weiterverarbeitung mit Additiven und Weichmachern zu Kunststoffen verwendet werden.

Die im flüssigen Zustand hergestellten, langen, linearen Makromoleküle (Polymere und Kunststoffe) ordnen sich bei der Abkühlung zum Festkörper unregelmäßig zu einem Knäuel an. Das Knäuel befindet sich dann in einem Zustand hoher Entropie (Unordnung), den das Makromolekül stets versucht anzustreben. Bei der Länge und Anzahl der Makromoleküle ist es statistisch unwahrscheinlich, dass sich diese parallel zueinander anordnen (Zustand niedriger Entropie). Es gibt auch Polymere, die in ihrer molekularen Struktur teilkristalline Bereiche besitzen. Der prozentuale Anteil des kristallinen Volumens im Polymer definiert dessen Kristallinität. In diesen teilkristallinen Bereichen sind die Molekülketten regelmäßig aufgefaltet und in den anderen Bereichen liegen die parallel zueinander gestreckten Molekülketten als unregelmäßiger Knäuel vor (RÖSLER et al., 2012). Die Polymere weisen dadurch immer ein zumindest teilweises amorphes Verhalten ähnlich dem des Glases (vgl. Abschn. 3.1.1) auf: Erstarrt bei den Polymeren das freie Volumen zwischen den Molekülen, so wird dies wie beim Glas als Glasübergangstemperatur T_g bzw. Glasübergangsbereich bezeichnet. Polymere werden in folgende Aggregatszustände unterschieden:

Tabelle 3.4 Einteilung der Polymere nach ihrer molekularen Struktur (SCHWARZL, 1990)

Bezeichnung	Struktur	Beschreibung
Thermoplaste	amorph, unvernetzt	lineare Makromoleküle ohne kristalline Gebiete und ohne chemische Vernetzung
	teilkristallin, unvernetzt	lineare Makromoleküle mit kristallinen Gebieten und ohne chemische Vernetzung
Elastomere	amorph, leicht vernetzt	weitmaschiges Netzwerk
Duroplaste	amorph, stark vernetzt	engmaschiges Netzwerk

- $T < T_g$: In diesem Bereich liegt das Polymer im „festen" Zustand vor. Dieser Bereich wird auch als *Glaszustand* oder *energieelastischer Zustand* bezeichnet.

- $T_g < T < T_f$: Hier weisen die amorphen Polymere einen *gummi-elastischen (entropieelastischen) Zustand* bis zum Erreichen der Schmelztemperatur T_f auf.

- $T > T_f$: Das Polymer liegt in flüssiger Form (*Schmelze*) vor.

Im baupraktischen Temperaturbereich können sich Polymere schon im Aggregatszustand des Glasübergangsbereiches oder des Schmelzzustandes befinden, was eine Veränderung der mechanischen Eigenschaften des Materials mit sich bringt.

Die Beeinflussung des Materialverhaltens liegt unter anderem an den unterschiedlichen Arten der Bindungen zwischen den langen Makromolekülen, die aus großen Molekülketten bestehen. Es wird zwischen Hauptvalenz- und Nebenvalenzbindungen unterschieden. Die Hauptvalenzbindungen sind *chemische Bindungen*. Diese kovalenten Bindungen führen dazu, dass die Molekülketten an unregelmäßigen Stellen chemisch miteinander verbunden sind (Vernetzungspunkte). Dann wird auch von Vernetzung der Makromoleküle gesprochen. Die Hauptvalenzbindung stellt eine viel stärkere Bindung als die Nebenvalenzbindung dar. Deswegen werden die Nebenvalenzbindungen auch als Sekundärbindungen oder als intermolekulare Kräfte bezeichnet und sind eine *physikalische Bindung*, die durch die Anziehungskräfte zwischen den Molekülketten beschrieben wird (KAISER, 2011). Im Vergleich zu den Hauptvalenzbindungen haben diese eine bis zu 100-fach schwächere Anziehungskraft zwischen den Makromolekülen. Die Nebenvalenzbindungen lassen sich in Bindungen durch Van-der-Waals-Kräfte und in Wasserstoffbrückenbindungen einteilen.

Zum Verständnis der Aggregatzustände der Polymere sind nach (SCHWARZL, 1990) die beiden erläuterten Gesichtspunkte Kristallinität und Vernetzung sehr wichtig. Diese führen zu einer Einteilung der Polymere nach ihrer molekularen Struktur, die in Tab. 3.4 aufgezeigt ist. Es wird zwischen Thermoplaste, Elastomere und Duroplaste unterschieden. In Abb. 3.6 werden die Unterschiede in der Vernetzung und die damit verbundene Bindung zwischen den Makromolekülen für die verschiedenen Polymerarten deutlich.

  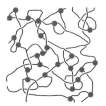

Thermoplast: Die Molekülketten sind an vielen Stellen
unvernetzt.

Elastomer: Zwischen den
Molekülketten existieren
wenige Vernetzungsstellen.

Duroplast: Die Molekülketten sind an vielen Stellen
vernetzt.

Abbildung 3.6   Vernetzung verschiedener Polymerarten (RÖSLER et al., 2012)

Die intermolekulare Bindung führt bei Energiezufuhr durch eine mechanische Belastung
oder Temperaturerwärmung bis zu T_g zu einer Lockerung der Bindung zwischen den Makromolekülen, die bei Entlastung wieder in die stabilere Ausgangskonfiguration zurück-
geht. Bei diesem elastischen Verhalten haben die Vernetzungen der Elastomere und der
Duroplasten kaum einen Einfluss auf den Elastizitätsmodul, wie in Abb. 3.7 zu erkennen
ist. Der Grund hierfür liegt darin, dass diese Vernetzung als starr angesehen werden kann
und nur die vorhandenen intermolekularen Bindungen durch die Energiezufuhr eine elastische Dehnung zulassen (RÖSLER et al., 2012). Im gummi-elastischen Bereich, oberhalb
von T_g, haben sich die intermolekularen Bindungen soweit verringert, dass die Molekülketten aneinander vorbeigleiten können, was sich durch einen Steifigkeitsabfall bemerkbar
macht, wie es bei den Thermoplasten in Abb. 3.7 zu beobachten ist. Elastomere haben eine weitmaschige Vernetzung und die Duroplasten eine engmaschige Vernetzung: Durch
diese Vernetzung ist kein Abgleiten der Molekülketten möglich und deren Steifigkeit fällt
infolgedessen oberhalb von T_g nicht so stark ab wie bei den amorphen Thermoplasten.
Bei den Elastomeren ist sogar nach dem Abfall ein erneuter Steifigkeitszuwachs zu beobachten. Lediglich oberhalb von T_g sind beschränkt Bewegungen der Ketten zwischen den
Vernetzungspunkten bei den Elastomeren und schwach vernetzten Duroplasten möglich
(DOMININGHAUS, 2012).

Die physikalischen und chemischen Eigenschaften des entstehenden Polymer-Roh-
stoffs sind durch die Länge der Molekülketten, die Molmassenverteilung und die Art der
Vernetzung steuerbar. Die mechanischen Eigenschaften des Kunststoffes dagegen werden
durch die Zugabe von Additiven und Weichmachern beeinflusst.

Amorphe Thermoplaste weisen ohne Anteile von Weichmachern bei baupraktischen Temperaturen harte und spröde Eigenschaften auf (KAISER, 2011). Sie sind daher für baupraktischen Anwendungen oftmals unbrauchbar. Die Weichmacher-Moleküle setzen sich zwischen die Molekülketten und vermindern die zwischenmolekulare Kräfte der Makromoleküle (Van-der-Waals-Kräfte), sodass die Molekülketten mehr Bewegungsfreiheit zueinander bekommen. Sie wirken quasi wie ein „Schmiermittel" und aus dem harten Kunststoff
wird ein weicher Kunststoff, der nun produktions-, transport- und anwendungstechnische

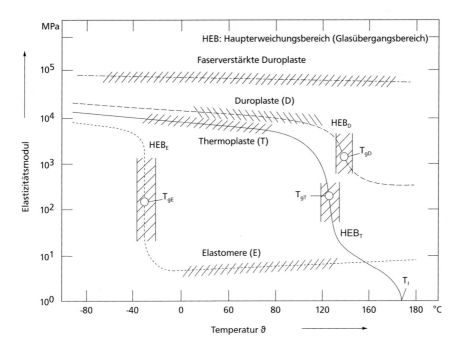

Abbildung 3.7 Einfluss von Temperatur und Vernetzung der Molekülketten auf den Elastizitätsmodul (E-Modul) (Domininghaus, 2012)

Vorteile bietet (ENSSLEN, 2005). Weichmacher liegen meist in flüssiger Form vor und müssen mit dem Polymer-Rohstoff verträglich sein, sodass kein Ausschwitzen des Weichmachers erfolgt.

Es werden bei der Herstellung eines Kunststoffes oftmals Additive zugesetzt, welche die Eigenschaften des Kunststoffes für das entsprechende Einsatzgebiet verbessern.

Im Glasbau finden vorwiegend amorphe Thermoplaste und Elastomere ihren Einsatz. Gießharze gehören zu den Duroplasten. Zu den im Glasbau genutzten amorphen Thermoplasten zählen vor allem PVB und modifiziertes Polyethylen (PE). Bei den Elastomeren sind Ethylenvinyl-Acetat (EVA) und Silikone zu nennen. Im Folgenden werden die Kunststoffe erläutert, die für die durchgeführten experimentellen Untersuchungen als Zwischenmaterial von Verbundglas (Kap. 4) verwendet wurden.

3.2.2 Polyvinylbutyral-Folie

Anwendung und Bestandteile Für Verbund-Sicherheitsglas werden in der Regel Folien aus Polyvinylbutyral (PVB) als Kunststoff-Zwischenlage verwendet. PVB ist den amorphen Thermoplasten zu zuordnen (vgl. Tab. 3.4). Es besteht aus PVB-Harz, das den Grundbaustein des Kunststoffes bildet. Hinzu kommen Additive und Weichmacher, die den Grundbaustein in seinen physikalischen und chemischen Eigenschaften so modifizieren, dass der daraus entstehende Kunststoff für die Verwendung als Zwischenlage von Verbund-Sicherheitsglas geeignet ist. Zu diesen Eigenschaften zählen vor allem Steifigkeit, Zugfestigkeit und Bruchdehnung. Auch die Wasseraufnahmefähigkeit der PVB-Folie ist entscheidend, denn sie bestimmt die Haftfestigkeit der PVB-Folie auf dem Glas.

Herstellung des PVB-Harzes   In der vorliegenden Arbeit wurden vorwiegend experimentelle Untersuchungen mit PVB-Folien des Herstellers KURARAY durchgeführt, die auf dem Grundmaterial des PVB-Harzes basieren. Hierfür ist es notwendig, den chemischen Herstellungsprozess des verwendeten Grundmaterials eingehender zu erläutern.
Die Herstellung von PVB-Harz erfolgt in einem dreistufigen Prozess, der in Abb. 3.8 dargestellt ist. Nach (KURARAY DIVISION TROSIFOL, 2012) wird im ersten Schritt (1. Stufe) das Monomer Vinylacetat aus Acetylen (Ehin) und Essigsäure (Ethansäure) hergestellt. Durch eine anschließende Polymerisation entsteht Polyvinylacetat. Für die Herstellung von Polyvinylbutyral ist Polyvinylalkohol notwendig. Dieser wird in einem zweiten Schritt (2. Stufe) durch die Verseifung von Polyvinylacetat in Gegenwart von Methanol (CH_3OH) erzielt. Schließlich wird das Polyvinylbutyral-Harz durch Acetalisierung des Polyvinylalkohols mit Butyraldehyd (Butanal) gewonnen.
  Die chemischen Reaktionen bei der Herstellung des PVB-Harzes laufen nicht vollständig ab, sodass auch Zwischenprodukte im PVB-Harz vorliegen. Zudem lassen sich, wie bereits in Abschn. 3.2.1 erläutert, das PVB-Harz über die chemischen Reaktionen durch die Stoffmenge der Ausgangsstoffe und den Grad der chemischen Reaktion variieren. Damit besteht das PVB-Harz nicht ausschließlich aus Polyvinylbutyral, sondern auch aus den bei dem dreistufigen Herstellungsverfahren nicht umgewandelten Polyvinylacetaten und Polyvinylalkoholen. Daher wird PVB auch als ein Terpolymer, bestehend aus Vinylacetat, Vinylalkohol und Vinylbutyral, bezeichnet, das in Abb. 3.9 dargestellt ist (KURARAY DIVISION TROSIFOL, 2012).

Additive und Weichmacher   Wie im vorherigen Abschnitt erläutert, ist es zweckmäßig, Weichmacher zur Verbesserung der Kunststoffeigenschaften zu verwenden. Das PVB-Harz liegt als pulverförmiger Feststoff vor und wird mit einem flüssigen Weichmacher weiterverarbeitet.
In (KURARAY DIVISION TROSIFOL, 2012) werden geeignete Weichmacher vorgeschlagen und erläutert: Die notwendige Verträglichkeit des Weichmachers mit dem PVB-Harz wird durch den Anteil des Vinylbutyrals (siehe Abb. 3.9) erzielt. Die beiden Weichmacher

- Ester des Polyethylenglycols und der Adipinsäure: Dihexyladipat (DHA)

- Ester des Triethylenglycols und der aliphatischen Carbonsäure:
  Triethylenglycol-di-2-ethylhexanoat (3G8)

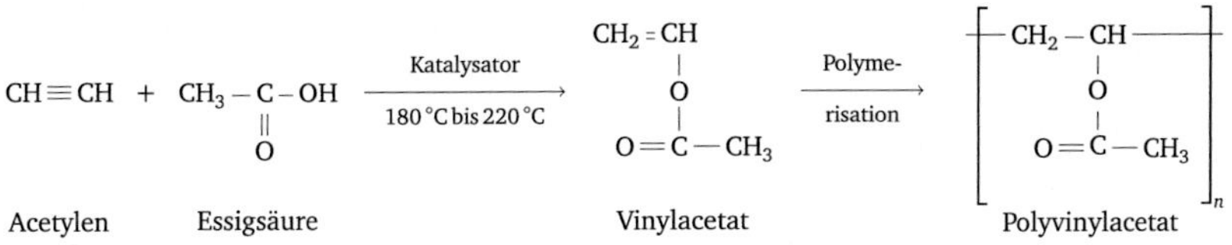

$$CH \equiv CH \ + \ CH_3 - \underset{\underset{O}{\|}}{C} - OH \ \xrightarrow[180\,°C\,bis\,220\,°C]{Katalysator} \ \underset{\underset{O=C-CH_3}{|}}{\underset{|}{\underset{O}{\overset{CH_2=CH}{|}}}} \ \xrightarrow[risation]{Polyme-} \ \left[\underset{\underset{O=C-CH_3}{|}}{\underset{|}{\overset{CH_2-CH}{\underset{O}{|}}}} \right]_n$$

Acetylen   Essigsäure   Vinylacetat   Polyvinylacetat

(a)   1. Stufe: Herstellung von Polyvinylacetat, das durch die Polymerisation des Monomers Vinylacetat entsteht

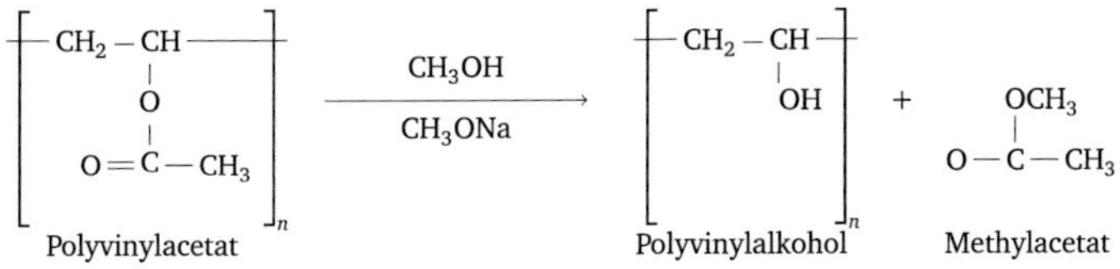

$$\left[\overset{CH_2-CH}{\underset{O=C-CH_3}{\underset{|}{\underset{O}{|}}}} \right]_n \ \xrightarrow[CH_3ONa]{CH_3OH} \ \left[\overset{CH_2-CH}{\underset{OH}{|}} \right]_n \ + \ \underset{O-C-CH_3}{\underset{|}{OCH_3}}$$

Polyvinylacetat   Polyvinylalkohol   Methylacetat

(b)   2. Stufe: Herstellung von Polyvinylalkohol durch Verseifung von Polyvinylacetat in Gegenwart von Methanol

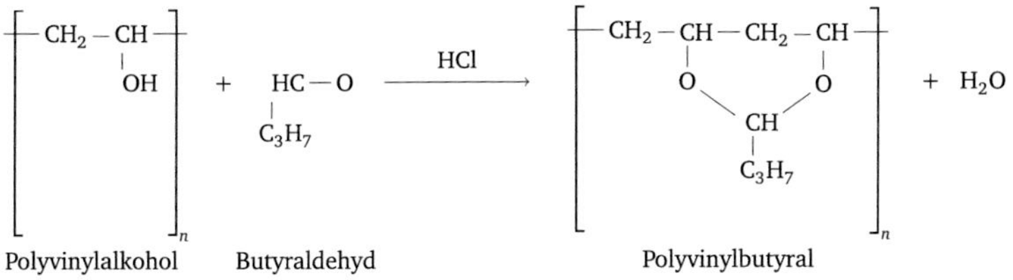

$$\left[\overset{CH_2-CH}{\underset{OH}{|}} \right]_n \ + \ \underset{C_3H_7}{\underset{|}{HC-O}} \ \xrightarrow{HCl} \ \left[\overset{CH_2-CH-CH_2-CH}{\underset{CH}{\underset{|}{\underset{C_3H_7}{}}} \ \underset{O}{} \ \underset{O}{}} \right]_n \ + \ H_2O$$

Polyvinylalkohol   Butyraldehyd   Polyvinylbutyral

(c)   3. Stufe: Entstehung des Grundmaterials Polyvinyl-Butyral durch Acetalisierung des Polyvinylalkohols mit Butyraldehyd

Abbildung 3.8   Dreistufiger Herstellungsprozess von Polyvinyl-Butyral (KURARAY DIVISION TROSIFOL, 2012)

eignen sich für die Herstellung von PVB-Folien. Der 3G8-Weichmacher wird häufig verwendet, denn damit werden Kunststoffe mit einer sehr hohen Elastizität erreicht.

Für die Verwendung von PVB-Folie als Zwischenlage von VSG ist die Regulierung der Haftung der PVB-Folie auf dem Glas von besonderem Interesse (siehe Abschn. 3.2.2). Sie wird üblicherweise mit haftungsregulierenden Additiven gesteuert.

Mechanische Eigenschaften der PVB-Folien

Um baupraktische Fragestellungen mit Hilfe von mechanischen Modellen beschreiben und abbilden zu können, bedarf es einer Charakterisierung der eingesetzten Werkstoffe hinsichtlich ihrer chemischen und physikalischen Eigenschaften. Daraus können dann mechanistisch motivierte Materialgesetze abgeleitet werden, die für die Abbildung der realen Fragestellung unverzichtbar sind. Es werden nur die Materialeigenschaften der im Rahmen dieser Arbeit zum Einsatz kommenden PVB-Folien des Herstellers KURARAY DIVISION TROSIFOL® vorgestellt.

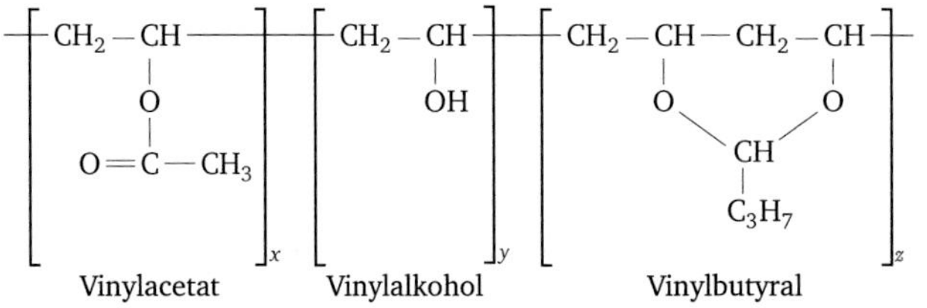

$$\begin{bmatrix} CH_2-CH \\ | \\ O \\ | \\ O=C-CH_3 \end{bmatrix}_x \begin{bmatrix} CH_2-CH \\ | \\ OH \end{bmatrix}_y \begin{bmatrix} CH_2-CH-CH_2-CH \\ O \qquad O \\ \diagdown \quad \diagup \\ CH \\ | \\ C_3H_7 \end{bmatrix}_z$$

Vinylacetat   Vinylalkohol   Vinylbutyral

Abbildung 3.9 Grundelemente des PVB-Harzes (KURARAY DIVISION TROSIFOL, 2012)

Tabelle 3.5 Zusammensetzung von TROSIFOL® PVB-Folien nach Angaben des Herstellers KURA-RAY und (KELLER et al., 2002; KELLER et al., 2004)

Zusammensetzung	BG-Folie [Gew.–%]	SC-Folie [Gew.–%]
PVB-Harz	60 bis 85	50 bis 80
Vinylalkohol (anteilig)	>19,5	19 bis 22
Vinylacetat (anteilig)	<2	0,5 bis 2,5
Weichmacher	14 bis 39	20 bis 50
Polyalkylenglykol[a] (anteilig)	n. b.	30 bis 70
Additive	<1	<1

[a] Erhöhung der Schalldämmung

Chemische Zusammensetzung Durch Variation der chemischen Zusammensetzungen entstehen unterschiedliche PVB-Folien, die sich in ihren mechanischen Eigenschaften unterscheiden und je nach Anforderungen zum Einsatz kommen. Als PVB-Folien wurden im Rahmen dieser Arbeit die Trosifol® Building Grade (BG)-Folie und die Trosifol® Sound Control (SC)-Folie untersucht. Die BG-Folie wird als Zwischenschicht für Anwendungen im Bauwesen verwendet. Die SC-Folie ist eine auch auf PVB-Harz basierende Zwischenschicht für VSG, die eine höhere Schalldämmung im Vergleich zur BG-Folie aufweist. Dies wird mit dem Beimischen von Polyalkylenglykol zu den verwendeten Weichmachern erzielt.

Die prozentuale Zusammenstellung der Ausgangsstoffe zur Herstellung der beiden PVB-Folien kann laut Hersteller nicht explizit angegeben werden. Jedoch ist in Tab. 3.5 eine ungefähre Zusammensetzung der PVB-Folien aufgelistet, um ein Gefühl für diese Werkstoffe zu entwickeln, das beim Arbeiten mit allen Materialien von Bedeutung ist. Es wird deutlich, dass ein hoher Anteil von Weichmachern nötig ist, um die PVB-Folie elastisch zu machen, damit diese für Anwendungen im Bauwesen genutzt werden kann. Zudem ist es dann möglich, die Folie auf Rollen zu wickeln: dies vermindert die Kosten für den Transport erheblich.

Tabelle 3.6 Physikalische Eigenschaften von TROSIFOL® PVB-Folien (KURARAY DIVISION TROSI-FOL, 2012)

Eigenschaft	BG-Folie	SC-Folie
Dichte (DIN 53479)	$1065\,\text{kg m}^{-1}$	$1058\,\text{kg m}^{-1}$
Reißfestigkeit (DIN EN ISO 527)	$>23\,\text{MPa}$	$>14\,\text{MPa}$
Bruchdehnung (DIN EN ISO 527)	$>280\,\%$	$>300\,\%$
Spezifische Wärmekapazität (DIN 52616)	$1850\,\text{J kg}^{-1}\,\text{K}^{-1}$	n. b.
Wärmeausdehnungskoeffizient	$2{,}20\cdot10^{-4}\,\text{K}^{-1}$	$4{,}14\cdot10^{-4}\,\text{K}^{-1}$
Wärmeleitfähigkeit (DIN EN 12939)	$0{,}20\,\text{W m}^{-1}\,\text{K}^{-1}$	$0{,}14\,\text{W m}^{-1}\,\text{K}^{-1}$
Wassergehalt	$0{,}45\,\%$	$0{,}45\,\%$
Rauhtiefe (EN ISO 4287)	$40\,\mu\text{m}$	$40\,\mu\text{m}$

Die industrielle Produktion von PVB-Folien erfolgt, indem das PVB-Harz, Weichmacher und Additive zunächst vermischt werden, um anschließend mit einem Extruder dosiert zu werden (KURARAY DIVISION TROSIFOL, 2012). Üblicherweise werden die PVB-Folien in Dicken von 0,38 mm, 0,76 mm, 1,14 mm, 1,52 mm und 2,28 mm produziert. Die Folien laufen dann über ein in der Höhe und der Breite versetztes Rollenband, bei dem im ersten Teilabschnitt der Randbeschnitt der Folie auf eine Breite von 3210 mm erfolgt. Im Anschluss werden die Folien relaxiert, um den Schrumpfprozess beim Verlegen der Folie bei der VSG-Herstellung zu minimieren. Die Folie wird auf 8 °C abgekühlt und auf einen Feuchtegehalt von 0,45 % konditioniert. In einem letzten Schritt wird die Folie im klimatisierten Folienwickelraum auf Rollen gewickelt und luftdicht verpackt. Dies ist nötig, da die PVB-Folie nach dem Herstellungsprozess je nach Umgebungsbedingungen weiterhin Feuchtigkeit aufnehmen bzw. abgeben kann (Rekonditionierung).

Physikalische Eigenschaften Für die Charakterisierung eines Werkstoffes sind dessen physikalischen Eigenschaften von Interesse, die aus seiner chemischen Zusammensetzung resultieren. Die wichtigsten physikalischen Eigenschaften der BG-Folie und SC-Folie sind in Tab. 3.6 zusammengefasst. Dabei sind die Zugeigenschaften der Folie wie Reißfestigkeit und Bruchdehnung für die mechanische Beschreibung von Bedeutung. Die BG-Folie hat eine deutlich höhere Reißfestigkeit als die SC-Folie. Die Bruchdehnung ist dagegen bei der SC-Folie etwas größer.
Da Kunststoffe aufgrund ihrer Eigenschaften relaxieren, ist die Steifigkeit von PVB von der Zeit, der Dehnung und der Temperatur abhängig. Dadurch kann die Steifigkeit jeweils nur für explizite Punkte angegeben werden, falls hierfür der zu bestimmende Zeitpunkt (oder Dehnrate), die vorhandene Temperatur und die zugrunde liegende Dehnung bekannt sind. Denn die PVB-Folien weisen sowohl hyperelastisches als auch viskoelastisches Materialverhalten auf.

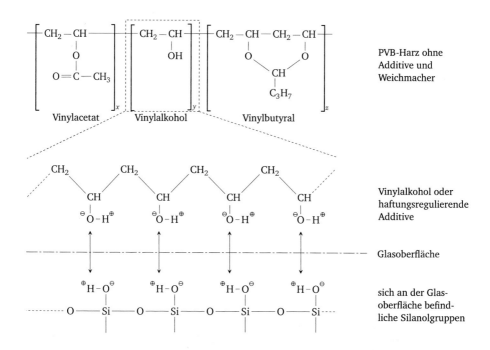

Abbildung 3.10 Haftung zwischen Glasoberfläche und PVB nach (KURARAY DIVISION TROSIFOL, 2012)

Die Steifigkeit des PVB reduziert sich ab dem Glasübergangsbereich deutlich, da die zwischenmolekularen Kräfte der Polymerketten ab diesem Temperaturbereich abnehmen und dadurch die Beweglichkeit der Molekülketten zunimmt (vgl. Abschn. 3.2.1). Die PVB-Folien befinden sich bei Temperaturen von 10 °C bis 30 °C bereits im Glasübergangs-bereich durch die Zugabe von Weichmachern (SACKMANN, 2008). In (ENSSLEN, 2005) werden die Phasensprünge des PVB bei unterschiedlichen Temperaturen aufgezeigt, so-dass sich die PVB-Folie in dem baupraktisch relevanten Temperaturbereich −30 °C bis 80 °C zwischen den Aggregatszuständen amorpher Zustand und Beginn des Aufschmel-zens befindet.

Haftung PVB-Folie hat die Eigenschaft, gut auf Glasoberflächen zu haften. Die Haf-tung erfolgt über Wasserstoffbrückenbindungen zwischen dem Polyvinylalkohohl des PVB-Harzes und den an der Glasoberfläche befindenden Silanolgruppen, wie in Abb. 3.10 schematisch zu sehen ist. Bei einem Umgebungsdruck von ca. 12 bar und einer Tempera-tur von ca. 140 °C wird der Verbund zwischen Folie und Glasoberfläche in einem Auto-klavenprozess hergestellt (vgl. Abschn. 3.3.2). Bei dieser Temperatur ist die Folie im flüs-sigen Zustand und kann sich gut an die mikroskopisch rauhe Glasoberfläche anschmiegen

(KELLER et al., 1999). Diese mechanische Verhakung hat einen Einfluss auf den Grad der Haftung, deshalb macht es einen Unterschied von einem Haftgrad von 1 auf einer Skala von 10, ob die Zinnbadseite (geringe Rauhigkeit) oder Feuerseite (höhere Rauhigkeit) des Glases der Folie zugewandt ist (KURARAY DIVISION TROSIFOL, 2012). Neben der mechanischen Reibhaftung, die maßgeblich durch die Rauhigkeit der Glasoberfläche beeinflusst wird, hat auch die Sauberkeit der Gläser einen Einfluss auf die Haftung. Eine unsaubere Glasoberfläche, wie z. B. vorhandene Kalkreste, führen zu einer Verringerung der Haftung, weil sich dadurch weniger Wasserstoffbrückenbindungen ausbilden können. Die PVB-Folie wird üblicherweise mit einer Feuchte von $(0{,}45 \pm 0{,}07)$ % ausgeliefert, die sich bei einer Luftfeuchte von 25 % rF bis 30 % rF während der Verarbeitung bei Raumtemperatur nicht ändert. Bei höheren Luftfeuchten steigt die Feuchte der Folie aufgrund der hygroskopischen Eigenschaften des Polyvinylalkohols an und reduziert die Haftung der Folie auf der Glasoberfläche ab einem Wassergehalt von > 1 % entscheidend (ENSSLEN, 2005).

Wenn die Haftung der Folie zur Glasoberfläche schwächer ist als die Reißfestigkeit der Folie, dann kann sich die Folie partiell vom Glas lösen und dadurch größere Verformungen bewerkstelligen. Dieser Sachverhalt ist vor allem für VSG im Automotivbereich und für explosionshemmende Verglasungen im Bauwesen interessant. Die Qualität der Haftung zwischen der Glasoberfläche und der Folie kann aber nur bedingt über eine Erhöhung des Wassergehalts in der Folie oder durch die Reduzierung des Gehalts von Polyvinylalkohol in dem PVB-Harz geregelt werden. Es werden vielmehr haftungsregulierende Additive zugesetzt, welche die Qualität der Haftung zwischen Folie und Glasoberfläche regulieren, jedoch kaum einen Einfluss auf die ursprünglichen mechanischen Eigenschaften der Folie haben wie Steifigkeit, Reißfestigkeit, Temperatur- und Zeitabhängigkeiten (KURARAY DIVISION TROSIFOL, 2012). *Kuraray Division Trosifol* ® stellt die PVB-Folie für Bauanwendungen (BG-Folie) in drei verschiedenen Haftgraden bei gleichbleibender Steifigkeit her:

- Trosifol® Building Grade R20 (BG R20): hohe Haftung,

- Trosifol® Building Grade R15 (BG R15): mittlere Haftung,

- Trosifol® Building Grade R10 (BG R10): niedrige Haftung.

3.2.3 Ionoplast

Als Ionoplast wird das Produkt DuPont SentryGlas® Type SG 5000 (SentryGlas®) der Firma KURARAY bezeichnet, das in Europa seit 2002 erhältlich ist und der Gruppe der teilkristallinen Thermoplaste zuzuordnen ist (BUCAK et al., 2006). SentryGlas® ist in Deutschland nicht als Bauprodukt für Zwischenmaterial in VSG geregelt, hat jedoch eine allgemeine bauaufsichtliche Zulassung (abZ) erlangt. Es besitzt eine deutliche höhere Steifigkeit und Festigkeit bei Raumtemperatur als herkömmliche Zwischenmaterialien von

Tabelle 3.7 Physikalische Eigenschaften von SentryGlas®-Folien (DuPont, 2009)

Eigenschaft	
Dichte (ASTM D792)	$950\,\mathrm{kg\,m^{-1}}$
Reißfestigkeit (ASTM D696)	$34,5\,\mathrm{MPa}$
Bruchdehnung (ASTM D638)	$400\,\%$
Wärmeausdehnungskoeffizient	$1,0\cdot10^{-4}\,\mathrm{K^{-1}}$ bis $1,5\cdot10^{-4}\,\mathrm{K^{-1}}$
Schmelztemperatur	$94\,°\mathrm{C}$

VSG (DuPont, 2009). Eine Zusammenstellung der physikalischen Eigenschaften ist in Tab. 3.7 gegeben.

Über die Zusammensetzung von SentryGlas® ist nur bekannt, dass es sich laut Hersteller um ein modifiziertes Polyethylen (Copolymer von Ethylen) handelt und auch unter dem Begriff Ionomer geführt wird. Im Gegensatz zu den amorphen Thermoplasten besitzen Ionomere neben den polaren Bindungen noch Ionenbindungen, die wesentlich stärker sind. Das hat zur Folge, dass Ionomere erst bei relativ hohen Temperaturen thermoplastisches Verhalten aufweisen (Kaiser, 2011).

Die Zusammensetzung von SentryGlas® ist nicht veröffentlicht, besteht aber laut Hersteller nur aus dem Ionomer-Harz und einem zugefügten UV-Absorber. Ansonsten werden keine Weichmacher oder Haftvermittler verwendet (DuPont, 2010). Durch die fehlenden Weichmacher und die hohe Steifigkeit gibt es SentryGlas® als Plattenware in den Dicken von 0,89 mm, 1,52 mm und 2,28 mm. Als Rollenware kann die SentryGlas®-Folie nur in der Dicke von 0,89 mm bezogen werden.

Haftung SentryGlas® haftet einerseits auf Glasoberflächen durch die Ausbildung von Wasserstoffbrückenbindungen mit den Silanolgruppen, wie es bei der Haftung von PVB auf der Glasoberfläche der Fall ist und in Abschn. 3.2.2 erläutert wurde. Zusätzlich zu den Wasserstoffbrückenbindungen bilden sich stärkere Ionenbindungen mit den Zinnionen auf der Zinnbadseite der Floatgläser aus (DuPont, 2010). Aus diesem Grund sollte das SentryGlas® immer zur Zinnbadseite laminiert werden. Im Fall von Mehrfachlaminaten sollte die Feuerseite des Floatglases mit einem Haftvermittler zur Steigerung der Haftung vorbehandelt werden. Durch die Ionenbindung haftet SentryGlas® auch sehr gut auf metallischen Oberflächen, sodass zusätzliche Bewehrung in Form von Lochblechen aus Metall zur Steigerung der Tragfähigkeit einlaminiert werden kann, wie es in (Feirabend, 2010) untersucht worden ist. Aufgrund dieser Eigenschaft können auch innovative Lasteinleitungselemente in das Sandwich einlaminiert werden, wie es in (Puller, 2012) gezeigt wurde. Vorteil ist neben der Ästhetik vor allem das Wegfallen von Spannungsspitzen bei der notwendigen Lasteinleitung vom Glas in das Auflager (Klemmhalter oder Punkthalter).

3.2.4 Zusammenstellung der untersuchten Zwischenmaterialien

Im Rahmen dieser Arbeit wurden verschiedene PVB-Folien der Firma *Kuraray Division Trosifol*® und das Ionoplast DuPont SentryGlas® Type SG 5000 (SentryGlas®) mit einem unterschiedlichen experimentellen Umfang untersucht. Der Vollständigkeit halber werden alle verwendeten Zwischenschichten und deren Einsatzgebiete prägnant nach (KUNTSCHE et al., 2015) beschrieben:

- **Trosifol® Building Grade (BG):** Standardfolie für Bauanwendungen. Sie wird in drei verschiedenen Haftgraden bei gleichbleibender Steifigkeit produziert: BG R10 (niedrige Haftung), BG R15 (mittlere Haftung) und BG R20 (hohe Haftung).

- **Trosifol® Sound Control (SC):** Schallschutzfolie mit verringerter Steifigkeit und allgemeiner bauaufsichtlicher Zulassung (abZ) zur Verwendung in VSG.

- **Trosifol® Extra Strong (ES):** Steife Folie für strukturelle Anwendungen im konstruktiven Glasbau. Sie ist ein relativ neues Produkt, für die eine abZ beantragt ist.

- **Trosifol® Sound Control Plus (SC⁺):** Multilayer-Schallschutzfolie mit weichem Kern und steiferen Außenschichten. Sie erfüllt die Anforderungen an PVB nach Bauregelliste mit einer Reißfestigkeit $> 20\,\mathrm{MPa}$ und einer Reißdehnung $> 250\,\%$ nach DIN EN ISO 527 laut Hersteller (KURARAY DIVISION TROSIFOL, 2012).

PVB-Folien (Amorpher Thermoplast)

- **DuPont SentryGlas® Type SG 5000 (SentryGlas®):** Folie für Bauanwendungen, die im Gegensatz zu herkömmlichen PVB-Folien eine wesentlich höhere Steifigkeit und Festigkeit bei Raumtemperatur besitzt, jedoch fallen auch deutlich höhere Kosten bei der Produktion an. Sie besitzt eine allgemeine bauaufsichtliche Zulassung (abZ) zur Verwendung in VSG.

Ionoplast (Teilkristalliner Thermoplast)

Um die Zwischenmaterialien besser untereinander einordnen zu können, sind Kennwerte der Bruchspannung, -dehnung, Glasübergangstemperatur sowie Spannungs-Dehnungsverläufe aus Zugversuchen an reinem Material hilfreich. Bis auf die SC⁺-Folie sind hierfür unabhängige Versuchsergebnisse in der Literatur wiederzufinden.

Tabelle 3.8 Mittelwert ($\bar{x}$), Standardabweichung (s) und Variationskoeffizient (V) der Bruchspannung und -dehnung von unterschiedlichen Folien mit einem *Beckerstab* in (KUNTSCHE, 2015)

Folientyp		Bruchspannung			Bruchdehnung		
		σ_b			ε_b		
		$\bar{x}$	s	V	$\bar{x}$	s	V
		[MPa]	[MPa]	[%]	[%]	[%]	[%]
PVB	SC	16,6	0,6	3,6	340	17	5
PVB	BG	26,4	3,3	12,5	251	40,2	16
PVB	ES	34,9	2,3	6,6	200	12,0	6
SentryGlas®		47,1	3,9	8,3	293	52,7	18

In (KUNTSCHE, 2015) wurden quasi-statische Zugversuche am reinen Material mit einer Wegrate von 50 mm min^{-1} durchgeführt. Als Probengeometrie wurde der sogenannte *Beckerstab* nach (BECKER, 2009) verwendet, der im Vergleich zu der in der DIN EN ISO 527-2 geregelten Probengeometrie etwas breiter ist; wohingegen die parallelen Seiten etwas kürzer sind. Die Ergebnisse der verschiedenen untersuchten Folien sind in Abb. 3.11 in Form von Spannungs-Dehnungsverläufen dargestellt. Die SentryGlas®-Folie zeigt die größte technische Spannung zu Beginn auf, durchläuft ein konstantes Spannungsniveau, um anschließend ab einer Dehnung von $\approx 200\,\%$ wieder anzusteigen. Die ES-Folie hat die zweithöchste Steifigkeit und kann ab einer technischen Dehnung von $\approx 150\,\%$ höhere Zugspannungen aufnehmen als die SentryGlas®-Folie. Jedoch reißt sie schon bei 200 %, sodass die Bruchspannung der SentryGlas®-Folie größer ist. Die BG-Folie hat wie die SC-Folie eine viel geringere Anfangssteifigkeit und auch eine geringe Bruchspannung im Vergleich zu den anderen untersuchten Folien. Die SC-Folie besitzt die geringste Bruchspannung bei gleichzeitig der höchsten Bruchdehnung im Vergleich zu den anderen Folien. Dies kann auch in den Ergebnissen der Bruchspannung und -dehnung in Tab. 3.8 abgelesen werden. Weitere Bruchspannungen und -dehnungen der Folientypen SC, BG und SentryGlas® sind in (KOTHE, 2013) dokumentiert und in Tab. 3.9 dargestellt. Die Zugversuche wurden am reinen Material mit der Probengeometrie nach DIN EN ISO 527-2 bei einer Wegrate von 50 mm min^{-1} durchgeführt. Wie in (KUNTSCHE, 2015) wies die SentryGlas®-Folie die höchste Bruchspannung auf, gefolgt von der BG-Folie und der SC-Folie. Der prozentuale Unterschied der Bruchspannung der jeweilige Folie von KOTHE zu KUNTSCHE beträgt bei der SentryGlas®-Folie 6,6 %, der BG-Folie 12,0 % und der SC-Folie 15,7 % und zeigt damit eine gute Übereinstimmung. Die Bruchdehnungen stimmen bei der SentryGlas®-Folie und der BG-Folie sehr gut überein (Unterschied $< 5\,\%$), nur die SC-Folie zeigt bei KOTHE mit einer Bruchdehnung von 259 % einen deutlichen Unterschied zu dem Ergebnis der SC-Folie von KUNTSCHE, das eine Bruchdehnung von 340 % ergab. Damit kann nach KOTHE die SentryGlas®-Folie die höchste Bruchdehnung aufnehmen, dagegen nach KUNTSCHE die SC-Folie.

Tabelle 3.9 Mittelwert ($\bar{x}$) der Bruchspannung und -dehnung von unterschiedlichen Folien nach DIN EN ISO 527-2 sowie deren Glasübergangstemperatur T_g in (Kothe, 2013)

Folientyp		Bruchspannung	Bruchdehnung	Glasübergangstemperatur	
		σ_b	ε_b	T_g	
		$\bar{x}$	$\bar{x}$	ASTM E 1640	ASTM D 4065
		[MPa]	[%]	[°C]	[°C]
PVB	SC	14	259	-4,3	+20,4
PVB	BG	30	259	+8,3	+32,2
SentryGlas®		44	325	+46,0	+59,7

Die PVB-Folien befinden sich bei Raumtemperatur schon im Glasübergangsbereich wie die Ergebnisse in Tab. 3.9 zeigen. Kunststoffe besitzen in diesem Bereich einen besonders hohen Gradienten in der Steifigkeit, der mit zunehmender Temperatur stark abfällt (vgl. Abb. 3.7). Die SentryGlas®-Folie hatte im Vergleich zu den PVB-Folien einen deutlich höheren Glasübergangsbereich und hatte dadurch bis zu einer Temperatur von $\approx 46\,°C$ einen deutlich geringeren prozentualen Abfall in der Steifigkeit.

3.3 Verbundglas und Verbund-Sicherheitsglas

3.3.1 Begriffbestimmung und Anforderungen

Verbundwerkstoffe bestehen aus unterschiedlichen, verbundenen Werkstoffen, die in Kombination zu einer Verbesserung der physikalischen Eigenschaften führen sollen. Ein solcher Verbundwerkstoff stellt die Kombination aus Glas und Kunststoff dar, welcher die möglichen Einsatzbereiche von Glas im Bauwesen maßgebend erweitert. Ein Grund hierfür ist, dass Glas spröde und ohne Vorwarnung versagt; dagegen haben viele Kunststoffe ein duktiles Materialverhalten.

Im konstruktiven Glasbau wird zwischen den Bauprodukten Verbundglas (VG) und Verbund-Sicherheitsglas (VSG) differenziert. Zum Verständnis der Begrifflichkeit ist Verbundglas nach DIN EN ISO 12543-1 definiert als:

Definition 2 (Verbundglas) *Aufbau, bestehend aus mindestens einer Scheibe aus Glas und/oder Verglasungsmaterial aus Kunststoff, die durch Zwischenschichten miteinander verbunden sind* (DIN EN ISO 12543-1, 2011).

Solch ein typischer Aufbau eines Verbundglases ist in Abb. 3.12 abgebildet. Verbund-Sicherheitsglas (VSG) ist ein Verbundglas, das bestimmte Eigenschaften im Fall des Glasbruchs aufweisen muss. Dabei sind die Eigenschaften der Zwischenschicht von entscheidender Bedeutung. Nach DIN EN ISO 12543-1 dient die Zwischenschicht

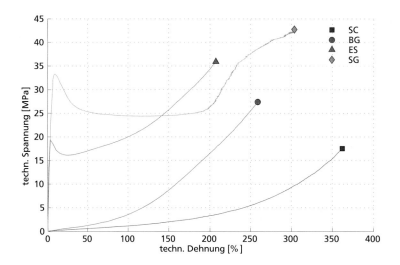

Abbildung 3.11   Spannungs-Dehnungsverlauf von unterschiedlichen Folien bei quasi-statischer Belastung (50 mm min^{-1}) und Raumtemperatur (KUNTSCHE, 2015)

- Glasbruchstücke zurückzuhalten,
- die Öffnungsgröße zu begrenzen,
- das Risiko von Schnitt- und Stichverletzungen zu verringern und
- eine Resttragfähigkeit zu gewährleisten.

VSG ist ein geregeltes Bauprodukt in der Bauregelliste A Teil 1 (BRL) Abschn. 11.8 (DEUTSCHES INSTITUT FÜR BAUTECHNIK, 2014) und darf nach Maßgabe der obersten Baubehörde für bauliche Anlagen verwendet werden.
Gemäß der BRL ist als Zwischenschicht des VSG nur eine Folie aus PVB geregelt. Das VSG muss aus einem Glaserzeugnis der BRL Abschn. 11.10 (Basiserzeugnisse aus Kalk-Natronsilikatglas ausgenommen Profilbauglas), Abschn. 11.11 (Beschichtetes Glas), Abschn. 11.12 (Thermisch vorgespanntes Kalknatron-Einscheibensicherheitsglas) und Abschn. 11.13 (Heißgelagertes Kalknatron-Einscheibensicherheitsglas) hergestellt werden.
    Nach der BRL darf nur solches VSG verwendet werden, das die nachfolgenden Prüfungen und Kontrollen besteht.
Die PVB-Folie muss bei einer Prüfung nach DIN EN ISO 527-3 mit einer Prüfgeschwindigkeit von 50 mm min^{-1} und einer Prüftemperatur von 23 °C

- eine Reißfestigkeit > 20 MPa und
- eine Bruchdehnung $> 250\,\%$

Abbildung 3.12   Detailaufnahme eines Verbundglases: (3 Glas / 1,52 PVB / 3 Glas) mm

aufweisen.

Für die Qualität eines VSG oder VG ist der Verbund zwischen Glas und Folie von entscheidender Bedeutung und muss nach der Bauregelliste durch verschiedene Prüfungen und Kontrollen gewährleistet werden. Dazu zählt die Dokumentation der Lagerung der geöffneten PVB-Rollen und der relevanten Parameter beim Herstellungsprozess des Laminats sowie regelmäßige Prüfungen des Aussehens des VSG bzw. VG nach DIN EN ISO 12543-6. Zusätzlich muss eine Prüfung bei hoher Temperatur an Probekörpern mit einem Aufbau 2×3 mm Floatglas / 0,38 mm PVB durchgeführt werden. Hier soll sichergestellt werden, dass bei Einwirkung von hohen Temperaturen über eine längere Zeitspanne keine Blasen, Delaminationen oder Trübungen im VSG oder VG auftreten.

Als mechanische Prüfung muss der Kugelfallversuch nach DIN 52338 nachgewiesen werden, jedoch mit einer geänderten Abwurfhöhe von 4,0 m. Eine Stahlkugel (1030 g) wird in einer Abwurfhöhe auf ein in einem Rahmen gehaltenes horizontales VSG oder VG fallen gelassen. Als Probekörper sind Einfachverglasungen aus 2×3 mm Floatglas und einer 0,38 mm PVB-Folie als Zwischenschicht zu verwenden. Die Abmessungen betragen 500 mm $\times$ 500 mm. Nach der BRL gilt die Prüfung als bestanden, wenn die Stahlkugel den Probekörper nicht durchschlägt.

Für die Prüfung der Stoßfestigkeit von VSG gilt nach DIN EN ISO 12543-2 die Durchführung eines Pendelschlagversuch nach DIN EN 12600. Hierbei wird ein Stoßkörper aus einer definierten Fallhöhe auf eine vertikal geklemmte Verglasung mit den Abmessungen von 876 mm $\times$ 1938 mm gependelt. Der Stoßköper mit der Gesamtmasse von 50 kg besteht aus zwei Reifen auf Radfelgen, die zwei Stahlgewichte tragen. Bei der Prüfung darf

(a)   Vorverbund: Vakuumsackverfahren am Beispiel von kleinen Probekörpern

(b)   Vorverbund: Walzenverfahren   **(c)**   Autoklav

Abbildung 3.13   Vorverbund- und Autoklavenprozesse bei der Herstellung von VSG im Labor der Firma *Kuraray*

jede Probe entweder nicht brechen oder ungefährlich brechen, d. h. es entstehen entweder zahlreiche Risse oder es findet ein Zerfall statt, entsprechend den in DIN EN 12600 beschriebenen Vorgaben. Das Bruchverhalten des zu prüfenden VSG nach DIN EN ISO 12543-2 soll dabei mindestens mit 3(B)3 klassifiziert werden: Das VSG bricht nicht oder bricht ungefährlich bei einer Fallhöhe von 190 mm (Klasse 3). Das Bruchverhalten entspricht dem eines für Verbundglas typischen Bruchverhaltens (Typ B). Die stoßartigen Prüfungen am VSG werden zur Übersicht nochmals in Abschn. 5.2 kurz erläutert.

Aufgrund der Tatsache, dass in der vorliegenden Arbeit der Schwerpunkt auf Einbausituationen von Verglasungen liegt, bei denen nach den technischen Regeln VSG zu verwenden ist, wird ungeachtet des Zwischenmaterials, das unter unter Umständen nicht nach der BRL geregelt ist, ausschließlich von VSG gesprochen.

3.3.2 Herstellung

Die Herstellung von VSG, dessen Zwischenschichten aus Thermoplasten (PVB- oder SentryGlas®-Folie) bestehen, erfolgt mittels eines mehrstufigen Laminationsprozesses, der in Abb. 3.13 dargestellt ist. Es gibt keine grundsätzlichen Unterschiede bei der Lamination eines VSG mit PVB- oder SentryGlas®-Folie.

In (KURARAY DIVISION TROSIFOL, 2012) sind eine detaillierte Beschreibung des Verfahrens zur Herstellung von VSG, Empfehlungen und weiterführende Verarbeitungshinweise zu finden und sollen an dieser Stelle kurz zusammengefasst werden.

Der erste Schritt zur Herstellung von VSG ist die Glasvorbehandlung, bei der die Glasscheiben gründlich von Fett und Schmutz gereinigt werden, um die Qualität der Haftung zwischen Glas und Folie zu gewährleisten. Demnach sollte für den letzten Waschschritt entsalztes Wasser verwendet werden (KURARAY DIVISION TROSIFOL, 2012). Bei Bedarf können die Glasscheiben im Glasvorbehandlungsprozess zugeschnitten, beschichtet oder gebogen werden.

In einem klimatisierten Verlegeraum werden die Folien und die trockenen sauberen Glasscheiben abwechselnd zu einem Sandwich zusammengelegt: Die Folie wird direkt von der Rolle, welche die übliche Floatglasbreite von 3,21 m hat, auf das bis zu 6,00 m lange Glas gelegt und zugeschnitten. Dabei grenzt in der Regel auf der einen Oberfläche der Folie die Zinnbadseite des Glases (Sn) und auf der anderen Oberfläche der Folie die Feuerseite des Glases (F). Dies wird bei der Auslieferung des VSG mit dem Hinweis „Sn/F verlegt" kenntlich gemacht. Die Vorgänge im Verlegeraum können vollautomatisiert erfolgen.

Vor dem eigentlichen Laminierungsprozess erfolgt der Vorverbund des VSG. Bei der Zusammenlegung zum Sandwich bilden sich zwangsläufig Lufteinschlüsse zwischen Folie und Glasoberfläche, die für einen optimalen Verbund aus dem Sandwich entfernt werden müssen. Durch den Vorverbund wird damit ein flächiger Verbund zwischen Folie und Glasoberfläche hergestellt, um ein Verrutschen zwischen Folie und Glas beim Beladen des Autoklaven zu verhindern. Zudem werden durch den Vorverbund möglichst viel Luft aus dem Sandwich gepresst und die Kanten des VSG versiegelt, sodass keine Luft mehr von Außen in das Sandwich eindringen kann.

Um den Vorverbund herzustellen, wird entweder das Walzen- oder das Vakuumverfahren verwendet.

Für plane großformatige VSG-Scheiben wird in der Regel das Walzenverfahren benutzt (siehe Abb. 3.13b). Das lose zusammengelegte Paket wird mittels Infrarotheizstrahler auf eine Glasoberflächentemperatur von 35 °C erwärmt und im Anschluss durch ein Gummiwalzenpaar geführt, das um 1 mm enger eingestellt ist als die Gesamtdicke des Sandwichs. Dadurch wird in diesem ersten Schritt die meiste Luft herausgepresst. In einem zweiten Schritt wird das Sandwich auf 60 °C bis 70 °C erwärmt und die verbliebene Luft wird nahezu vollständig durch ein zweites Gummiwalzenpaar, das um 2 mm enger eingestellt ist als die Gesamtdicke des Sandwichs, herausgepresst. Aufgrund der erhöhten Temperatur wird in diesem Schritt die Glaskante versiegelt. Die Luftdruckzylinder der Presswalzen werden mit 5 bar bis 7 bar betrieben. Die Vorverbundanlage wird mit einem Rollenband beschickt und läuft dadurch vollautomatisiert ab.

Die Vorverbundanlage kann jedoch nicht mit kleinformatigen oder gebogenen VSG-Scheiben beschickt werden, sodass auf das manuelle Vakuumverfahren zurückgegriffen wird. Das Vakuum (0,1 bar bis 0,2 bar) sollte bei $> 30\,°C$ und einer Dauer von $> 10\,$min gehalten werden, damit die Luft vor der Aufheizung weitestgehend aus dem Sandwich entwichen ist. Es sollte während der anschließenden Aufwärmzeit (ca. 20 min) weiterhin aufrechterhalten bleiben, sodass bei der Versiegelung der Kante keine Luft in das Sandwich eindringt. Die Anwendung kann mit dem Vakuumsack- oder Vakuumringverfahren durchgeführt werden. In Abb. 3.13a ist das Vakuumsackverfahren für die Herstellung von Probekörpern im Rahmen dieser Arbeit abgebildet. Der letzte Schritt der Herstellung von VSG findet im Autoklaven statt (siehe Abb. 3.13c). Dort wird das Sandwich bei einem Druck von ca. 12 bar langsam bis zu einer Temperatur von ca. $140\,°C$ erwärmt und im Anschluss geregelt abgekühlt, damit sich keine Eigenspannungen im VSG einprägen. Die Dauer des Autoklavenprozesses hängt entscheidend von der Menge und dem Aufbau des Sandwichs, der gewählten Temperatur und dem Druck im Autoklaven ab, sodass diese von 1 h bis 6 h variieren kann.

Die Kantenbearbeitung des VSG erfolgt entweder bei der Glasvorbehandlung nach DIN 1249-11 oder nach der Herstellung des VSG nach DIN EN ISO 12543-5.

4 Resttragfähigkeit von Verbund-Sicherheitsglas

4.1 Verbundwirkung

Das Tragverhalten von VSG lässt sich anhand der klassischen Sandwichkonstruktionen erläutern, die in (STAMM et al., 1974) ausführlich behandelt werden. Sandwichkonstruktionen bestehen in der Regel aus einer oberen und unteren dünnen Metalldeckschicht mit einer dicken Kernschicht aus Polyurethanhartschaum. Die Kernschicht ist viel dehnweicher, weshalb die Deckschichten das auftretende Biegemoment infolge einer Querkraftbiegung über ein Kräftepaar abtragen. Für ein positives Moment entsteht in der oberen Deckschicht Druck und in der unteren Zug. Dieses Kräftepaar wird über longitudinale Schubspannungen gekoppelt, die von der weichen Kernschicht und von der Haftung zwischen Kernschicht und Deckschicht übertragen werden müssen. Die auftretende Querkraft wird von der dickeren Kernschicht abgetragen.

Dieses Tragverhalten gilt prinzipiell auch für VSG, das einer Querkraftbiegung ausgesetzt ist. Jedoch ist die Kernschicht des VSG (Zwischenschicht aus Kunststoff) in der Regel dünner und schubweicher als die Deckschicht (Glas), sodass die Querkraft über das Glas abgetragen wird. Die Biegung wird zum Teil über zwei Biegemomente in den beiden Glasscheiben abgetragen. Der andere Teil wird über ein Kräftepaar in den Glasscheiben abgetragen, das durch die Zwischenschicht aktiviert wird. Die auftretenden longitudinalen Schubspannungen müssen analog zur klassischen Sandwichkonstruktion über die Haftung zwischen Kunststoff und Glas übertragen werden und verursachen eine Gleitung des Kunststoffes aufgrund der geringen Schubsteifigkeit im Vergleich zum Glas.

Die Verbundwirkung des Sandwichs hängt demnach von der Schubsteifigkeit des Zwischenmaterials (Kernschicht) und von der eigentlichen Verbindung zwischen Deckschicht und Kernschicht ab. Bei einer klassischen Sandwichkonstruktion soll die Schub- und die Zugfestigkeit der Verbindung die der Kernschicht übertreffen, sodass die Verbindung nicht die schwächste Stelle der Sandwichkonstruktion darstellt (STAMM et al., 1974). Diese Verbindung kann je nach Beschaffenheit der Deck- und Kernschichten durch Verklebung, Vernagelung, Verschraubung oder Verdübelung erzielt werden.

Bei einem VSG kann die Verbundwirkung zwischen Glas und Kunststoff nicht mit mechanischen Verbindungsmitteln geschaffen werden, sodass die Verbundwirkung restriktiv ist (Abschn. 3.2.2). Vorausgesetzt, die Haftung zwischen Glas und Kunststoff ist besser

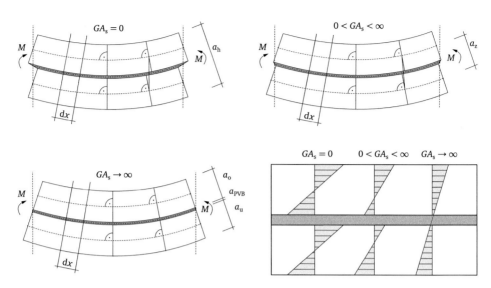

Abbildung 4.1   Verbundwirkung von VSG nach (KOTT, 2006; FEIRABEND, 2010)

als die Zug- und Schubfestigkeit des Kunststoffes, dann wird der Einfluss der Verbundwirkung auf die Spannungsverteilung im Sandwich in Abb. 4.1 deutlich. Unter der Annahme
der Bernoulli-Hypothese (Ebenbleiben der Querschnitte) zeigt sich, dass sich mit steigender Verbundwirkung (Erhöhung der Schubsteifigkeit der Zwischenschicht) der Versatz der
oberen zur unteren Glasscheibe verringert und im Idealfall der unendlichen Schubsteifigkeit ($GA_s \rightarrow \infty$) sich das Sandwich wie ein monolithischer Querschnitt verhält. Dies
hat auch einen Einfluss auf die Spannungsverteilung über den Querschnitt zur Folge: Bei
nicht vorhandener Verbundwirkung wird das Moment wie bei zwei lose übereinander liegenden Glasscheiben abgetragen und es entstehen zwei unabhängige lineare Spannungs-
verteilungen über die jeweilige Glasscheibe. Mit steigender Verbundwirkung erfolgt eine
Interaktion zwischen oberer und unterer Glasscheibe und ein Teil des positiven Biegemoments kann über ein Kräftepaar (Zugkraft in der unteren Glasscheibe; Druckkraft in
der oberen Glasscheibe) abgetragen werden. Mit Aktivierung des Kräftepaars reduzieren
sich zudem die maximalen Zug- und Druckspannungen an den Querschnittsrändern. Im
Falle einer theoretischen unendlichen Verbundwirkung kann die Gesamtquerschnittshö-
he des Sandwichs voll aktiviert werden und die Spannungsverteilung verhält sich wie bei
einem monolithischen Querschnitt. Dadurch weist der Querschnitt bei einer unendlichen
Verbundwirkung die größtmögliche Steifigkeit auf, was bei einer Querkraftbiegung die
Verformungen und die maximalen Spannungen minimiert.
 Zur Berechnung der resultierenden Hauptzugspannungen für plattenbeanspruchte Bauteile gibt es verschiedene Näherungslösungen, die den nachgiebigen Verbund der schubwei-
chen Zwischenschicht berücksichtigen. Eine einachsig gespannte Platte unter einer kon-

stanten Flächenlast kann mit der Näherungslösung für den nachgiebigen Verbund nach (WÖLFEL, 1987) ermittelt werden. Für vierseitig gelagerte Platten unter einer konstanten Flächenlast kann die Hauptzugspannung in Plattenmitte mit der erweiterten Näherungslösung nach (KUTTERER, 2005) berechnet werden. Diese beiden Näherungslösungen werden ausschließlich dazu verwendet, um die geometrisch linearen Finite Elemente (FE) Berechnungen an einem VSG aus 2×4 mm Glas mit einer Zwischenschichtdicke von 0,76 mm zu verifizieren. Aus diesem Grund soll an dieser Stelle auf die Vorgehensweise der Näherungslösung verzichtet und auf die verwendete Literatur (WÖLFEL, 1987; KUTTERER, 2005) verwiesen werden. In der FE Berechnung wurden 8-knotige Volumenelemente mit linearen Ansätzen verwendet und die Ränder wurden entsprechend unverschieblich gelagert. Für das Glas wurde ein E-Modul von 70 000 MPa und eine Querkontraktion von 0,23 angesetzt. Der Kontakt zwischen Glas und Zwischenschicht wurde starr verbunden. Die Flächenlast wurde für die einachsig bzw. zweiachsig gespannte Platte so angepasst, dass sich eine Hauptzugspannung von 18 MPa ohne Verbundwirkung bei Plattenabmessungen von 2000 mm $\times$ 2000 mm ausbildet. Mit den so ermittelten Flächenlasten, die sich für die zweiseitig und vierseitig gelagerte Platte ergaben, wurde nun die Schubsteifigkeit der Zwischenschicht in Form des Schubmoduls variiert, um den Einfluss der Verbundwirkung eines VSG zu studieren und durch die Näherungslösungen nach (WÖLFEL, 1987; KUTTERER, 2005) zu verifizieren (Abb. 4.2). Es wird deutlich, dass für einen Schubmodul > 10 MPa die Hauptzugspannung gegen den vollständigen Verbund, der sich bei einem monolithischen Querschnitt einstellen würde, konvergiert und die linearen Näherungslösungen mit nachgiebigem Verbund für die zweiseitig gelagerte Platte nach (WÖLFEL, 1987) und für die vierseitig gelagerte Platte nach (KUTTERER, 2005) gut mit der geometrisch linearen FE Berechnung übereinstimmen.

4.2 Bruchzustände

4.2.1 Einteilung

Für das Tragverhalten von VSG ist neben der Verbundwirkung der Bruchzustand des VSG von Bedeutung, denn aufgrund des spröden Bruchverhaltens des Glases können die Glasscheiben ohne Vorankündigung brechen und müssen gegebenenfalls dennoch Lasten im zerstörten Zustand abtragen können, um die Verkehrssicherheit zu gewährleisten. Dieser Sachverhalt, ob das zerstörte VSG noch Lasten abtragen kann, wird auch als Resttragfähigkeit von VSG bezeichnet. Der Bruch des Glases geht mit Rissen einher, die sich orthogonal zu den auftretenden Hauptspannungstrajektorien ausbilden. Bei einachsiger Biegung, die z. B. beim 4-Punkt-Biegeversuch auftritt, entstehen beim Überschreiten der Zugfestigkeit des Glases demnach Risse orthogonal zur Bauteillänge (Tragrichtung), entlang der Breite des Bauteils. Anhand dieses Bruchvorgangs sollen die verschiedenen Bruchzustände er-

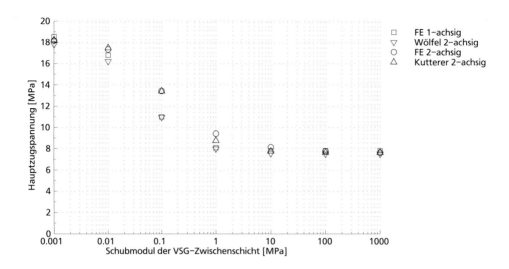

Abbildung 4.2   Einfluss der Verbundwirkung auf die resultierenden Spannungen im Glas

läutert werden. Für die Überschaubarkeit werden nur Untersuchungen und Überlegungen mit zweifachem VSG (zwei Glasschichten aus Float und eine Zwischenschicht) angestellt.

Je nach Schädigungsgrad des VSG ändert sich der Kraftfluss und damit das mechanische Modell, das für die Abtragung der Beanspruchung aus Querkraftbiegung herangezogen werden kann. In (KOTT, 2006; FEIRABEND, 2010) werden drei Bruchzustände des VSG definiert, die durch die unterschiedlichen Schädigungsgrade den Lastabtrag maßgeblich verändern:

- **Bruchzustand I**: alle Glasscheiben des VSG sind vollständig intakt; keine Glasscheibe ist gebrochen,

- **Bruchzustand II**: nur noch eine Glasscheibe des VSG ist intakt; die obere oder untere Glasscheibe ist gebrochen und besitzt mindestens einen Riss,

- **Bruchzustand III**: keine Glasscheibe ist mehr intakt; alle Glasscheiben sind gebrochen und haben mindestens einen Riss.

Die verschiedenen Bruchzustände sind in Abb. 4.3 zusammengefasst.

4.2.2 Bruchzustand I: Intaktes VSG

Das Tragverhalten vom intakten VSG (Bruchzustand I) wird durch die Schubsteifigkeit der Zwischenschicht und deren Haftung mit der Glasoberfläche beeinflusst, das in Abschn. 4.1 erläutert wurde. Darüber hinaus gibt es einschlägige Literatur, die Untersuchun-

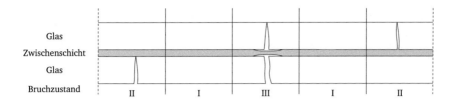

Glas
Zwischenschicht
Glas
Bruchzustand

II   I   III   I   II

Abbildung 4.3 Bruchzustände von VSG und dessen Lastabtrag nach (KOTT, 2006)

gen und Berechnungen über intaktes VSG betrachtet (KUTTERER, 2003; SCHULER, 2003; SACKMANN, 2008; ENSSLEN, 2005). Aus diesem Grund wird dieser Zustand nicht näher analysiert.

4.2.3 Bruchzustand II: Teilweise zerstörtes Glas des VSG

Das Tragverhalten unter reiner Biegung des VSG im Bruchzustand II und im Bruchzustand III wurde anhand eines 4-Punkt-Biegeversuchs mit der FEM verifiziert (siehe Abb. 4.4). Der Vorteil ist hierbei, dass zwischen den äußeren Kräften keine Querkraft auftritt und dadurch der Momentenverlauf konstant ist. Dabei wurden ausschließlich die Bruchzustände nach Abb. 4.3 untersucht.

Da das Verständnis des qualitativen Kraftflusses im Vordergrund steht, wurden für die FE Berechnung mit dem Programm *Ansys 14.5* (ANSYS INC., 2012) mehrere Vereinfachungen getroffen: Es wurde ein ebener Spannungszustand (ESZ) vorausgesetzt und mit Scheibenelementen des Typs *PLANE183* modelliert (siehe Kap. 7). Die Abmessungen wurden so gewählt, dass es sich per Definition um eine dünne Platte handelt $d/l = 1/17 < 1/10$. Weiterhin wurde die Querkontraktion nicht berücksichtigt und ein hoher E-Modul der Zwischenschicht von $E_Z = 100 \, \mathrm{MPa}$ angenommen, um den Kraftfluss durch eine sehr gute Verbundwirkung besser nachvollziehen zu können (vgl. Abb. 4.2). Zudem wurde geometrisch linear gerechnet. Der Verbund zwischen Glas und Zwischenschicht wurde als starr mit Kontaktelementen des Typs *CONTA172* und *TARGE169* angesehen. Die angrenzenden Glaselemente am Riss konnten keine Zug- und Schubkraft übertragen, lediglich im obersten Knoten der Druckzone wurde die auftretende Druckkraft übertragen.

Der Vergleich der Durchbiegung zwischen Bruchzustand I ($w = 3,4 \, \mathrm{mm}$) und Bruchzustand III ($w = 15,2 \, \mathrm{mm}$) zeigt, dass der Schädigungsgrad des VSG einen maßgeblichen Einfluss auf das Tragverhalten hat.

Lastabtrag Im Bruchzustand II ist der Lastabtrag infolge eines Risses in Feldmitte, einmal in der oberen und einmal in der unteren Glasscheibe, untersucht worden. Der zugehörige Lastabtrag ist in Abb. 4.5 dargestellt. Es wird deutlich, dass in der Höhe des Risses

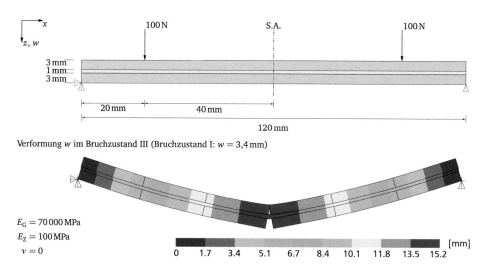

Abbildung 4.4 FE-Modell für die Validierung des Lastabtrages anhand eines 4-Punkt-Biegeversuchs

das Moment nahezu vollständig über die intakte Glasscheibe abgetragen wird. Die Zwischenschicht spielt durch die viel geringere Steifigkeit dabei eine untergeordnete Rolle. Am Riss entstehen in der Grenzschicht zwischen Glas und Zwischenschicht Zugspannungen σ_z und Schubspannungen τ_x, die eine Delamination zwischen Glas und Folie zur Folge haben können. Das Moment in der intakten Glasscheibe wird jenseits des Risses durch die Verbundwirkung zwischen Glas und Zwischenschicht kontinuierlich in die gebrochene Glasscheibe eingeleitet, bis beide Glasscheiben den gleichen Anteil des Biegemomentes abtragen. In (SIEBERT, 2004) wurden Untersuchungen zur Momentenumlagerung von der intakten Glasscheibe in die gebrochene Glasscheibe jenseits des Risses gemacht. Es wurden Dehnungsmessstreifen (DMS) im kontinuierlichen Abstand auf der unteren und oberen Seite des VSG appliziert und ausgewertet; bis die Verbundwirkung nach dem Riss wieder vollständig zum Tragen kommt, wird eine Einleitungslänge von 40 mm bis 60 mm benötigt.

Berechnungsansätze Im Falle des Bruchzustandes II, bei dem die untere Glasscheibe gebrochen ist, kann im Bereich des Bruchs die untere Glasscheibe nichts zu dem Lastabtrag beitragen, weil sie sich in der Zugzone bei angenommener positiver Biegung befindet. Der Grund hierfür ist, dass zwischen den Glasbruchstücken nur Druck- und Schubkräfte durch die Reibung der Glaskanten übertragen werden können, jedoch keine Zugkräfte. Dagegen sieht es anders aus, wenn die obere Glasscheibe bei angenommener positiver Biegung gebrochen ist. Dann befindet sich die obere gebrochenen Glasscheibe in der Druckzone und die am Riss angrenzenden Glasstücke können durch die aufnehmbare Druckkraft einen Anteil zum Lastabtrag beitragen. Hierfür wurde in (KOTT, 2006) ein Ansatz

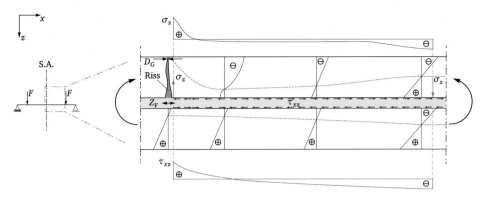

(a) Lastabtrag: Obere Glasscheibe gebrochen

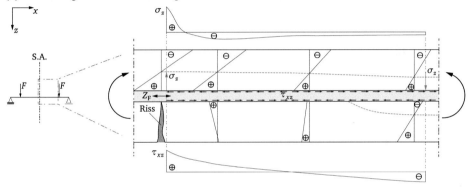

(b) Lastabtrag: Untere Glasscheibe gebrochen

Abbildung 4.5 Bruchzustand II: Qualitativer durch FE-Berechnung verifizierter Lastabtrag bei reiner Biegung; Biegespannung im Glas, Normal- und Schubspannung (σ_z, τ_{xz}) in der Grenzschicht Folie zu Glas

vorgestellt, mit dem eine effektive Steifigkeit des gesamten VSG aus der intakten unteren Glasscheibe und der oberen gebrochenen Glasscheibe zusammen mit der Zwischenschicht ermittelt werden kann: Durch die obere gebrochene Glasscheibe (Druckkraft) und der Zwischenschicht (Zug) wird ein Kräftepaar aktiviert, falls jenseits der auftretenden Risse die Schubkräfte in der Grenzschicht übertragen werden können. Dieser Ansatz geht davon aus, dass die Zugkraft dieses Kräftepaars ausschließlich von der Zwischenschicht aufgenommen wird, sodass die Nulllinie der Spannungsverteilung der unteren intakten Glasscheibe in deren Schwerpunkt ist. Die durchgeführten FE Berechnungen zeigen jedoch, dass die Nulllinie der Spannungsverteilung im oberen Drittel der Glasscheibe liegt (vgl. Abb. 4.5b). Damit wird ein Teil der Zugkraft auch von der intakten Glasscheibe übernommen, sodass der Ansatz nach (KOTT, 2006) konservativ ist, durch den geringeren angesetzten Hebelarm zwischen dem oberen Kräftepaar.

Für den konstruktiven Glasbau wird jedoch die Steifigkeit der gebrochenen Glasscheibe nicht berücksichtigt, damit befindet sich dieses Vorgehen auf der „sicheren Seite" bei der Beurteilung der Tragfähigkeit im Grenzzustand.

Soll die Steifigkeit der gebrochenen Glasscheibe für den Lastabtrag angesetzt werden, so kann die Tragfähigkeit des Bruchzustandes II infolge von statischen Lasten, die über mehrere Stunden wirken, nur durch Bauteilversuche ermittelt werden. Eine numerische Berechnung der Tragfähigkeit ist durch das viskoelastische Materialverhalten der Zwischenschicht und der lokalen Delamination um den auftretenden Riss nur begrenzt möglich. Dieser Sachverhalt wird eingehender in Kap. 7 behandelt. Aufgrund des viskoelastischen Materialverhaltens der Zwischenschicht ist auch der Ansatz nach (KOTT, 2006) nicht zielführend.

Zudem spielt der Bruchzustand II eine untergeordnete Rolle bei der Bemessung einer Verglasung im konstruktiven Ingenieurbau, denn es werden in der Regel Grenzzustände betrachtet. Damit ist einerseits das intakte VSG von Interesse und andererseits das völlig zerstörte VSG hinsichtlich der Sicherheit des darunter befindlichen Verkehrs.

4.2.4 Bruchzustand III: Vollständig zerstörtes Glas des VSG

Der Bruchzustand III wurde anhand von zwei unterschiedlichen Anordnungen der Risse untersucht. Dabei wird unterschieden, ob die Risse mit einem Versatz zueinander in der oberen und unteren Glasscheibe auftreten wie in Abb. 4.6a, oder ob die Risse in der oberen und unteren Glasscheibe koinzident (ohne Versatz) auftreten (vgl. Abb. 4.6b).

Lastabtrag   Bei der Anordnung der Risse mit Versatz wird ausgehend vom Riss in der oberen Glasscheibe das auftretende positive Biegemoment vorwiegend über die intakte untere Glasscheibe abgetragen. Zudem kann eine Druckkraft D_G über die Glasbruchstücke aufgenommen werden, sodass sich ein Kräftepaar zwischen der oberen Glasscheibe und der unteren Zugzone ausbildet, falls die dabei auftretenden Schubkräfte in der Grenzschicht übertragen werden können. Dabei lagert sich das Moment mit der Verbundlänge gleichmäßig in beiden Glasscheiben um, falls der auftretende Riss in der unteren Glasscheibe nicht innerhalb der zweifachen Verbundlänge auftritt. Demnach stellt sich eine Kombination aus den beiden betrachteten Bruchzuständen II in Abb. 4.5 ein. Kann sich jedoch das Moment dazwischen nicht gleichmäßig ausbreiten, so liegen die beiden Risse innerhalb der doppelten Verbundlänge, wie es in Abb. 4.6a dargestellt ist. Bis zum Riss in der unteren Glasscheibe hat sich das Moment vollständig in die obere Glasscheibe umgelagert. Aufgrund des Risses in der unteren Glasscheibe entstehen im Bereich des oberen Risses Druckspannungen in Dickenrichtung σ_z, die durch die Umlagerung des Momentes zu Zugspannungen in Dickenrichtung σ_z werden. Die Umlagerung des Momentes erfolgt über die Schubwirkung zwischen Glas und Zwischenschicht und den damit auftretenden Schubspannungen τ_{xz}.

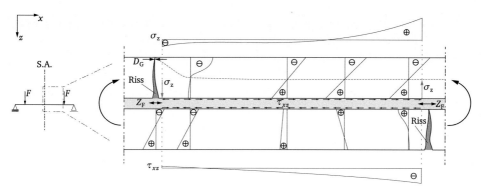

(a) Lastabtrag: Obere und untere Glasscheibe mit Versatz gebrochen

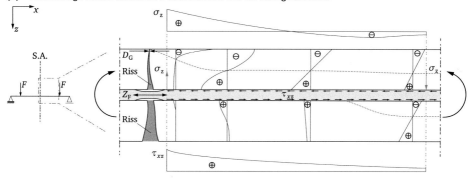

(b) Lastabtrag: Obere und untere Glasscheibe ohne Versatz gebrochen (koinzidenter Riss)

Abbildung 4.6 Bruchzustand III: Qualitativer durch FE-Berechnung verifizierter Lastabtrag bei reiner Biegung; Biegespannung im Glas, Normal- und Schubspannung (σ_z, τ_{xz}) in der Grenzschicht Folie zu Glas

Treten die Risse in der oberen und unteren Glasscheibe koinzident auf, so kann das auftretende Moment aus der Biegung nur über ein Kräftepaar abgetragen werden, das über den Verbund zwischen Glas und Folie jenseits des Risses kurzgeschlossen werden muss. Es kann sich am koinzidenten Riss keine lineare Spannungsverteilung über den Querschnitt des Glases einstellen. Folglich kann wegen des fehlenden Flächenträgheitsmomentes nicht so ein großes Moment wie beim Bruchzustand III mit Versatz übertragen werden. Die Zugkraft wird ausschließlich von der Folie und die Druckkraft wird von der oberen Glasscheibe übertragen. Hierdurch entsteht am oberen Glasrand keine gegenseitige horizontale Verschiebung der Glasbruchkanten (vgl. rechtes obere Bild Abb. 4.8). Die Glasbruchkanten entfernen sich zunehmend zueinander, je weiter es in Richtung der Zugzone geht. Dies ist der geometrischen Verträglichkeit geschuldet, und die Folie muss an dieser Stelle den dabei entstehenden Luftspalt durch eine Längenänderung ihrerseits ermöglichen. Dies ist nur dann möglich, wenn die Folie eine bestimmte Ausgangsdehnlänge durch Lösen vom Glas schafft, um die auftretenden Foliendehnungen unterhalb ihrer Bruchdehnung zu halten und ein sofortiges Reißen zu verhindern.

Die Haftung zwischen Glas und Folie ermöglicht eine kontinuierliche Einleitung der Zugkraft über Schubspannungen τ_{xz} in die Glasscheiben, bis sich ein gleichmäßiger Spannungsverlauf aus der Momentenbeanspruchung in der oberen und unteren Glasscheibe ausgebildet hat. Infolge des Risses entstehen auch Zugspannungen in Dickenrichtung σ_z zwischen Glas und Folie, die mit zunehmender Einleitung der Zugkraft in das Glas zu Druckspannungen in Dickenrichtung σ_z werden.

Die koinzidente Anordnung der Risse wird für experimentelle Untersuchungen in dieser Arbeit als am geeignetsten erachtet, da dies das ungünstigste Szenario für zwei auftretende Risse bei einem VSG hinsichtlich des Resttragverhaltens von VSG darstellt. Weiterhin ist die Anordnung der Risse eindeutig definiert im Gegensatz zu einer Anordnung der Risse mit Versatz, denn dort stellt sich die Frage, in welchem Abstand diese zueinander sinnvollerweise zu betrachten sind: Soll eine abgeschlossene Lasteinleitung durch die Verbundwirkung vorhanden sein oder nicht?

Berechnung   Berechnungsansätze, die es ermöglichen, gebrochenes VSG im Bruchzustand III abzubilden, sind in der Literatur kaum zu finden und sind daher immer noch Gegenstand der Forschung. Hierauf wird in Abschn. 4.4 eingegangen.

Die vorliegende Arbeit befasst sich mit dem Resttragverhalten im Bruchzustand III. Daher ist bei gebrochenem VSG vom Bruchzustand III die Rede.

4.3 Normative Umsetzung der Resttragfähigkeit

Normativ wird der Nachweis der Resttragfähigkeit mittels konstruktiven baulichen Maßnahmen und Bauteilversuchen geführt.

Für die Verwendung des Bauproduktes VSG sind nach BRL[1] derzeit noch die Technische Richtlinie für linienförmig gelagerte Verglasungen (TRLV) und die Technische Richtlinie für absturzsichernde Verglasungen (TRAV) einzuhalten, die jedoch durch DIN 18008-Reihe *Glas im Bauwesen - Bemessungs- und Konstruktionsregeln* ersetzt werden. Die DIN 18008 Teile 1 - 5 sind in der Muster-Liste der Technischen Baubestimmung (MLTB) bereits aufgenommen und müssen in den Bundesländern durch die oberste Bauaufsichtsbehörde gesetzlich eingeführt werden. Dies ist in 2014 bereits geschehen in: Brandenburg, Bremen, Rheinland-Pfalz, Saarland und Thüringen. DIN 18008-6 ist in Bearbeitung und wird in absehbarer Zeit eingeführt werden. Deshalb wird sich im Folgenden ausschließlich auf die DIN 18008 bezogen.

---

[1]Bauregelliste A Teil 1

Die DIN 18008 *Glas im Bauwesen - Bemessungs- und Konstruktionsregeln* gliedert sich in

- Teil 1: Begriffe und allgemeine Grundlagen,

- Teil 2: Linienförmig gelagerte Verglasungen,

- Teil 3: Punktförmig gelagerte Verglasungen,

- Teil 4: Zusatzanforderungen an absturzsichernde Verglasungen,

- Teil 5: Zusatzanforderungen an begehbare Verglasungen,

- Teil 6: Zusatzanforderungen an zu Instandhaltungsmaßnahmen betretbare Verglasungen (in Vorbereitung),

- Teil 7: Sonderkonstruktionen (in Vorbereitung; liegt zum gegenwärtigen Zeitpunkt jedoch noch nicht vor).

Verglasungskonstruktionen nach DIN 18008 werden nach dem Teilsicherheitskonzept der DIN EN 1990 bemessen. Demnach müssen für alle Verglasungen Nachweise zur Tragfähigkeit und Gebrauchstauglichkeit nach DIN 18008-1 geführt werden. Darüber hinaus ist für bestimmte Anwendungen eine Resttragfähigkeit der Verglasungskonstruktion zu fordern, um die Verkehrssicherheit zu gewährleisten.
In DIN 18008-1 ist die Resttragfähigkeit definiert als:

Definition 3 (Resttragfähigkeit) *Fähigkeit einer Verglasungskonstruktion im Falle eines festgelegten Zerstörungszustands unter definierten äußeren Einflüssen (Last, Temperatur, usw.) über einen ausreichenden Zeitraum standsicher zu bleiben.*

Um als standsicher zu gelten, darf die Verglasung nicht von den Lagern herunterrutschen. Im Falle von darunter liegenden Verkehrsflächen dürfen auch keine gefährdenden Bruchstücke der zerstörten Verglasung herabfallen. Diese Kriterien muss eine Verglasung für eine bestimmte zeitliche Dauer erfüllen, weshalb dieser Zeitraum als Standzeit bezeichnet wird. Der Nachweis der Resttragfähigkeit wird erstmals mit der DIN 18008 in einem Regelwerk explizit aufgenommen. Aufgrund des spröden Bruchverhaltens besitzen monolithische Verglasungen keine Resttragfähigkeit, weshalb bei einer geforderten Resttragfähigkeit das Bauprodukt VSG verwendet werden muss.
Um eine Übersicht der Regelungen des Nachweises der Resttragfähigkeit in der DIN 18008 und die dazugehörigen Anforderungen an das VSG für die Verglasungskonstruktionen zu bekommen, sind die wichtigsten Fakten der verschiedenen Teile der DIN 18008 in Abb. 4.7 zusammengefasst.
DIN 18008-1 stellt die Basis dar, DIN 18008-2 definiert Anforderungen an linienförmig gelagerte Verglasungen. Ausgehend von diesen beiden Teilen gibt es zusätzliche Anforderungen an punktförmige gelagerte Verglasungen (DIN 18008-3), die einzuhalten sind.

Befindet sich oberhalb einer Verkehrsfläche eine linienförmig oder punktförmig gelagerte Horizontalverglasung (Neigung zur Vertikalen $> 10°$), so werden zusätzliche Anforderungen an die Verglasung gestellt. Darüber hinaus werden deutlich erhöhte Anforderungen hinsichtlich der Resttragfähigkeit an begehbare und betretbare Verglasungen gestellt. Begehbare Verglasungen unterliegen einem planmäßigen Personenverkehr und werden in der DIN 18008-5 geregelt. Dagegen spricht man von betretbarer Verglasung, wenn die Verglasung nur für Instandhaltungsmaßnahmen durch eine Person mit definierten Arbeitsmitteln betreten wird. Dieses Szenario wird in der DIN 18008-6 (in Vorbereitung) geregelt. In der Übersicht wird deutlich, dass auch in der DIN 18008 wie in der BRL im Falle des zu verwendenden Bauproduktes VSG nur Zwischenschichten aus PVB-Folie geregelt sind. Zudem ist bislang der Nachweis der Resttragfähigkeit nur durch experimentelle Versuche durchführbar.

4.4 Stand der Forschung hinsichtlich Resttragfähigkeit

4.4.1 Charakterisierung

Um eine Aussage treffen zu können, ob ein Bauteil aus VSG im Bruchzustand III den Anforderungen hinsichtlich der Einwirkung standhält, muss ein Ingenieur- oder mechanisches Modell den Bruchzustand über einen Zeitraum von mehreren Stunden phänomenologisch und verlässlich abbilden können.

Solch ein Modell, das die Resttragfähigkeit prognostizieren kann, gibt es derzeit jedoch noch nicht. Dies ist im Wesentlichen der Komplexität der Beschreibung des Bruchzustandes III der unterschiedlichen Werkstoffe geschuldet, die erst im Verbund miteinander eine Resttragfähigkeit ermöglichen.

Daher sind zur Charakterisierung der Resttragfähigkeit vier Aspekte des VSG zu betrachten:

(1) Bruchzustandes III: Was passiert beim Bruch des Glases? Dabei spielt das Bruchbild des Glases eine wesentliche Rolle und dieses ist noch nicht eindeutig vorhersehbar.

(2) Materialeigenschaften des Glases: Diese sind soweit gut beschreibbar. Welche Druckkraft können die angrenzenden Glasstücke an den Bruchkanten infolge des auftretenden Momentes übertragen?

(3) Zeit- und temperaturabhängige Materialeigenschaften der Zwischenschicht: Es gibt mechanische Modelle wie Visko- und Hyperelastizität, um diese zu beschreiben. Wie verhält es sich jedoch im Bereich des Glasbruchs?

Anmerkungen:
- Es muss der Nachweis der Tragfähigkeit und Gebrauchstauglichkeit nach DIN 18008-1 geführt werden. Es können für entsprechende Verglasungen nach DIN 18008-2 bis DIN 18008-6 zusätzliche Anforderungen an den Grenzzustand der Tragfähigkeit und Gebrauchstauglichkeit gestellt werden.
- Für absturzsichernde Verglasungen nach DIN 18008-4 werden keine Anforderungen an die Resttragfähigkeit gefordert.

Generelle Anforderungen

DIN 18008-1: Begriffe und allg. Grundlagen
- Definition der Resttragfähigkeit (Abschn. 3.1.2)
- Resttragfähigkeit als Teil des Sicherheitskonzeptes (Abschn. 9)
- Nachweis der Resttragfähigkeit (Abschn. 9)
  – Einhaltung konstruktiver Vorgaben
  – Rechnerische Nachweise ohne das Ansetzen von gebrochenen Glasscheiben
  – Versuchstechnische Nachweise

DIN 18008-2: Linienförmig gelagerte Verglasungen
Einteilung der Verglasung (Abschn. 1)
- Vertikalverglasung: Neigung ≤ 10°
  Zusätzliche Regelungen (Abschn. 6)
  – kein VSG nötig
- Horizontalverglasung: Neigung > 10°
  Zusätzliche Regelungen (Abschn. 5)
  – VSG mit PVB-Folie ≥ 0,76 mm; Glaseinstand > 15 mm
  – VSG aus Floatglas, TVG oder Drahtglas

DIN 18008-3: Punktförmige gelagerte Verglasung
- Ausschließlich für ausfachende Verglasungen (Abschn. 1)
- Darf aus VSG bestehen (Abschn. 4.2)
  – Unterschied der Glasdicken des VSG: höchstens Faktor 1,7
  – Sicherstellung der Resttragfähigkeit nach DIN 18008-1, diese gilt als erfüllt für:
    * PVB-Folie > 0,76 mm und
    * bei Einhaltung der konstruktiven Randbedingungen (Abschn. 5): Rand- und Bohrabstände, Glaseinstand, Halterungsarten
- **Zusätzliche** Regelung für Horizontalverglasung (Abschn. 6)
  – Lagerung durch Tellerhalter (Abschn. 6.1)
    * Ausschließlich Einfachverglasungen: VSG aus TVG und gleich dicken Scheiben (mind. 2 x 6 mm)
    * Sicherstellung der Resttragfähigkeit nach DIN 18008-1, diese gilt als erfüllt für:
      · PVB-Folie > 0,76 mm und
      · bei Einhaltung der konstruktiven Randbedingungen (Abschn. 6): Randabstände; Tellerdurchmesser, Glasaufbauten und Stützweiten (Abschn. 6.1.4 Tabelle 2)
  – Kombination von Lagerungsarten (Abschn. 6.2): kein Nachweis der Resttragfähigkeit
  – Linienförmige Lagerung mit punktförmiger Klemmung (Abschn. 6.3) Resttragfähigkeit der Verglasung: Einhaltung der Punkthalterabstände und Glasdicken nach Abschn. 6.1.4 Tabelle 2

zusätzliche Anforderungen bei punktförmig gelagerten Verglasungen →

Zusatzanforderungen bei begehbarer und bei betretbarer Verglasung

DIN 18008-5: Begehbare Verglasung
- Personenverkehr < 5,0 kN m^{-2} (Abschn. 1)
- VSG aus 3 Scheiben zu verwenden (Abschn. 4)
- lichter Abstand darunter liegender tragende Bauteile < 50 cm: kein Nachweis der Stoßsicherheit und Resttragfähigkeit
- Grenzzustände der stoßartigen Einwirkungen und Resttragfähigkeit (Abschn. 6.2)
  – Bauteilversuche nach Anhang A
    * Nachweis der Stoßsicherheit (Abschn. A.2.1)
      · 40 kg Stahlkörper mit Sechskantschraube als Aufschlagfläche
      · Fallhöhe: 800 mm
      · halbe Nutzlast; Aufstandsfläche 200 mm × 200 mm je 1,0 kN
      · Auftreffstellen: max. Glasschäden und Halterbeanspruchung
      · > 2 Probekörper je Auftreffstelle
      · Bestanden (Abschn. A.2.1.6):
        1. VSG fällt nicht aus Lagerkonstruktion
        2. Stoßkörper durchschlägt das VSG nicht
        3. keine gefährdende Bruchstücke herabfallen
    * Nachweis der Resttragfähigkeit (Abschn. A.2.2)
      · Im Anschluß des Nachweises der Stoßsicherheit
      · halbe Nutzlast und Stoßkörper
      · oberste Scheibe zerstört
      · gefährdeten Sonderkonstruktionen wie einachsig linienförmig gelagerte Verglasung: alle Scheiben des VSG zerstören
      · Scheiben ungeschützter Kanten des VSG zerstören
      · Bestanden (A.2.2.2):
        1. Standzeit > 30 min
        2. kein Abgang von gefährdenden Bruchstücke
  – Konstruktionen, deren Stoßsicherheit und Resttragfähigkeit durch Versuche bereits erbracht sind (Abschn. 6.2.2)
    * VSG aus PVB-Folien mit jeweiliger Dicke > 1,52 mm
    * Oberste Scheibe des VSG: TVG oder ESG, ESG-H
    * Allseitig linienförmig gelagerte Verglasungen
    * Einhaltung der beschriebenen Randbedingungen: Länge, Breite, VSG-Aufbau, Glaseinstand
  – Konstruktive Maßnahmen (Abschn. 6.23)

DIN 18008-6: Betretbare Verglasung
- Zur Instandhaltung betretbar durch 1 Person mit Arbeitsmittel < 4,0 kg oder 10 l wassergefüllter Kunststoffeimer (Abschn. 5)
- Abgrenzung durchsturzsicher/betretbar: abhängig von Einbausituation zur Arbeitsfläche (Abschn. 5 Bild 1)
- Nachweis der Stoßsicherheit und der Resttragfähigkeit (Abschn. 6.3)
  – konstruktive Maßnahmen
  – Rechnerischer Nachweis nach Anhang B
    * Stoßsicherheit möglich
    * Resttragfähigkeit derzeit nicht möglich
  – Bauteilversuche nach Anhang A
    * Nachweis der Stoßsicherheit
      · Doppelreifen (50 kg) nach DIN 18008-4 Anhang A
      · Fallhöhe H_s: H_s = 900 mm (betretbar)
                        H_s = 450 mm (durchsturzsicher)
      · Zusatzlast: 40 kg (betretbar)
                    0 kg (durchsturzsicher)
      · Zerstören der obersten Glasschicht nach Bild A.4
      · Bestanden bei max. vier Aufprallpunkten (Abschn. A.1.4.6):
        1. VSG fällt nicht aus Lagerkonstruktion
        2. Stoßkörper durchschlägt das VSG nicht
        3. keine gefährdende Bruchstücke herabfallen bei darunter liegenden Verkehrsflächen
  – Nachweis der Resttragfähigkeit
    * falls alle Schichten des VSG beim Nachweis der Stoßsicherheit zerstört sind (Abschn. A.1.4.7),
    * oder bei 2-seitig gelagerten Einfachverglasungen: alle noch nicht gebrochene Scheiben sind zu zerstören
    * Belastung aus dem Nachweis der Stoßsicherheit inkl. Stoßkörper
    * Bestanden (A.1.5.3):
      1. Standzeit > 30 min
      2. kein Abgang von gefährdenden Bruchstücken
- **Anforderungen** des Arbeitsschutzes nach DIN 4426 und GS-Bau-18 sind zusätzlich zu beachten

Abbildung 4.7 Übersicht der Anforderungen der Verglasungen an den Nachweis der Resttragfähigkeit und des zu verwendeten Bauproduktes Verbund-Sicherheitsglas (VSG) nach DIN 18008

(4) Haftung zwischen Glas und Zwischenschicht: Was passiert beim Bruch des Glases
    im Bruchzustand III?

Diese Fragestellungen bilden die Basis, um die Resttragfähigkeit befriedigend beschreiben zu können. Sie können leider nicht unabhängig von einander beantwortet werden, da
sie sich zum Teil gegenseitig beeinflussen. Zudem ist hierbei nicht die Lagerung und die
Einwirkung in Betracht gezogen worden, die jedoch einen signifikanten Einfluss auf die
Resttragfähigkeit haben.

Diese Fragestellungen sind noch nicht ausreichend beantwortet, um eine verlässliche
Aussage über die Widerstandsfähigkeit des VSG hinsichtlich der Resttragfähigkeit machen zu können. Daraus resultieren aufwendige Bauteilversuche, die der Einbausituation
entsprechen und Aufschluss über die Resttragfähigkeit der betrachteten Verglasung geben.
Mit ingenieurmäßigen Annahmen, insbesondere das VSG betreffend, können bisher keine
quantitative Aussagen über die Widerstandsfähigkeit hinsichtlich der Resttragfähigkeit gemacht werden, sondern nur allgemeingültige qualitative Aussagen. Demnach beeinflussen
nach (KOTT, 2006) die Parameter Lagerungsart, Folien- und Glasdicke, Schubsteifigkeit
der Folie sowie die Glasart (Float, TVG oder ESG) das Resttragverhalten, und es konnten
mit den durchgeführten Versuchen folgende Schlussfolgerung verifiziert werden:

- Vierseitige Lagerung erhöht die Resttraglast im Vergleich zur zweiseitigen Lagerung,

- Floatglas und TVG erhöhen die Resttraglast deutlich,

- ESG weist keine Resttragfähigkeit bei einer zweiseitigen Lagerung auf,

- Kollaps des VSG wird darauf zurückgeführt, dass die Glasstücke keine Druckkraft
  mehr übertragen können. Folglich rutscht das VSG von den Auflagern und die
  Folie reißt an den Kanten der losgelösten Glasstücke.

Die Glasart spielt eine wesentliche Rolle bei der Fragestellung der Resttragfähigkeit, denn
die Bruchstücke sind bei ESG sehr klein im Vergleich zu TVG und Floatglas (vgl.
Abb. 3.5). Bei zu kleinen Bruchstücken ist kaum eine Verbundwirkung zwischen Glas und
Folie, die für das Kurzschließen des Kräftepaares benötigt wird, mehr vorhanden (siehe
Abschn. 4.2.4) und das gebrochene VSG wirkt ähnlich einem Seiltragwerk: die vertikale
Belastung wird über horizontale Zugkräfte in der Folie abgetragen. Hierfür muss die Lagerung des VSG horizontale Kräfte aufnehmen können. Dies ist in der Regel nicht ohne wei-
teres möglich, sodass bei Anforderungen an die Resttragfähigkeit kein ESG Verwendung
findet. Demzufolge wird in der vorliegenden Arbeit nur VSG aus Floatglas betrachtet.

4.4.2 Stand der Forschung

Durch die Charakterisierung der Resttragfähigkeit wird deutlich, dass eine qualitative Aussage über das Resttragverhalten oder eine Berechnung des Bruchzustandes III von Fakto-

ren abhängt, die nicht unabhängig voneinander sind. Sie sind immer noch Gegenstand der aktuellen Forschung. Hierzu gibt es im Wesentlichen bisher die Arbeiten von (KOTT, 2006; FEIRABEND, 2010; SESHADRI, 2001; FAHLBUSCH, 2007), die dieses Thema eingehender untersuchen. Darin werden drei Ansätze untersucht, die verschiedene Vorgehensweisen bei der Berechnung des Bruchzustandes III vorschlagen:

(1) Globale Steifigkeit des gebrochenen VSG (FAHLBUSCH, 2007),

(2) Fließlinientheorie (KOTT, 2006; FEIRABEND, 2010),

(3) numerische Abbildung der Haftung zwischen Glas und Folie mit Kohäsivzonenmodellen (SESHADRI, 2001).

Untersuchungen mit globaler Steifigkeit In (FAHLBUSCH, 2007) wurden Zugversuche an gebrochenem VSG aus ESG (Dicke von 10 mm) und einer PVB-Folie (Dicke von 1,52 mm) mit einer Dauerlast von 24 h bis 48 h durchgeführt. Dabei konnte ein globaler E-Modul für das gesamte gebrochene VSG von $E = 4{,}2\,\text{MPa}$ nach 24 h bzw. $E = 3{,}3\,\text{MPa}$ nach 48 h festgestellt werden. Diese Werte wurden anschließend für die Verifikation von Biegeversuchen an gebrochenem VSG aus ESG und PVB-Folie herangezogen.
Ein Nachteil hierbei ist, dass keine differenzierte Aussage zum Resttragverhalten gemacht werden kann. Insbesondere der Einfluss der Schubsteifigkeit der Folie, der Haftung zwischen Glas und Folie, der Glasdicke, der Verwendung von thermisch vorgespannten oder nicht vorgespannten Gläsern sowie der Lagerung der Verglasung und deren Abmessungen auf das Resttragverhalten wird nicht erfasst.

Fließlinientheorie Der Ansatz der Fließlinientheorie wird für die Berechnung eines VSG im Bruchzustand III in (KOTT, 2006; FEIRABEND, 2010) vorgeschlagen. Der Ansatz geht auf (JOHANSEN, 1962) zurück, der zur Berechnung der Tragfähigkeit von zweiachsigen gespannten Stahlbetonplatten im gerissenen Zustand die Fließlinientheorie heranzieht. Sie beschreibt eine Versagenshypothese, in welche die Geometrie, Lagerung und Belastung der Platte eingehen (FEIRABEND, 2010). Entlang einer Fließlinie kann nach Erreichen der Fließspannung weiterhin ein „plastisches" Moment bei zugehöriger Rotationskapazität übertragen werden. Das „plastische" Moment wird mit dem Arbeitssatz „Prinzip der virtuellen Verrückungen" ermittelt. Dieser besagt, dass die Summe der Arbeit der inneren und äußeren Kräfte Null ist und damit eine stabile Gleichgewichtslage vorhanden ist. Dieses mechanische Modell kann auf zwei- und vierseitig gelagerte VSG-Scheiben unter einer Plattenbelastung adaptiert werden, weil deren Bruchbilder denen des Stahlbetons ähneln, sofern das VSG aus Floatglas besteht. In (KOTT, 2006) wurden zunächst die theoretischen Resttraglasten in Abhängigkeit des plastischen Widerstandmomentes für gebrochenes VSG aus Floatglas und PVB-Folie im Bruchzustand III für zwei- und vierseitig gelagerte Platten ermittelt.

Die Bestimmung des „plastischen" Moments erfolgte an einem 4-Punkt-Biegeversuch, da sich dort zunächst nur ein Fließliniengelenk in Feldmitte orthogonal zur Tragrichtung ausbildet. Das „plastische" Moment ist durch das Kräftepaar D_G (Druckkraft im Glas) und Z_F (Zugkraft in der Folie), wie in Abb. 4.6b dargestellt, und deren Hebelarm definiert und erfolgt analog der Modellvorstellung von gerissenem Stahlbeton. Unter der Annahme einer linearen Dehnungsverteilung über den Querschnitt (Ebenbleiben des Querschnittes nach der Bernoulli Hypothese) sowie der Betrachtung des horizontalen Kräftegleichgewichts und des Momentengleichgewichts kann der unbekannte Hebelarm bestimmt werden. Die Spannung-Dehnungs-Beziehung im Querschnitt kann dann vollständig beschrieben werden. Im Unterschied zum Stahlbeton wird in (KOTT, 2006; FEIRABEND, 2010) nicht von einem Parabel-Rechteckigen-Verlauf der Druckspannung, sondern von einem dreiecksförmigen Verlauf ausgegangen. Der Schwerpunkt der Zugspannungen liegt in der Mittellinie der Folie. Für die Fließspannung der Folie wurde, aufgrund von durchgeführten Zugversuchen am reinen Material, 10 MPa und ideal plastisches Verhalten angenommen. Im Anschluss wurden die ermittelten Resttraglasten aus experimentellen Untersuchungen an zwei- und vierseitig gelagerten VSG unter Plattenbeanspruchung mit denen der Fließlinientheorie verglichen. Die Versuche wurden mit einer Wegrate von 1,2 mm min^{-1} gefahren und zwischen den einzelnen Bruchzuständen Beobachtungen gemacht. Vor der Untersuchung hinsichtlich Resttraglast im Bruchzustand III wurden Kriechversuche unter Eigengewicht des VSG 48 h lang durchgeführt und beurteilt. Die Abweichung der Resttraglasten im Bruchzustand III zwischen Theorie und Experiment betrug bis zu 64 %.

In (FEIRABEND, 2010) werden VSG-Scheiben unter einer Plattenbelastung aus ESG mit zusätzlicher Bewehrung (Lochblech aus Stahl) in der Zwischenschicht, die aus SentryGlas® oder PVB besteht, untersucht. Die eingeführte Unterscheidung zwischen Bruchlinien des Glases und den eigentlichen Fließlinien ist notwendig, um die Fließlinientheorie anwenden zu können. Es wurden für verschiedene Lagerbedingungen und Belastungen theoretisch erforderliche plastische Widerstandsmomente vorgestellt, die ein VSG im Bruchzustand III noch übertragen können muss. Eine Verifikation der theoretisch ermittelten Widerstandsmomente mit der Fließlinientheorie wurde nicht durchgeführt. Das aufnehmbare „plastische" Moment wurde vergleichbar zu (KOTT, 2006) für das gebrochene VSG aus ESG und Bewehrung in der Zwischenschicht berechnet.

Die Fließlinientheorie kann den Membraneffekt bei zweiachsig gespannten Platten, der sich günstig auf das Tragverhalten auswirkt, nicht abbilden. Für die Ermittlung des inneren Hebelarms zwischen der resultierenden Druck- bzw. Zugkraft muss demnach die Steifigkeit und Belastungsgeschichte der Folie bekannt sein. In (KOTT, 2006) wird von einem plastischen Materialverhalten der PVB-Folie ausgegangen. Auch wenn der Spannungs-Dehnungsverlauf bei Belastung eine Verfestigung vermuten lässt, die sich dem eines Stahls qualitativ ähnelt, behält die Folie im Gegensatz zum Stahl bei Entlastung keine bleibenden plastischen Verformungen. Dies konnte bei den Versuchen mit VSG aus PVB-Folien in Kap. 5 beobachtet werden. Vielmehr verhält sich die PVB-Folie visko-hyperelastisch

wie es in dem Beitrag über Zugversuche am reinen Material mit verschiedenen Folien in
(SCHNEIDER et al., 2012) herausgearbeitet wurde.

**Delaminationsvermögen: Haftung zwischen Glas und Folie mit Kohäsivzo-
nenmodellen**   Bei beiden vorgestellten Ansätzen zur Berechnung des Bruchzustandes III von gebrochenem VSG wird die Haftung zwischen Glas und Folie nicht explizit
berücksichtigt. Diese kann mechanisch als Adhäsionskraft in normaler und tangentialer
Richtung zur Grenzfläche aufgefasst werden und mittels Haftzug- und Haftscherfestigkeit
oder eine Kombination beider identifiziert werden.

Tritt ein koinzidenter Riss unter einer Biegebeanspruchung auf, so muss, wie in Abschn. 4.2.4 erläutert, die Zugkraft von der Folie übertragen werden. Dadurch erfährt die
Folie an dieser Stelle Dehnungen. Die einachsige technische Dehnung ist nach Abb. 2.2
durch die Längenänderung bezogen auf die Ausgangsdehnlänge l_0 definiert. Kann sich die
Folie beim Bruch des Glases nicht in diesem Bereich vom Glas lösen, so erfährt sie aufgrund des nicht Vorhandenseins einer Ausgangsdehnlänge sehr hohe Dehnungen $\varepsilon \to \infty$
und reißt.

Das Reißen von PVB-Folien bei Resttragfähigkeitsversuchen kann nur selten beobachtet werden, sodass sich die Folie vom Glas in einem bestimmten Bereich lösen muss.
Dieser Vorgang wird als Delamination bezeichnet und konnte bei den untersuchten 4-
Punkt-Biegeversuchen in Abschn. 5.9 beobachtet werden und ist in Abb. 4.8 nochmals
dargestellt. Beide Glasscheiben des VSG wurden koinzident ohne sichtbare Delamination
gebrochen und im Anschluss einem 4-Punkt-Biegeversuch unterzogen. Nach dem Versuch
wurde die Delamination der PVB-Folie unter einem Mikroskop festgestellt: Die Folie hat
sich eine Ausgangsdehnlänge geschaffen, sodass die Bruchdehnung der Folie infolge der
im Versuch aufgetretene Verformung nicht erreicht wurde. Dadurch ist die Folie intakt ge-
blieben. Je geringer die Haftung zwischen Glas und Folie ist, desto kleiner ist die benötigte
Kraft, damit die Folie delaminiert.

Die Notwendigkeit der Delamination zur Vermeidung des Reißens der Folie im Bruchzustand III führt zu der Annahme, dass zur Beschreibung der Resttragfähigkeit das Delaminationsverhalten der Zwischenschichten berücksichtigt werden muss. Die Delamination stellt einen Bruchprozess in einer Grenzfläche dar. Für den Bruchprozess haben sich
Energiekriterien als brauchbare Versagenshypothesen erwiesen. Dazu zählen die in Abschn. 2.6.3.3 vorgestellte Energiefreisetzungsrate und für numerische Berechnungen die
in Abschn. 2.6.4 beschriebenen Kohäsivzonenmodelle.

In (SESHADRI et al., 2000; SESHADRI, 2001) wurden Zugversuche an koinzident gebrochenem VSG, die als Through-Cracked-Tensile Test (TCT Test) bezeichnet werden (siehe Abb. 6.1), durchgeführt. Der TCT Test ermöglicht, das Delaminationsvermögen eines
VSG im Bruchzustand III mit der Energiefreisetzungsrate zu quantifizieren. Die Versuche
wurden in einem FE-Programm mit Kohäsivzonenmodellen gut abgebildet. Im Anschluss
wurden Probekörper aus einer PVB-Folie und nur einer Glasscheibe mit den Abmessungen

Mikroskopische Aufnahme in der Aufsicht des VSG nach der Belastung: Delamination der Folie

Abbildung 4.8   Delamination der PVB-Folie vom Glas infolge einer Biegebeanspruchung

$300\,\text{mm} \times 300\,\text{mm}$ vierseitig gelagert und mit einer Punktlast in Plattenmitte mit konstanten Wegraten $0,1\,\text{mm}\,\text{s}^{-1}$ bis $1\,\text{mm}\,\text{s}^{-1}$ belastet. Dabei wurde die PVB-Folie nach oben zur Belastung orientiert und das Glas nach unten, damit das Glas die Folie nicht beschädigt. Diese Versuche konnten mit Kohäsivzonenmodellen annähernd abgebildet werden. Der Nachteil der Versuchsansordnung ist, dass bei einem wirklichkeitsnahen Bauteilversuch hinsichtlich der Resttragfähigkeit, die sich in der Druckzone befindenden Glasstücke einen Beitrag zum Resttragverhalten leisten. Dies wurde aufgrund der fehlenden oberen Glasscheibe nicht berücksichtigt.

Um die Resttragfähigkeit mittels eines Versagenskriteriums oder einer numerischen Berechnung abbilden zu können, bedarf es der Berücksichtigung der Haftung zwischen Glas und Folie, die das Verhalten im Bruchzustand III beeinflusst.

Aus diesem Grund wird in der vorliegenden Arbeit der Schwerpunkt auf die Klassifizierung der Haftung zwischen Glas und Folie durch experimentelle Versuche gelegt, um daraus Rückschlüsse auf die Resttragfähigkeit machen zu können.

5 Klassifizierung der Zwischenschicht von VSG hinsichtlich der Resttragfähigkeit

5.1 Einführung und Zielsetzung

Die in diesem Kapitel vorgestellten Ergebnisse und Erkenntnisse sind im Rahmen eines Forschungsvorhabens des Deutschen Instituts für Bautechnik (DIBt) mit dem Titel „Klassifizierung der Materialeigenschaften der Zwischenschichten von Verbund-Sicherheitsglas hinsichtlich der Resttragfähigkeit" am Institut für Statik und Konstruktion (ISMD) entstanden und sind in dem unveröffentlichten Abschlussbericht wieder zu finden (SCHNEIDER et al., 2013).

Wie in Kap. 4 erläutert, sind in der Bauregelliste A Teil 1 (BRL) die Zwischenschichten, die für VSG verwendet werden dürfen, geregelt. Zur Zeit ist nur die Verwendung einer PVB-Folie nach DIN EN 14449 als Bauprodukt zugelassen. Bei Abweichungen von den technischen Regeln ist für das Bauprodukt VSG der Verwendbarkeitsnachweis durch eine abZ zu führen (DEUTSCHES INSTITUT FÜR BAUTECHNIK, 2014). Dies ist bei der Verwendung von anderen Zwischenmaterialien als der PVB-Folie der Fall.

Verglasungen, deren Anwendung ursprünglich nicht für den Einsatz von VSG gedacht war, wie Solarmodule mit EVA-Folien als Zwischenschicht oder Folien, welche die Akustik verbessern, finden infolge der technischen Weiterentwicklung immer öfter Anwendung in Gebieten bei denen VSG gefordert wird. Aber auch die Weiterentwicklung von Kunststoffen, welche bessere mechanische Eigenschaften aufweisen als gewöhnliche PVB-Folien wie z. B. SentryGlas®-Folien, dürfen aufgrund der fehlenden Vergleichbarkeit zur bewährten PVB-Folie nur nach dem Erhalt einer abZ als VSG verwendet werden.

Um andere Zwischenschichten als PVB-Folien für VSG zu verwenden, bedarf es neuer Prüfmethoden zur Produktüberprüfung und Reproduzierbarkeit der Ergebnisse, die es ermöglichen, eine Vergleichbarkeit zu dem geregelten VSG aus PVB-Folien hinsichtlich der Sicherheitsanforderungen insbesondere der Resttragfähigkeit zu schaffen. Die bisherigen Anforderungen an das VSG beinhalten die Materialeigenschaften des Zwischenmaterials und die Qualität des VSG (vgl. Abschn. 3.3.1). Vor allem Prüfmethoden, die das Resttragverhalten des gebrochenen VSG als Ganzes klassifizieren, insbesondere der Haftung zwischen Glas und Folie, sind rar und liefern nur allgemeingültige Informationen über die Qualität eines VSG.

Ziel ist es, Prüfmethoden am VSG vorzuschlagen und zu untersuchen, die eine Vergleichbarkeit hinsichtlich des Resttragverhaltens zu der herkömmlichen PVB-Folie ermöglichen und die sowohl durchführbar als auch reproduzierbar sind. Dabei muss das zeit- und temperaturabhängige Materialverhalten des Zwischenmaterials sowie das unterschiedliche Bruchverhalten des Glases berücksichtigt werden.

Zunächst werden die gängigen Prüfmethoden vorgestellt und kurz erläutert, ob diese für weitere Untersuchungen als sinnvoll erachtet werden.

5.2 Stoßartige Prüfungen am VSG

Kugelfallversuch   Der Kugelfallversuch nach DIN 52338 dient zur Prüfung des Verhaltens von VSG bei einem harten Stoß mit kleiner kompakter Masse. Dabei wird eine Kugel mit einem Durchmesser von 63,50 mm und einer Masse von 1030 g aus einer Fallhöhe von 1000 mm auf das intakte, horizontal allseitig-gelagerte VSG mit den quadratischen Abmessungen 500 mm × 500 mm lotrecht fallen gelassen. Der Versuch muss an mindestens fünf Proben erfolgen.

Nach dem Kugelfallversuch wird durch subjektive Beobachtungen die Art und Größe der Zerstörung festgestellt. Es wird unterschieden, ob die Kugel die Verglasung durchschlagen hat oder die Probe nur angebrochen ist. Ist die Probe angebrochen, jedoch nicht von der Kugel durchschlagen, so wird die Masse der Splitterabgänge der Verglasung quantifiziert.

Pendelschlagversuch   Mit dem Pendelschlagversuch nach DIN EN 12600 wird, ähnlich dem Kugelfallversuch, eine Stoßprüfung auf eine Verglasung durchgeführt. Der Stoßkörper ist ein Doppelreifen-Pendel, das an einer Seilaufhängung befestigt ist und mit einer definierten Auslenkung auf eine vertikale, in einem Prüfrahmen befestigte Verglasung gependelt wird. Die Prüfung gilt als bestanden, wenn keiner der vier zu untersuchenden Probekörper bricht oder ungefährlich bricht, welches nach auftretenden Rissen, Gewicht und Größe der herunterfallenden Glasstücke definiert ist. Durch die Fallhöhe des Pendels 1200 mm, 450 mm oder 190 mm wird eine Klassifizierung der Verglasung von 1, 2 oder 3 festgelegt. Die Abmessungen der Verglasung sind: 876 mm × 1938 mm. Die Gesamtmasse des Pendels beträgt 50 kg und der Luftdruck im Gummireifen 0,35 MPa.

Fazit   Die stoßartigen Prüfmethoden eigenen sich nicht für die Klassifizierung von Zwischenmaterialien von VSG hinsichtlich des Resttragverhaltens, da das zeitabhängige Materialverhalten des Zwischenmaterials nur ungenügend erfasst wird; schließlich unterliegt das zerstörte VSG bei der Betrachtung der Resttragfähigkeit einer Dauerlast von mehreren Stunden. Die Reproduzierbarkeit der Versuche ist wegen des sich so unregelmäßig einstellenden Glasbruchbildes und der vergleichsweise geringen Anzahl an Probekörpern nicht gewährleistet.

Die Anforderungen für das Bestehen der Prüfungen unterliegen keinen physikalisch moti-vierten Kenngrößen, sodass mit diesen beiden Prüfmethoden eine Klassifizierung der Ma-terialeigenschaften der Zwischenschicht von VSG hinsichtlich der Resttragfähigkeit nicht durchgeführt werden kann.

5.3 Standardisierte Prüfmethoden zur Beurteilung des Verbundes von VSG

5.3.1 Allgemeines

Zur Qualitätssicherung bei der Herstellung von VSG muss nach DIN EN ISO 12543-4 die Beständigkeit des Produktes geprüft werden. Darauf aufbauend haben die Folien-hersteller verschiedene Prüfungen am VSG entwickelt, die Aufschluss über die Qualität und Beständigkeit der Verbundeigenschaft zwischen Glas und Folie geben. Einen guten Überblick über die angewendeten Prüfverfahren bei den Folienherstellern von PVB ist in (KURARAY DIVISION TROSIFOL, 2012) gegeben. Zu den interessantesten Prüfungsarten, die eine Möglichkeit zur Klassifizierung der Materialeigenschaft der Zwischenschicht von VSG hinsichtlich der Resttragfähigkeit darstellen, zählen:

- Versuche zur Feuchtemessung,

- Temperaturbelastungsversuche,

- Versuche zur Bestimmung der Glashaftung.

Hieraus werden im Folgenden die wichtigsten Prüfungen kurz vorgestellt.

5.3.2 Feuchtemessung

PVB-Folie hat die Eigenschaft, Feuchtigkeit aus der Luft aufzunehmen und chemisch an sich zu binden. Diese Hygroskopizität der PVB-Folie beeinflusst die Haftung am Glas. Aus diesem Grund gibt es vorgeschriebene Spezifikationswerte der Folienhersteller für den Feuchtegehalt der Folie, die zur Qualitätssicherung dienen. Der Feuchtegehalt der Folie wird in VSG-Proben mittels der Infrarot-Durchstrahlmethode bestimmt.

Es ist derzeit nicht möglich, vom Feuchtegehalt der Folie im VSG auf eine Größe, wel-che die Haftung zwischen Glas und Folie quantitativ bestimmt, zu schließen. Vielmehr ist die Einhaltung des vorgeschriebenen Feuchtegehaltes ein Erfahrungswert der jeweiligen Folienhersteller, der zu einer guten Glashaftung führt.

Diese Prüfung dient daher nicht für die Klassifizierung verschiedener Zwischenschichten von VSG hinsichtlich der Resttragfähigkeit.

5.3.3 Prüfung bei hoher Temperatur

Für die Qualität des VSG ist die Verbundstabilität während der jahrzehntelangen Nutzungsdauer des Bauteils von großer Bedeutung. Hierfür gibt es zwei Temperaturbelastungsversuche nach DIN EN ISO 12543-4, welche die Verbundstabilität durch die Prüfung der vollständig gelösten Luftmenge im VSG nach dem Autoklavprozess beurteilen. Befindet sich nach dem Autoklavprozess noch Luft im VSG, kann es keinen optimalen Verbund zwischen Glas und Folie geben.

Kochendes Wasser   Daher werden Temperaturbelastungsversuche im kochenden Wasser nach DIN EN ISO 12543-4 durchgeführt, welche die Einwirkungen von Feuchtigkeit und Hitze während der Nutzungsdauer simulieren und die Verbundstabilität prüfen. Für diesen Versuch werden VSG-Proben mit den Mindestlängenmaßen 300 mm × 100 mm für 2 h in ein Wasserbad von 100 °C gegeben. Die Verbundstabilität ist gewährleistet, wenn keine Blasen, Delaminationen und Trübungen weiter als 15 mm von der Originalkante und weiter als 20 mm von einer Schnittkante auftreten.

Ofen   Die Verbundstabilität kann alternativ auch mit einem Temperaturbelastungsversuch in einem Ofen nach DIN EN ISO 12543-4 geprüft werden. Der Versuch besteht aus einer Temperaturbelastung ohne Feuchtigkeitseinwirkung; die VSG-Proben werden im Heizschrank auf 100 °C erwärmt und für 16 h aufrechterhalten. Die Verbundstabilität ist gewährleistet, wenn keine Blasen, Delaminationen und Trübungen weiter als 15 mm von der Originalkante und weiter als 20 mm von einer Schnittkante auftreten.

Fazit   Beide Temperaturbelastungsversuche können nur eine Aussage über die eingeschlossene Luftmenge im VSG geben und dass in diesen Bereichen ein schlechter Verbund zwischen Glas und Folie vorhanden ist.
Jedoch kann mit diesen Temperaturbelastungsversuchen nicht auf die Quantität der Verbundwirkung geschlossen werden. Folglich sind diese Versuche nicht für die Klassifizierung der Materialeigenschaften der Zwischenschichten von VSG hinsichtlich der Resttragfähigkeit geeignet.

5.3.4 Bestimmung der Glashaftung

Die Qualität der Glashaftung ist im Zusammenspiel mit der Schubsteifigkeit der Folie von Bedeutung, denn je größer die Verbundwirkung des VSG ist, desto günstiger wird der Lastabtrag bei intaktem VSG, und das VSG kann dementsprechend höhere Lasten abtragen, wie es in Abschn. 4.1 erläutert wurde.
Daher ist es wünschenswert, die Glashaftung beurteilen zu können, um diese bei der Herstellung des VSG gezielt einstellen zu können. Hierfür werden vom Folienhersteller der

Abbildung 5.1   Durchführung des Pummeltests in (HARK, 2012)

Pummeltest, der Kompressionsscherversuch und der Torsionsversuch für die Bestimmung der Glashaftung empfohlen.

Pummeltest   Die Prüfung erfolgt an VSG-Proben aus zwei Floatgläsern mit einer maximalen Dicke von 4 mm und einer Abmessung von 80 mm × 300 mm. Die Proben werden auf eine harte Unterlage gelegt und mit nicht definierten Hammerschlägen (automatisch oder manuell) so bearbeitet, dass das Glas größtenteils zerstört wird (siehe Abb. 5.1). Im Anschluss wird die Probe einer visuellen Prüfung unterzogen, bei der die nicht zu lösenden Glasstücke auf der Folie nach Größe der Glasstücke und deren Anzahl mit Referenzmustern verglichen wird: Die Einteilung erfolgt auf einer Skala von 1 (geringe Haftung) bis 10 (hohe Haftung), die als Pummelwerte bezeichnet werden.

Um das Eindrücken der Glasstücke in die Folie zu vermeiden, wie die Untersuchungen in (HARK, 2012) gezeigt haben, müssen die VSG-Proben auf eine Temperatur von $-18\,°C$ heruntergekühlt werden, damit die Differenzierbarkeit in der Glashaftung gewährleistet ist. Dies erfolgt in der Regel innerhalb von 2 h.

Die Bestimmung der Glashaftung mit dem Pummeltest birgt einige Nachteile. Die Durchführung des Pummeltests ist durch die Einflussfaktoren Anzahl und Festigkeit der Hammerschläge, Auftreffwinkel und Temperatur der Probe sowie subjektive Einflüsse durch den Prüfer nicht ausreichend reproduzierbar. Zudem ist der Pummelwert keine mechanisch abgeleitete Größe, mit der eine Aussage über die Resttragfähigkeit eines VSG gemacht werden kann. Der Versuch dient der prinzipiellen Qualitätskontrolle, ob ein VSG eine hohe oder niedrige Haftung aufweist.

Kompressionsscherversuch   Bei Fragen im konstruktiven Glasbau hinsichtlich der Resttragfähigkeit sind die relevanten Bauteile (z. B. Horizontalverglasungen) vorwiegend biegebeansprucht und müssen den auftretenden Schub in den Grenzflächen Glas und Folie übertragen können. Damit ist die aufnehmbare Schubspannung der Grenzfläche von besonderer Bedeutung.

Abbildung 5.2   Versuchsaufbau des Kompressionsscherversuchs (FAHLBUSCH, 2007)

Mit dem Kompressionsscherversuch (siehe Abb. 5.2) wird der Haftwiderstand zwischen Glas und Folie infolge einer Druck-Scherbeanspruchung bestimmt. Hieraus lässt sich die bei der Delamination auftretende technische Schubspannung (Haftscherfestigkeit) bestimmen, die als Maß für die Glashaftung infolge einer Druck-Scherbeanspruchung herangezogen werden kann.

Der Vorteil gegenüber dem Pummeltest ist, dass die Druck-Schubfestigkeit zwischen Glas und Folie ein abgeleiteter mechanischer Parameter ist, der eine quantitative Aussage über die Qualität der Glashaftung ermöglicht.

Das Versagen der Grenzfläche aufgrund einer kombinierten Beanspruchung aus Druck und Schub ist für die mechanische Beschreibung eines Biegeproblems hinsichtlich der Resttragfähigkeit allerdings nicht geeignet, wie der im Abschn. 4.2.4 erläuterte Lastabtrag im Bruchzustand III zeigt.

Daher wird der Kompressionscherversuch als Parameter zur Charakterisierung der Resttragfähigkeit eines VSG als nicht geeignet angesehen.

Torsionsversuch   Im Gegensatz zum Kompressionsversuch wird mit dem Torsionsversuch eine reine Schubbeanspruchung auf die Grenzfläche des VSG erzeugt. Dazu werden die beiden Glasscheiben der kreisrunden VSG-Probe in eine Torsionsprüfmaschine befestigt und bis zum Versagen der Grenzfläche zueinander verdreht. Über das aufgebrachte Torsionsmoment kann die Haftscherfestigkeit der Grenzfläche ermittelt werden.

Die Prüfung eignet sich für die Bestimmung der Haftscherfestigkeit des VSG, die eine zentrale Rolle bei Biegeproblemen hinsichtlich der Resttragfähigkeit spielt.

Bei dem Torsionsversuch gestaltet sich die Herstellung der runden Probekörper, die in der Regel aus einem VSG im Wasserstrahlverfahren herausgeschnitten werden als schwierig. Dadurch kann es zu einer Reduzierung der Haftung am geschnittenen Rand kommen. Zudem kann für die Durchführung des Versuchs keine standardisierte Universalprüfmaschine verwendet werden, sondern es ist eine teure Torsionsprüfmaschine notwendig.

Aus diesen beiden Gründen wird der Torsionsversuch nicht eingehender auf eine mögliche

Klassifizierung der Materialeigenschaften der Zwischenschicht von VSG hinsichtlich der Resttragfähigkeit untersucht.

5.4 Phänomenologisch motivierte Versuche

Um brauchbare Prüfmethoden für die Klassifizierung der Materialeigenschaften der Zwischenschicht von VSG hinsichtlich der Resttragfähigkeit zu entwickeln, ist die Kenntnis des Lastabtrags des VSG im Bruchzustand III, wie es in Abschn. 4.2.4 beschrieben wurde, hilfreich.

An den Rissflanken des gebrochenen Glases entstehen zwischen Glas und Folie erhöhte Haftscher- und Haftzugspannungen, die die beiden Werkstoffe voneinander lösen können. Dann delaminiert die Folie im Bereich des Risses und ist durch die Vergrößerung der freigelegten Ausgangslänge Dehnungen ausgesetzt, die meist unterhalb der Bruchdehnung der Folie liegen (siehe Abschn. 4.4.2). Dadurch kann das VSG im Bruchzustand III größere Verformungen bis zum Reißen der Folie bewerkstelligen, was sich positiv auf das Resttragverhalten bei vierseitig gelagerten Platten durch den Membranspannungszustand auswirken kann, abhängig vom Delaminationsvermögen der Folie. Das Delaminationsvermögen und damit der Widerstand der Adhäsionskraft zwischen Glas und Folie ist für die Beschreibung des gebrochenen VSG im Bruchzustand III von Interesse.

Zur Charakterisierung des Delaminationsvermögens sind im Wesentlichen zwei Versagenshypothesen für die Haftung zwischen Glas und Folie interessant:

(1) Die Delamination erfolgt durch die Überschreitung der Adhäsionsspannungen in normaler und tangentialer Richtung zur Grenzfläche zwischen Glas und Folie.

(2) Die Delamination unterliegt dem energetischen Bruchkriterium der Energiefreisetzungsrate (siehe Abschn. 2.6.3.3); sie ist demnach sowohl abhängig von den Adhäsionsspannungen als auch von den auftretenden Separationen der Rissflanken.

Versuche zur Bestimmung der Haftfestigkeiten   Die in der Glasindustrie angewendeten Prüfmethoden, welche die Haftung (Adhäsion) zwischen Glas und Folie über die Haftfestigkeiten beurteilen (Kompressionsschertest und den Torsionsversuch), wurden für diese Untersuchungen als nicht geeignet angesehen (vgl. Abschn. 5.3.4). Stattdessen werden Versuchsanordnungen vorgeschlagen, bei denen nur Beanspruchungen in der Grenzfläche zwischen Glas und Folie gemäß der Einbausituation von VSG bei Resttragfähigkeitsanforderungen auftreten und die mit einer Universalprüfmaschine durchführbar sind. Zur Beschreibung der Haftung ist die Kenntnis der Adhäsionskraft in normaler und tangentialer Richtung zur Grenzfläche von Interesse. Die daraus resultierenden technischen Versagensspannungen (Haftzug- und Haftscherfestigkeit) können anhand von Zugversuchen und reinen Scherversuchen am intakten VSG identifiziert werden. Deshalb wurden

Zug- und Schubuntersuchungen am VSG durchgeführt, um eventuelle Rückschlüsse auf eine Klassifizierung der Materialeigenschaften des Zwischenmaterials von VSG auf die Resttragfähigkeit zu schließen.

Versuche zur Bestimmung der Energiefreisetzungsrate   Eine auftretende Querscherung, die mit dem Modus III beschrieben wird, spielt für das Resttragverhalten eines VSG im Bruchzustand III eine vernachlässigbare Rolle und es werden dahingehend keine Untersuchungen angestellt.

Anders sieht es mit den beiden Rissöffnungsarten Modus I und Modus II aus (siehe Abb. 2.13), die eine Klaffung senkrecht zur Rissöffnung und eine Längsscherung zur Rissöffnung beschreiben. Diese beiden Rissöffnungen können aufgrund der Normal- und Schubspannung in der Grenzfläche (siehe Abschn. 4.2.4) beim Resttragverhalten eines gebrochenen VSG auftreten. Es gibt verschiedene Versuchsanordnungen, mit denen die beiden Rissöffnungsarten Modus I und Modus II getrennt oder kombiniert untersucht werden können, um die für die Rissöffnung benötigte Energiefreisetzungsrate experimentell zu bestimmen. Dazu zählen im Wesentlichen die Versuche:

- Schältest (Peel Test)

- Double-Cantilever-Beam Test (DCB Test)

- End-Notched-Flexure Test (ENF Test)

- Through-Cracked-Tensile Test (TCT Test)

Beim Peel Test wird die Folie in einem definierten Winkel vom Glas (Substrat) abgeschält, wie es in Abb. 5.3 dargestellt ist. Mit der Kenntnis des Zuwachses der abgeschälten Länge der Folie, der elastischen Verlängerung der Folie, der anliegenden Kraft sowie deren Winkel kann über die Energiebilanz die freigesetzte Energie bei dem Zuwachs des Risses (abgeschälte Länge der Folie) ermittelt werden, wie es in (KINLOCH et al., 1994) vorgestellt wird. Im Rahmen dieser Untersuchung wurde der Peel Test nicht näher betrachtet, da die hierfür benötigten Proben aus einem einfachen VSG bestehen und es bei der Herstellung des einfachen VSG keine Erfahrung über die Qualität des daraus entstehenden Produktes im Vergleich zu einem üblichen VSG, das aus mindestens zwei Glasscheiben besteht, gibt.

Für die folgenden Prüfmethoden bedarf es dagegen übliche VSG-Proben: Der Double-Cantilever-Beam Test (DCB Test) dient zur Beschreibung des Modus I, der End-Notched-Flexure Test (ENF Test) untersucht dagegen den Modus II. Auch für den Through-Cracked-Tensile Test (TCT Test), der das Delaminationsverhalten der Zwischenschicht an gebrochenen Proben in einem Zugversuch untersucht, werden übliche VSG-Proben verwendet. Diese drei Prüfmethoden werden daher etwas eingehender erläutert und untersucht.

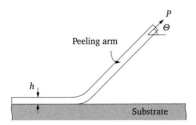

Abbildung 5.3 Peel Test in (KINLOCH et al., 1994)

Idealisierter Resttragfähigkeitsversuch Um verschiedene Zwischenschichten von VSG auf ihr Resttragfähigkeitsvermögen zu untersuchen, liegt es nahe, dies an realen Bauteilversuchen, in der Regel Horizontalverglasungen, durchzuführen. Dies gestaltet sich als aufwendig und die Reproduzierbarkeit der Prüfmethode ist nicht gewährleistet, solange das anzusetzende Glasbruchbild für die Resttragfähigkeit nicht bekannt bzw. definiert ist. Daher ist es sinnvoll, eine mögliche Klassifizierung anhand eines definiert reproduzierbaren Worst Case Szenarios hinsichtlich des Resttragverhaltens zu untersuchen. Wie in Abschn. 4.4 erläutert, kann VSG aus ESG nicht verwendet werden, da es kein ausgeprägtes Resttragfähigkeitsvermögen besitzt und auch nicht als Überkopfverglasung zugelassen ist. Zudem können keine definierten Risse im Glas aufgrund der thermischen Eigenspannung im Glas erzeugt werden. Aus diesen Gründen eignet sich nur ein VSG aus zwei Floatglasscheiben mit einer Zwischenschicht, das einachsig gespannt ist, in Feldmitte zwei koinzidente Risse (obere und unter Glasscheibe) hat und einer Biegebeanspruchung unterliegt. Als Versuchsanordnung wurde hierfür in (SHA et al., 1997) ein 3-Punkt Biegeversuch an gebrochenem VSG vorgeschlagen.

Alternativ wird ein 4-Punkt-Biegeversuch verwendet, der den Vorteil hat, dass ein konstanter Momentenverlauf zwischen den Lastschneiden auftritt. Folglich wirkt zwischen den Lastschneiden auch keine Querkraft. Diese Prüfung wird als Through-Cracked-Bending Test bezeichnet und wird aufgrund der Realitätsnähe zu den Resttragfähigkeitsversuchen eingehender erläutert und untersucht.

5.5 Betrachtete Versuchsanordnungen und Zwischenschichten

Bei den vorgestellten Prüfungen in Abschn. 5.2 bis 5.4 eignen sich nach dem Verfasser nur die phänomenologisch motivierten Versuche, da mit ihnen mechanische Kenngrößen wie Spannungen oder Energien identifiziert werden können. Damit ist eine Klassifizierung der Materialeigenschaft des Zwischenmaterials von VSG hinsichtlich der Resttragfähigkeit durchaus möglich. Zudem kann aus den identifizierten Parametern eine numerische

Abbildung des Bruchzustandes III von VSG getätigt werden, um ein Bemessungskonzept für Überkopfverglasungen zu entwickeln.

Auf dieser Basis wurden im Rahmen des Forschungsvorhabens folgende Versuchsanordnungen am VSG eingehender untersucht und beurteilt:

(1) Zugversuch zur Bestimmung der Haftung in Normalenrichtung der Grenzfläche (Haftzugversuch oder VW-Pull Test),

(2) Scherversuch zur Bestimmung der Haftung in Tangentialrichtung der Grenzfläche (Haftscherversuch),

(3) Double-Cantilever-Beam Test (DCB Test),

(4) End-Notched-Flexure Test (ENF Test),

(5) Through-Cracked-Tensile Test (TCT Test): Zugversuch in tangentialer Richtung der Grenzfläche an definiert gebrochenem VSG,

(6) Through-Cracked-Bending Test (TCB Test): Biegeversuch an definiert gebrochenem VSG.

Es wurden bis zu drei verschiedene Folien als Zwischenschicht für das VSG bei den betrachteten Versuchsanordnungen untersucht. Dazu zählen die beiden PVB-Folien BG R20 und SC von *Kuraray Division Trosifol* ® und das Ionoplast SentryGlas® von *Kuraray*.

5.6 Nicht anwendbare Versuchsanordnungen

5.6.1 Begründungen

Die in diesem Kapitel vorgestellten Versuchsanordnungen sind für die Klassifizierung von Zwischenmaterialien von VSG hinsichtlich der Resttragfähigkeit nicht geeignet. Die Begründungen liegen z. T. in der mangelhaften Durchführbarkeit der Versuche oder in der unrealisierbaren Parameteridentifikation mit dieser Versuchsanordnung und sollen an dieser Stelle aufgezeigt werden, um für weitere Forschungsarbeiten auf die entstandenen Problematiken und Schwierigkeiten hinzuweisen.

5.6.2 End Notched Flexure Test

Der End-Notched-Flexure Test (ENF Test) ist eine gängige Prüfmethode, um die Energiefreisetzungsrate des Modus II für fortschreitende Risse in Materialien zu bestimmen. Der Modus II beschreibt einen Rissfortschritt infolge einer Längsscherung parallel zu den Rissflanken (vgl. Abb. 2.13), die mit einem 3-Punkt Biegeversuch umgesetzt werden kann (siehe Abb. 5.4). Dazu muss die Probe in Bauteillängsachse eingeschlitzt sein. Dadurch ist

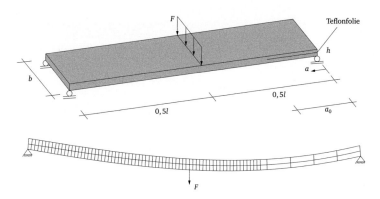

Abbildung 5.4 Schematischer ENF-Versuchsaufbau (MATZENMILLER et al., 2005)

ein Initialriss vorhanden für den weiteren Rissfortschritt wegen den auftretenden longitudinalen Schubspannungen.

In (DE MOURA et al., 2008) wird eine Versuchsanordnung vorgestellt, die es ermöglicht, die Energiefreisetzungsrate von Holz mit dem End-Notched-Flexure Test (ENF Test)
zu ermitteln. Das Verfahren basiert auf der Irwin-Kies Gleichung:

$$\mathcal{G}_{II} = \frac{P^2}{2b} \frac{\partial C}{\partial a} \quad [\text{J m}^{-2}] \quad . \tag{5.1}$$

Hierin ist b die Breite der Probe und P ist die Belastung. Die Nachgiebigkeit der Probe ist
definiert mit $C = \delta P^{-1}$. δ ist die Durchbiegung in Feldmitte bei der jeweiligen Belastung.
Sie basiert auf der in Abschn. 2.6.3.3 vorgestellten Energiefreisetzungsrate.

Versuchsdurchführung und Probekörper Es wurden Versuche an jeweils einem
VSG aus 2×6 mm bzw. 2×8 mm Floatglas und einer 0,38 mm BG R20-Folie (hohe Haf-
tung) mit den Abmessungen 50 mm × 100 mm durchgeführt, denn auch hohe Haftungen
müssen mit den Klassifikationstests erfasst werden. Die Zwischenschicht jeder Probe wurde wechselseitig zur Zinnbad- und Feuerseite der Gläser verlegt. Um eine möglichst große
Schubspannung zu erhalten, wurden die Proben nur auf eine Länge von 20 mm von einem
Probenrand laminiert. Für die Versuche wurde die Universalprüfmaschine *Zwick Roell
THW* 50 kN bei einer Temperatur von (21 ± 2) °C und einer Luftfeuchte von (45 ± 5) % rF
verwendet. In Abb. 5.5 ist die Versuchsdurchführung und ein Probekörper nach der Prüfung zu sehen.

Ergebnis und weitere Überlegungen Bei beiden Proben konnte kein Rissfortschritt
bzw. keine Delamination infolge der auftretenden Schubspannung festgestellt werden.
Es trat immer zuerst Glasbruch auf. In (TAUBENHEIM, 2012) konnte durch numerische Berechnungen festgestellt werden, dass die charakteristischen Biegezugspannungen

Abbildung 5.5   Versuchsdurchführung des ENF Tests und Probekörper nach der Prüfung

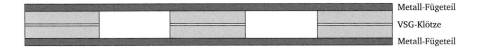

Metall-Fügeteil
VSG-Klötze
Metall-Fügeteil

Abbildung 5.6   Schematische Darstellung einer modifizierten ENF-Probe für VSG

des Glases ($f_k = 45\,\text{MPa}$) schon bei einer auftretenden Schubspannung in der Folie von $\tau_{\text{PVB}} = 2{,}47\,\text{MPa}$ erreicht wurde. Die Scherversuche in Abschn. 5.7.3 zeigten jedoch, dass die Haftscherfestigkeit des VSG aus PVB-Folie (BG R20) $> 10\,\text{MPa}$ ist, sodass die aufzubringende Schubspannung in der Folie nicht für eine Delamination ausreicht. Um eine maximale Schubspannung in der Folie zu erhalten, wurde eine Parameterstudie mit der FEM an einem 3-Punkt-Biegeversuch durchgeführt, in der die Stützlänge und die Länge des Initialrisses variiert wurden. Gleichzeitig wurden die charakteristischen Biegezugspannungen von ESG ($f_{\text{ct}} = 120\,\text{MPa}$) als Versagensspannung des Glases angesetzt: Es konnten keine größeren Schubspannungen in der Folie als $\tau_{\text{PVB}} = 5{,}91\,\text{MPa}$ erzielt werden.
Infolgedessen wurden Überlegungen angestellt, die Probe nach Abb. 5.6 zu modifizieren. Das Ziel war, durch die duktile Deckschicht eine Schubspannung in der Folie von $\tau_{\text{PVB}} > 10\,\text{MPa}$ zu erhalten, indem die Biegezugspannungen im Glas die Bruchspannung nicht erreichen. Eine ausführliche numerische Parameterstudie der modifizierten Geometrie aus einer Kompositbauweise aus Stahl und VSG führte auf keine brauchbare Probengeometrie (Länge $< 400\,\text{mm}$, die einen fortschreitenden Riss (Delamination) infolge einer Schubspannung ermöglichen könnte. Es wurden dabei die Glasdicken und die Dicke des Metall-Fügeteils, die Länge der drei VSG-Klötze und die Gesamtlänge der Probe variiert. Eine Initialrisslänge der Folie wurde nicht angesetzt.

Bewertung   Auf der Basis der experimentellen und numerischen Untersuchungen erscheint es nicht möglich, den ENF Test für Proben aus VSG zur Bestimmung der Energiefreisetzungsrate im Modus II heranzuziehen. Der ENF Test führt zu einem Glasversagen

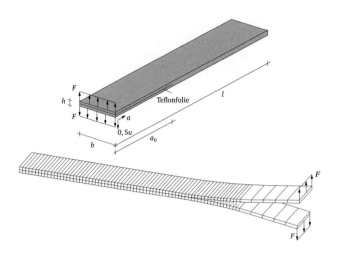

Abbildung 5.7   Schematischer DCB-Versuchsaufbau (MATZENMILLER et al., 2005)

lange bevor es zu einem fortschreitenden Riss in der Grenzfläche kommt.
Deshalb kann der ENF Test derzeit nicht zur Klassifizierung der Materialeigenschaften der
Zwischenschicht von VSG hinsichtlich der Resttragfähigkeit empfohlen werden.

5.6.3 Double Cantilever Beam Test

Das Pendant zum ENF Test für fortschreitende Risse in Folge von Normalspannungen an
den Rissufern ist der Double-Cantilever-Beam Test (DCB Test). Dabei wird eine Klaffung senkrecht zur Rissöffnung aufgebracht, wie es in Abb. 5.7 schematisch dargestellt
ist. Dieser Test ermöglicht eine Beanspruchung, die ausschließlich den Modus I hervorruft
(MATZENMILLER et al., 2005).
 In (BLACKMAN et al., 1991) werden vier verschiedene Ansätze zur Ermittlung der Energiefreisetzungsrate vorgestellt: Flächenmethode, Nachgiebigkeitsmethode, erweiterte
Nachgiebigkeitsmethode und Verschiebungsmethode. Der Ansatz der Nachgiebigkeitsmethode basiert auf der IRWINE-KIES-Gleichung und erfolgt analog zur Ermittlung der
Energiefreisetzungsrate des ENF Tests (vgl. Gleichung (5.1)):

$$\mathcal{G}_{\mathrm{I}} = \frac{P^2}{2b} \frac{\partial C}{\partial a} \quad [\mathrm{J\,m^{-2}}] \quad , \tag{5.2}$$

mit dem Unterschied, dass die Nachgiebigkeit $C = \delta P^{-1}$ über die Probenöffnung δ am
Lastangriffspunkt P bestimmt wird.

Versuchsdurchführung und Probekörper   In (WAGENBLAST, 2012) wurden fünf
Proben PK#01 bis PK#05 mit einer 0,38 mm dicken BG R20-Folie, 2×6 mm und

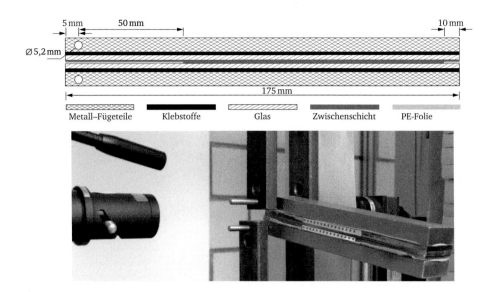

Abbildung 5.8 Aufbau der 30 mm breiten DCB-Probekörper nach DIN EN 15190 und deren Versuchsdurchführung

2×8 mm Glasaufbau und einer Probenlänge von 120 mm untersucht. Die Initialrissspitze betrug 60 mm vom Lastangriffspunkt aus und wurde durch eine beim Laminationsprozess eingelegte PE-Folie ermöglicht. Dabei wurde das VSG stets so verlegt, dass eine Zinnbadseite (Sn) und eine Feuerseite (F) des Glases zur Folie hin ausgerichtet ist (F/Folie/Sn). Die prinzipielle Probengeometrie und der Versuchsaufbau sind in Abb. 5.8 dargestellt. Die Abmessungen der Proben wurden mit einer Schieblehre vermessen. Die Stahlanschlussteile wurden auf die Proben mit einem 2-Komponentenkleber auf Acrylatbasis der Firma *Sika* geklebt. Dazu wurden die Stahlteile und die Proben mit *Sika*® *Aktivator-205* von Schmutz und Fett gereinigt, unmittelbar vor dem eigentlichen Klebevorgang wurden die Oberflächen mit *Sika*® *ADPrep* vorbehandelt, um sie anschließend mit dem auf Acrylat basierenden 2-Komponentenkleber *SikaFast*®*-5215 NT* zusammenzufügen und > 24 h aushärten zu lassen. Die Versuche wurden mit der Universalprüfmaschine *Zwick Roell THW 50 kN* bei einer Temperatur von (21 ± 2) °C und einer Luftfeuchte von (45 ± 5) % rF durchgeführt.

Aufgrund der fehlenden visuellen Beobachtung des fortschreitenden Risses zwischen Folie und Glas wurden drei Proben PK#06 bis PK#08 nach Abb. 5.8 durch eine dickere 2,28 mm PVB-Folie und geänderte Abmessungen modifiziert und nochmals einem DCB Test unterzogen bei sonst gleicher Vorbehandlung und Rahmenbedingungen. Die Probengeometrie und der Probenumfang sind in Tab. 5.1 dargestellt.

Tabelle 5.1 Probenumfang der DCB Tests

Probe	Aufbau [mm]	PE-Folie[a] [mm]	Länge/Breite [mm]
PK#01	8/0,38/8	60	120/50
PK#02	8/0,38/8	60	120/50
PK#03	6/0,38/6	60	120/50
PK#04	8/0,38/8	60	120/50
PK#05	6/0,38/6	60	120/50
PK#06	4/2,28/4	55	175/30
PK#07	4/2,28/4	55	175/30
PK#08	4/2,28/4	55	175/30

[a] Abstand Last zu Initialrissspitze

Ergebnisse und Auswertung Die Ergebnisse der Proben PK#01 bis PK#05 in Tab. 5.2 zeigen, dass nur bei zwei der fünf Proben kein Glasbruch auftrat. Es konnte kein Delaminationsfortschritt aufgrund der dünnen Folie und der vorhandenen optischen Auflösung ($0{,}06\,\mathrm{mm\,px^{-1}}$) zwischen Glas und Folie beobachtet werden. Aus diesem Grund musste eine einsetzende Delamination bei Überschreiten einer bestimmten Separation der Rissflanken festgelegt werden. Dies wurde exemplarisch für die Probe PK#04 untersucht. In (WAGENBLAST, 2012) wurde das Bruchdehnungskriterium der Folie von 250 % nach der BRL des DIBt für PVB-Folien angesetzt. In (SCHNEIDER et al., 2013) wurde dagegen davon ausgegangen, dass sich die Folie beim Erreichen der maximalen anliegenden Kraft vom Glas löst: Es wurde die Separation der beiden Rissflanken beim Erreichen der maximalen Kraft an der Rissspitze des Intialrisses optisch ermittelt und die technische Dehnung in Foliendickenrichtung ($d_\mathrm{f} = 0{,}38\,\mathrm{mm}$), unter der vereinfachten Annahme eines einachsigen Spannungszustandes als erste Näherung, zurückgerechnet. Die berechnete technische Dehnung von 29,6 % wurde dann als Separationskriterium der Rissflanken, bei dem die Folie sich vom Glas löst, festgelegt. Es wurde festgestellt, dass mit keiner der beiden Separationskriterien eine annähernd konstante Energiefreisetzungsrate über den angenommenen Delaminationsfortschritt experimentell ausgewertet werden konnte. Die Delaminationslänge wurde vom Lastangriffspunkt zur Rissspitze gemessen und betrug zwischen 70 mm bis 115 mm in etwa 5 mm Rissfortschrittslängen. Für die Auswertung wurden die in (BLACKMAN et al., 1991) vorgestellten Methoden herangezogen.

Aufgrund der fehlenden visuellen Beobachtung des fortschreitenden Risses zwischen Folie und Glas wurden drei Proben PK#06 bis PK#08 nach Abb. 5.8 durch eine dickere 2,28 mm PVB-Folie und geänderte Abmessungen modifiziert und nochmals einem DCB Test unterzogen. Die Ergebnisse sind in Tab. 5.2 dargestellt. Bei zwei von drei Proben wurde akustisch und durch einen sprunghaften Abfall in der Kraft Glasbruch registriert. Es konnte kein Unterschied des Verlaufs der Last-Verformung zu den Proben PK#01 bis

Tabelle 5.2 Ergebnisse der DCB Tests

Probe	Wegrate v [mm min^{-1}]	Kraft P_{max}[a] [N]	Weg $\delta_{P_{max}}$[b] [mm]	Beobachtung
PK#01	0,5	1787	2,0	Glasbruch
PK#02	0,5	1092	1,8	Glasbruch
PK#03	0,1	1160	1,5	Glas intakt; Delamination
PK#04	0,1	1583	1,5	Glas intakt; Delamination
PK#05	0,1	1169	2,2	Glasbruch
PK#06	1,0	3361	5,7	Glasbruch; Delamination
PK#07	1,0	3059	4,5	Glasbruch; Delamination
PK#08	1,0	3129	5,1	Glas intakt; Delamination

[a] maximale Kraft P_{max}
[b] Traversenweg $\delta_{P_{max}}$ bei P_{max}

PK#05 beobachtet werden. Durch die Verwendung eines besseren Objektives und den Einsatz der 2,28 mm PVB-Folie konnte das Fortschreiten der Delamination zwischen Folie und Glas bei allen drei Proben, ungeachtet von eventuellem Glasbruch, während der Versuchsdurchführung festgestellt werden. In Abb. 5.9 ist der Bruchprozess zu erkennen, der aber nicht an der Rissspitze beginnt voranzuschreiten: Vielmehr löst sich die Folie auf der gegenüberliegende Seite der eingelegten PE-Folie. Die Delamination fängt vor der Höhe des Initialrisses (Ende PE-Folie) an und schreitet dann in Richtung des Initialrisses fort. Dieser Ablösevorgang konnte bei allen drei Proben PK#06 bis PK#08 beobachtet werden. Die Bestimmung der Energiefreisetzungsrate unterliegt jedoch der Annahme, dass sich der Riss, ausgehend vom Initialriss, entgegengesetzt des Lastangriffspunktes fortschreitet. Dies macht deutlich, wieso keine konstante Energiefreisetzungsrate über ein festgelegtes Bruchkriterium bei der Probe PK#04 festgestellt werden konnte.

Bewertung Die durchgeführten Versuche haben gezeigt, dass der DCB Test zum gegenwärtigen Zeitpunkt nicht für die Bestimmung der Energiefreisetzungsrate unter einer reinen Modus I Beanspruchung zu verwenden ist.
Der DCB Test wird deshalb zur Klassifizierung der Materialeigenschaften der Zwischenschicht von VSG hinsichtlich der Resttragfähigkeit ausgeschlossen.

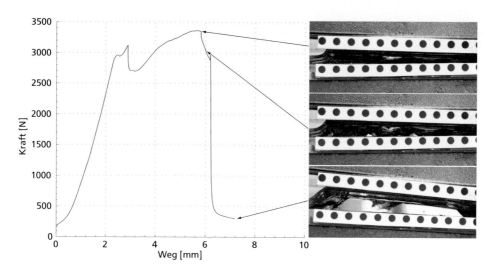

Abbildung 5.9   Delaminationsverhalten der DCB-Probe PK#06

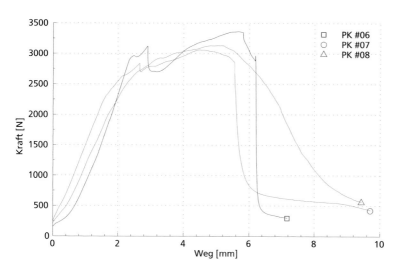

Abbildung 5.10   Last-Verformungsverhalten der DCB Tests mit modifizierter Probengeometrie

Tabelle 5.3   Probekörper für die Haftfestigkeitsversuche

Versuchsart	Folie	Anzahl	Aufbau [mm]	Abmessung [mm]	Foliendurchmesser[a] [mm]
Haftzugversuch	SC	10	6/0,76/6	100×100	30
	BG R20	10	6/0,76/6	100×100	30
Haftscherversuch	SC	10	6/0,76/6	100×100	30
	BG R20	10	6/0,76/6	100×100	30

[a] Kreisrunder Foliendurchmesser

5.7 Haftzug- und Haftscherversuch

5.7.1 Probekörper

Für die Untersuchungen zur Bestimmung der Haftung zwischen Glas und Folie mittels Haftzug- und Haftscherversuchen wurde die jeweilige Versuchsdurchführung so entwickelt, dass die zu verwendenden VSG-Proben in ihrem Aufbau und ihren Abmessungen identisch sein können.

Deshalb wurden für alle in dieser Arbeit durchgeführten Haftzug- und Haftscherversuche VSG-Proben aus 2×6 mm Floatglas mit Abmessung von 100 mm $\times 100$ mm und einer kreisförmigen Folie mit einem Durchmesser von 30 mm verwendet, um das adhäsive Versagen zwischen Glas und Folie möglichst sicherzustellen und Glasbruch zu vermeiden. Zudem wurden die Spannungsspitzen und der Einfluss des Verbundes am Glasrand durch die gewählte Foliengeometrie minimiert. Die Zwischenschicht jeder Probe wurde wechselseitig zur Zinnbad- und Feuerseite der Gläser verlegt. Wie in Abb. 5.11 zu sehen, wurde die kreisrunde Probengeometrie der Folie exakt hergestellt. Der Durchmesser der Proben wurde mit der Schieblehre vermessen und betrug $(30{,}0 \pm 0{,}2)$ mm, sodass von einem mittleren Durchmesser von 30 mm für die Ermittlung der Haftfestigkeit ausgegangen werden konnte.

Im Rahmen des Forschungsvorhabens wurden Haftzug- und Haftscherversuche jeweils an 10 VSG-Proben aus 0,76 mm BG R20-Folien und 0,76 mm SC-Folien durchgeführt. Die Zusammenstellung der Proben sowie der Umfang der beiden Haftfestigkeitsversuche sind in Tab. 5.3 dargestellt.

5.7.2 Haftzugversuch (VW-Pull Test)

Die Bestimmung der Haftzugfestigkeit wurde mit dem in Abb. 5.11 abgebildeten Haftzugversuch untersucht. Dieser wird auch als VW-Pull Test bezeichnet und ist von der Firma *DuPont* für die Bestimmung der Haftung von SentryGlas® entwickelt worden.

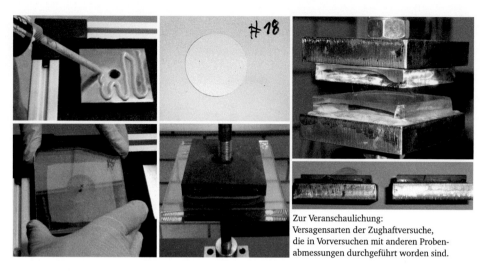

Zur Veranschaulichung:
Versagensarten der Zughaftversuche,
die in Vorversuchen mit anderen Probenabmessungen durchgeführt worden sind.

Abbildung 5.11   Vorbereitung der VSG-Probe mit der kreisrunden Folie und Versuchsapparatur des Haftzugversuchs

Versuchsdurchführung und Probenvorbereitungen   Da Glas eine relativ geringe Zugfestigkeit aufweist, kann das VSG nicht ohne Anschlusswerkzeug in die Universalprüfmaschine *Zwick Roell THW* 50 kN eingespannt werden. Hierzu wurden 12 mm dicke Stahlplatten, welche die Abmessungen von 70 mm × 70 mm (VSG-Abmessung 100 mm × 100 mm) und ein zentriertes 12 mm Gewinde für den Anschluss an die Prüfmaschine hatten, mit dem bewährten auf Acrylat basierenden 2-Komponentenkleber der Firma *Sika* auf das VSG geklebt (Abb. 5.11). Dies wurde in mehreren Schritten bewerkstelligt: Reinigung der Glasscheibe und der Stahlplatten in zwei Schritten mit *Sika*® *Aktivator-205* und *Sika*® *ADPrep*, Aufbringen des Klebstoffes und Positionierung der VSG-Proben auf die Stahlplatten mit anschließender Erhärtung des Klebstoffes über mindestens 24 h.
Die Prüfungen erfolgten lagegeregelt mit 1,0 mm min^{-1} bei einer Temperatur von $(21 \pm 2)\,°C$ und einer Luftfeuchte von $(45 \pm 5)\,\%$ rF. Probenumfang und -abmessungen sind in Tab. 5.3 gegeben.

Ergebnisse   Bei allen untersuchten Proben löste sich die Folie vom Glas (adhäsives Versagen), ohne dass Glasbruch auftrat oder sich die Stahlteile vom Glas lösten. Die Proben aus BG R20 hatten eine deutlich höhere Adhäsionskraft als die SC-Proben, wie die Kraft-Verformungsverläufe in Abb. 5.12a zeigen. Die BG R20-Proben versagten auch etwas spröder, wie in dem Kraftabfall nach Erreichen der Bruchlast zu sehen ist. Zwei Versagensarten konnten beobachtet werden: Die Folie löste sich ausschließlich von einer Glasscheibenseite (1-seitiges Versagen) oder die Folie löste sich versetzt auf beiden Glas-

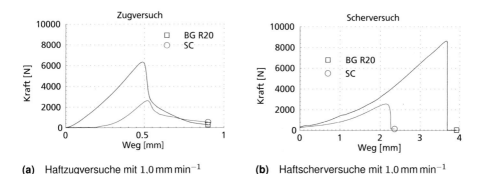

(a) Haftzugversuche mit $1{,}0\,\text{mm}\,\text{min}^{-1}$ **(b)** Haftscherversuche mit $1{,}0\,\text{mm}\,\text{min}^{-1}$

Abbildung 5.12 Repräsentative Kraft-Verformungsverläufe der lagegeregelten Haftversuche

scheibenseiten (2-seitiges Versagen), sodass die beiden Glasscheiben noch zusammenhängen, jedoch nur noch eine geringe Last übertragen können. Die beiden Versagensarten der Ablösung sind in Abb. 5.11 dargestellt. Sie wurden im Rahmen von Vorversuchen aufgenommen. Die Erkenntnisse aus den Vorversuchen wurden zu der hier vorgestellten Versuchsdurchführung herangezogen. Diese beiden Versagensarten konnten auch bei den Haftscherversuchen beobachtet werden. Es konnte kein Einfluss der Versagensart auf die Bruchkraft festgestellt werden.

Als Haftzugfestigkeit wird die technische Bruchspannung verwendet, die über den Quotient aus der maximalen Kraft und der initial gemessenen Folienfläche (vor dem Versuch) ermittelt wurde. Die zusammengefassten Ergebnisse der Haftzugfestigkeit der untersuchten Folien sind in Tab. 5.4 zusammengefasst. Eine detaillierte Auflistung der Ergebnisse der Haftzugversuche sowie zusätzlich durchgeführte Haftversuche sind Anhang B gegeben. Die BG R20-Folie hat eine deutlich höhere Haftzugfestigkeit als die SC-Folie, im Mittel 259 % so hoch. Der Variationskoeffizient einer angenommenen stichprobenartigen Normalverteilung liegt bei beiden Folienarten bei etwa 15 %. Es kann nicht mehr von einer kleinen Streuung in der Haftzugfestigkeit ausgegangen werden, was die Empfehlungen der Folienhersteller bei der Herstellung des VSG für einen sehr guten Verbund unterstreicht, da dieser sehr sensibel auf jegliche Veränderung der Parameter (Druck, Temperatur, Zeit, Verunreinigung) während des Herstellprozesses reagiert (vgl. Abschn. 3.3.2).

Die vorgestellte Versuchsdurchführung kann für die Bestimmung von unterschiedlichen Haftzugfestigkeiten herangezogen werden.

5.7.3 Haftscherversuch

Zur Bestimmung der Haftscherfestigkeit wurde eine Versuchsapparatur in (TAUBENHEIM, 2012) für einen Haftscherversuch entwickelt, der auf dem in (SOBEK et al., 1998) vorgestellten Haftscherversuch basiert. Die Versuchsapparatur wurde so konzipiert, dass Probenabmessungen bis zu $100\,\text{mm} \times 100\,\text{mm}$ und Probendicken bis zu $70\,\text{mm}$ verwendet

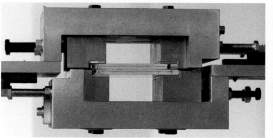

Abbildung 5.13 Versuchsapparatur des Haftscherversuches und geprüfte Probe

werden können (siehe Abb. 5.13). Zudem sind Gleitlager an der Versuchsapparatur angebracht, um ein seitliches gegenseitiges Verdrehen senkrecht zur Kraftrichtung der beiden Werkzeughälften zu verhindern.

Versuchsdurchführung Die VSG-Proben mit den Abmessungen $100 \, \text{mm} \times 100 \, \text{mm}$ wurden über Stellschrauben fest in ihrer Position, sowohl horizontal als auch vertikal, gehalten.

Die Prüfungen erfolgten analog zu den Haftzugversuchen lagegeregelt mit $1{,}0 \, \text{mm} \, \text{min}^{-1}$ in der Universalprüfmaschine *Zwick Roell THW* 50 kN bei einer Temperatur von $(21 \pm 2) \, °\text{C}$ und einer Luftfeuchte von $(45 \pm 5) \, \% \, \text{rF}$. Probenumfang und -abmessungen sind in Tab. 5.3 gegeben.

Ergebnisse Auch hier zeigten alle untersuchten SC-Proben und BG R20-Proben ein adhäsives Versagen in der Grenzfläche zwischen Folie und Glas. Alle Proben versagten nach Erreichen der Bruchkraft schlagartig, wie es im Kraft-Verformungsverlauf in Abb. 5.12b zu sehen ist. Wie bei den Haftzugversuchen konnte auch bei den Haftscherversuchen sowohl das 1-seitige als auch das 2-seitige Versagen der Proben beobachtet werden. Die unterschiedlichen Versagensarten hatten keinen erkennbaren Einfluss auf die Bruchlast.

Die Haftscherfestigkeit ist ein Maß der technischen Bruchspannung, die sich über den Quotienten aus maximaler Kraft und der initial gemessenen Folienfläche errechnet. In Tab. 5.4 sind die Ergebnisse der Haftscherfestigkeit zusammengefasst. Auch hier wird deutlich, dass die BG R20-Folie eine wesentlich höhere Haftscherfestigkeit aufweist als die SC-Folie, im Mittel 321 % so hoch. Die Streuung der Ergebnisse (Variationskoeffizient) sind mit 42 % und 28 % sehr hoch. Dies zeigt erneut, die Schwierigkeit einer gleichbleibenden Qualität beim Herstellungsprozess.

Die detaillierte Auflistung der Ergebnisse der Haftscherversuche sowie zusätzlich durchgeführte Haftversuche sind im Anhang B dargestellt. In Abschn. 6.4 sind darüber hinaus

Tabelle 5.4 Mittelwert ($\bar{x}$), Standardabweichung (s) und Variationskoeffizient (V) der Haftfestigkeit der Haftzug- und Haftscherversuche mit 0,76 mm Foliendicken und kreisförmigen 30 mm Foliendurchmessern

Folie	Wegrate	Haftzugfestigkeit			Haftscherfestigkeit		
	v	σ_b			τ_b		
		$\bar{x}$	s	V	$\bar{x}$	s	V
	[mm min^{-1}]	[MPa]	[MPa]	[-]	[MPa]	[MPa]	[-]
SC	1,0	3,7	0,5	0,13	3,4	1,4	0,42
BG R20	1,0	9,6	1,5	0,15	10,9	3,1	0,28

Ergebnisse von Haftscherversuchen mit unterschiedlichen Haftgraden und Wegraten vorgestellt.

Der entwickelte Haftscherversuch kann für die Bestimmung von unterschiedlichen Haftscherfestigkeiten herangezogen werden.

5.7.4 Interpretation

Sowohl der vorgestellte Haftzugversuch als auch der vorgestellte Haftscherversuch sind in der Lage, VSG-Proben auf ihre Verbundeigenschaften hin quantitativ zu untersuchen, denn alle Proben zeigten adhäsives Versagen zwischen Glas und Folie. Der Unterschied zwischen Haftzug- und Haftscherfestigkeit sind bei der SC-Folie und BG R20-Folie gering, trotzdem kann aufgrund der größeren Standardabweichung bei den Haftscherversuchen auf eine tendenzielle höhere Haftscherfestigkeit als Haftzugfestigkeit geschlossen werden. Die Haftscherversuche beider Folien hatten ein bis zwei Ausreißer, die eine viel geringere Haftung hatten im Vergleich zu den übrigen Proben. Solche Ausreißer konnten bei den Haftzugversuchen nicht beobachtet werden.

Die Durchführung des Haftzugversuchs stellte sich als um ein Vielfaches aufwendiger heraus als der Haftscherversuch. Insbesondere die Rückgewinnung der Stahlteile durch Ausbrennen des Klebstoffes, Aufbereitung der Stahlteile und die Probenvorbereitung für das Kleben sind sehr zeitintensiv, sodass im Falle einer Entscheidung zwischen der Durchführung eines Haftzug- oder Haftscherversuchs der Haftscherversuch vorzuziehen ist.

Damit kann eine quantitative Einordnung von Zwischenschichten hinsichtlich der Verbundqualität gemacht werden, die gemäß dem erläuterten Lastabtrag im Bruchzustand III in Abschn. 4.2.4, durch die Schaffung einer Ausgangsdehnlänge der Folie ein besseres Resttragverhalten aufweisen kann.

Der Haftzug- und Haftscherversuch sind nur zur Bestimmung der Haftfestigkeit geeignet. Eine gleichzeitige Aussage über die Steifigkeit der Folie, d. h. welche Zugkraft im Bruchzustand III in Interaktion mit der Haftung übertragen werden kann, ist mit diesen Versuchsanordnungen nicht möglich.

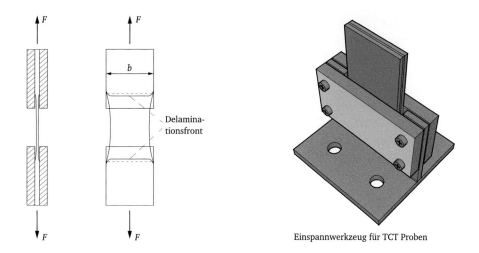

Abbildung 5.14 Versuchsdurchführung des TCT Tests und schematische Darstellung des Einspann-
werkzeuges der VSG-Proben nach (STERNBERG, 2013)

5.8 Through-Cracked-Tensile Test

5.8.1 Versuchsaufbau und Durchführung

Der Through-Cracked-Tensile Test (TCT Test) ist ein Zugversuch an VSG-Proben in tangentialer Richtung der Grenzflächen, bei dem beide Glasscheiben an der gleichen Stelle
(koinzident) definiert gebrochen werden (Abb. 5.14). Der TCT Test erfasst im Gegensatz
zu den vorgestellten Haftversuchen (Zug- und Scherversuch), die ausschließlich die Haftfestigkeit des Zwischenmaterials zum Glas untersuchen, neben der Verbundeigenschaft
zwischen Glas und Folie (Delaminationsvermögen) auch die Steifigkeit des Zwischenmaterials im Verbund. Der TCT Test ermöglicht eine Delamination der Folie vom Glas, falls
die Steifigkeit der Folie sowie ihre Bruchspannung und Bruchdehnung hierfür ausreichend
groß ist. Aufgrund der lokalen Delamination im Bereich der Glasbruchstellen sind auch
größere Deformationen der Zwischenschicht möglich, die zu einem günstigeren Tragverhalten führen können. Der Versuch beschreibt damit das Resttragverhalten von gebrochenem VSG im Bruchzustand III wesentlich genauer als die Versuche zur Bestimmung der
Haftung zwischen Glas und Folie.

Der TCT Test wurde erstmals im Jahre 1997 in (SHA et al., 1997) mit unterschiedlichen
Haftgraden untersucht. Ähnlich dem DCB Test und ENF Test ist auch beim TCT Test das
übergeordnete Ziel, die Grenzflächenenergie der interlaminaren Adhäsion (Energiefreisetzungsrate) zu bestimmen.

 Die Bestimmung der Energiefreisetzungsrate von VSG war jedoch nicht das eigentliche
Ziel des Forschungsvorhabens, sondern es sollten Versuchsdurchführungen vorgeschla-

gen und entwickelt werden, mit denen die Materialeigenschaften der Zwischenschichten von VSG hinsichtlich der Resttragfähigkeit klassifiziert werden können. Die Beurteilung der Prüfmethoden hinsichtlich der Resttragfähigkeit war bereits durch den Vergleich der Ergebnisse des Kraft-Verformungsverlaufs mit definierten Resttragfähigkeitsversuchen an realen Bauteilabmessungen möglich. Zudem konnten durch die Auswertung der optischen Aufnahmen während des Versuchs Rückschlüsse auf das Verhalten der Zwischenschicht im gebrochenen VSG gemacht werden. Aufbauend auf die in diesem Kapitel vorgestellten TCT Tests, wird das Delaminationsverhalten von PVB-Folie an weiteren TCT Tests in Kap. 6 näher untersucht.

Vorbereitung der VSG-Proben   Die TCT-Proben wurden vor der Prüfung mit Aceton gereinigt und mit einer Schieblehre vermessen. Die Abweichung der relevanten Breitenabmessung der Proben betrug $< 1\,\%$, deshalb wurde von einer gemittelten Breite von 30 mm für die Auswertung der TCT Tests ausgegangen.

Die Proben des TCT Tests müssen vor der Prüfung in der Mitte koinzident gebrochen werden. Hierfür hat sich das in Abb. 5.15 dargestellte Vorgehen des manuellen Brechens der Proben bewährt. Die beiden Glasscheiben der Proben werden zunächst mit einem Glasschneider angeritzt, um in einem weiteren Schritt mit Hilfe einer Schnittlaufzange eine der beiden Glasscheiben zu brechen. Der Bruch der zweiten Glasscheibe erfolgt mit erhöhter Vorsicht, da der Bruchvorgang so vonstattengehen muss, dass sich keine Vorschädigung in Form einer undefinierbaren Initialdelamination oder eines Folienanrisses einstellt. Um dies zu bewerkstelligen, erfolgt der Bruch ausschließlich über die Gewindeschraube der Schnittlaufzange und nicht über die Griffe der Zange; damit erfolgt der Bruch über eine aufgebrachte Verformung und nicht über eine schlecht kontrollierbare, konstante Kraft. Die Gewindeschraube wird nur bis zum leisen hörbaren Klicken des Glases (Bruch) in kleinen Teilumdrehungen mit Unterbrechungen eingedreht, damit beim Bruchvorgang die Probe nicht durch die aufgebrachte Verformung überdrückt wird und es vor der eigentlichen Prüfung zu einer ungewollten Delamination kommt.

Mit dieser Methode konnte keine visuelle Delamination in Folge des manuellen Brechens festgestellt werden, auch nicht unter dem Mikroskop.

Versuchsprogramm und Durchführung   Es wurden TCT Tests an drei verschiedene Folien untersucht: die beiden PVB-Folien SC und BG R20 (Zinnseite/Feuerseite verlegt) sowie das Ionoplast SentryGlas® (Zinnseite/Feuerseite mit Haftvermittler verlegt). Sie wurden lageregelt mit $5{,}0\,\text{mm}\,\text{min}^{-1}$ an einer Universalprüfmaschine *Zwick Roell THW* 50 kN bei einer Temperatur von $(22 \pm 2)\,°\text{C}$ und einer rel. Luftfeuchte von $(45 \pm 5)\,\%$ rF durchgeführt. Die Einspannung der Proben erfolgte manuell über vier Schrauben orthogonal zur Zugrichtung wie in Abb. 5.14 schematisch dargestellt. Hierdurch wirken vor der Prüfung keine Druckkräfte auf die Folie, die diese unter Umständen vorschädigen würden. Dieser Effekt wurde nämlich im Rahmen von Vorversuchen fest-

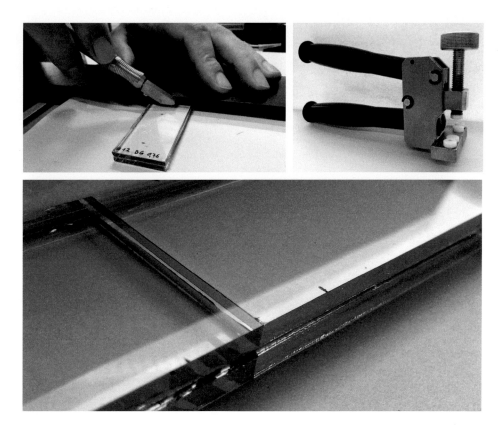

Abbildung 5.15 Vorgang des Glasbrechens

gestellt, deren Proben zunächst mit pneumatischen Keilspannbacken eingespannt wurden. Daraufhin wurde dieses Einspannwerkzeug konzipiert.

In der Serie A wurden vor dem Laminierungsprozess mit einem wasserfesten Stift rote Punkte auf die Folie aufgebracht (Abb. 5.16), um die lokalen Dehnungen der Folie bestimmen zu können, wie es in (BUTCHART et al., 2012) vorgestellt wurde. Aufgrund der Versagensbilder musste der Einfluss der Markierungen auf den Haftverbund und der Bruchfestigkeit untersucht werden (Abb. 5.17), denn die Folie riss offensichtlich im Bereich der Markierungen zuletzt. Infolgedessen wurden in der Serie B keine Markierungen aufgebracht, jedoch wurden hierfür nur die SC-Folie und die BG R20-Folie untersucht. Eine Zusammenstellung des Versuchsprogramms ist in Tab. 5.5 gegeben.

5.8.2 Ergebnisse und Auswertung

Die SentryGlas®-Folie wird erst ab einer Foliendicke von 0,89 mm hergestellt. Um die Folien untereinander vergleichen zu können, wurden die Ergebnisse auf die technische

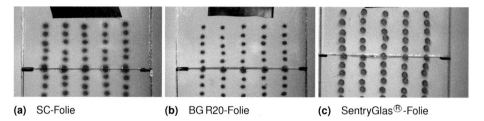

(a) SC-Folie   **(b)** BG R20-Folie   **(c)** SentryGlas®-Folie

Abbildung 5.16   Aufgebrachte Markierungen mit einem wasserfesten Stift

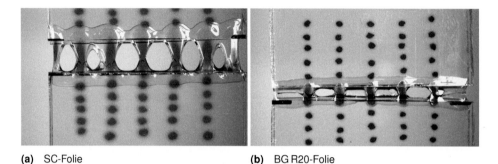

(a) SC-Folie   **(b)** BG R20-Folie

Abbildung 5.17   Delaminationsvermögen der SC-Folie und BG R20-Folie; Einfluss der Markierungen auf die lokale Materialeigenschaft der Folien

einachsige Spannung $\sigma = F \cdot A^{-1}$ in der Ausgangskonfiguration nach Gleichung (2.16) bezogen. Sie wird als Zugfestigkeit bezeichnet. F ist die maximale Kraft und A ist die Ausgangsquerschnittsfläche der Probe.

Die Auswertung der Zugfestigkeit der durchgeführten TCT Tests ist in Tab. 5.6 dargestellt. Die Zugfestigkeit der SentryGlas®-Folie ist mit etwa 35 MPa deutlich größer als die der BG R20-Folie mit 8 MPa ist. Dennoch ist die Zugfestigkeit der BG R20-Folie um mehr als 200 % größer als die der SC-Folie (3,5 MPa). Es zeigt sich zudem, dass die Markierungen keinen signifikanten Einfluss auf die Zugfestigkeit der Folie hatten. Bei Serie A (mit Markierungen) ist die Zugfestigkeit der BG R20-Folie um etwa 5 % kleiner als bei Serie B (ohne Markierung). Dagegen ist die Zugfestigkeit der SC-Folie in der Serie A um 15 % höher als bei Serie B. Die Streuung der beiden PVB-Folien ist im Vergleich zur SentryGlas®-Folie um ein Vielfaches höher (Faktor >4), was eventuell darauf zurückzuführen ist, dass die SentryGlas®-Folie im Vergleich zu den PVB-Folien eine höhere Haftung besitzt. Infolgedessen delaminiert die SentryGlas®-Folie weit weniger, obwohl sie im Vergleich zu den PVB-Folien sogar um 17 % dicker war und dadurch eine größere Zugkraft bis zum Erreichen der Zugfestigkeit aufnehmen konnte. Bei der SentryGlas®-Folie stellte sich keine sichtbare Delamination im TCT Test ein, sodass die Bruchdehnung nahezu sofort erreicht war: Es kann keine große Streuung in der Delaminationslänge und in der einhergehenden

Tabelle 5.5 Probekörper für den TCT Test mit unterschiedlichen Folienarten

Serie	Folie	Anzahl	Aufbau [mm]	Abmessung [mm]	Folien-Markierung
Serie A	SC	20	3 / 0,76 / 3	30×200	ja
	BG R20	20	3 / 0,76 / 3	30×200	ja
	SentryGlas®	20	3 / 0,89 / 3	30×200	ja
Serie B	SC	20	3 / 0,76 / 3	30×100	nein
	BG R20	20	3 / 0,76 / 3	30×100	nein

Längenänderung der Folie bis zum Erreichen der Bruchdehnung auftreten. Anders sieht dies bei den untersuchten PVB-Folien aus: dort konnte bis zum Erreichen der maximalen Kraft stets eine Delamination, die nicht immer identisch ist, festgestellt werden, dadurch können die Folien auch unterschiedliche Längenänderungen bis zur Bruchdehnung erfahren. Bis zum Erreichen der Bruchdehnung kann sich ein Teil der freigelegten Folie eventuell wieder an die Glasoberfläche anhaften und die resultierende Kraft steigt dadurch im Versuch an. Ob dieser vermutete Zusammenhang aber wirklich zu der größeren Streuung in der Zugfestigkeit bei den PVB-Folien führte oder ob die Streuung in der Bruchdehnung der Folien der Grund hierfür ist, konnte nicht festgestellt werden. Abb. 5.18 bis 5.20 zeigen das Delaminationsvermögen und die Zugfestigkeit der untersuchten Folien anhand einer jeweils repräsentativen Spannungs-Verformungskurve. Es wird ersichtlich, dass die SentryGlas®-Folie eine höhere Haftung zum Glas hat als die PVB-Folien, wobei die SC-Folie die geringste Haftung besitzt.

Die Idee zur Bestimmung der lokalen Verzerrungen der Folien in Folge der Delamination, so wie es in (BUTCHART et al., 2012) vorgestellt wurde, konnte wegen der geringen Delamination nicht untersucht werden und wurde aufgrund der Schwierigkeit der Applikation der Markierungen auf der Folie nicht weiterverfolgt.

Wie eingangs erwähnt, kann eine Delamination der Folie vom Glas nur dann erreicht werden, falls die Steifigkeit und Bruchdehnung der Folie, d. h. die aufnehmbare Zugkraft der Folie, ausreichen, um den Haftverbund zwischen Folie und Glas zu lösen. Die Steifigkeit wird über die Parameter Temperatur, Belastungsgeschwindigkeit und Dicke der Folie beeinflusst.

Für weitere Betrachtungen hinsichtlich der Bestimmung der Energiefreisetzungsrate ist es notwendig, dass mit dem Beginn einer Delamination diese dann auch stetig fortschreitet und sich ein konstantes Kraftniveau ausbildet. Dies ist eine Grundvoraussetzung für die Bestimmung der Energiefreisetzungsrate (vgl. Kap. 6). Darin verbirgt sich die Annahme, dass für den Delaminationsfortschritt zwischen Glas und Folie immer die gleiche Energie aufgebracht werden muss. Solch ein Kraftplateau konnte bei der SentryGlas®-Folie und bei der BG R20-Folie nicht beobachtet werden. Lediglich bei der SC-Folie kann der

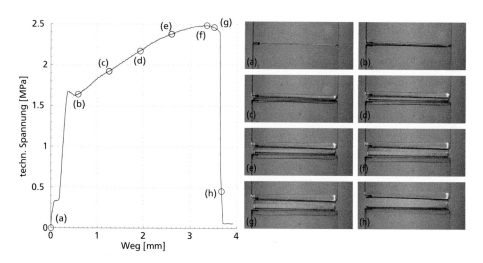

Abbildung 5.18   SC-Folie: Delaminationsfortschritt bis zum Bruch

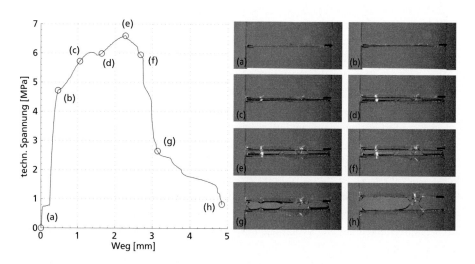

Abbildung 5.19   BG R20-Folie: Delaminationsfortschritt bis zum Bruch

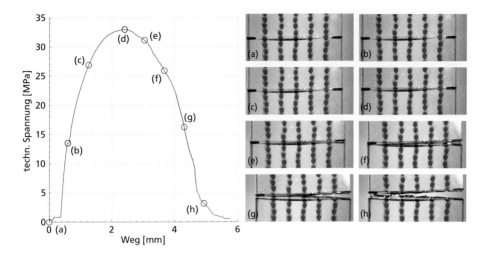

Abbildung 5.20 SentryGlas®-Folie: Delaminationsfortschritt bis zum Bruch

Tabelle 5.6 Techn. Bruchspannung σ_b der TCT Tests bei einer Wegrate von $5{,}0\,\text{mm}\,\text{min}^{-1}$; Anzahl der Proben ($n$), Mittelwert ($\bar{x}$), Standardabweichung ($s$) und Variationskoeffizient (V)

Folie	Serie A				Serie B			
	Anzahl	techn. Bruchspannung			Anzahl	techn. Bruchspannung		
	n	σ_b			n	σ_b		
		$\bar{x}$	s	V		$\bar{x}$	s	V
		[MPa]	[MPa]	[-]		[MPa]	[MPa]	[-]
SC	20	3,53	0,99	0,28	20	3,05	1,12	0,37
BG R20	17	8,13	1,97	0,24	20	8,58	2,00	0,23
SentryGlas®	20	35,67	2,37	0,07	-	-	-	-

kurze Spannungsabfall im Bereich des Punktes (b) in Abb. 5.18 als ein kleines Kraftplateau interpretiert werden. Der Traversenweg ist nicht aussagekräftig, weil die Proben einen Schlupf in der Einspannung während des Versuchs erfuhren. Dies ist im kurzen Kraftplateau zwischen dem Punkt (a) und dem Punkt (b) in den Abb. 5.18 bis 5.20 zu erkennen. Dementsprechend müssen für die Bestimmung der Energiefreisetzungsrate Modifikationen in den Probengeometrien und im Versuchsablauf gemacht werden.

Die Energiefreisetzungsrate kann aufgrund des fehlenden Plateaus bei keiner Probe ausgewertet werden.

5.8.3 Interpretation

Die Bestimmung der Zugfestigkeit der Folie mittels TCT Test scheint ein brauchbares Maß zur Klassifizierung der Materialeigenschaft der Zwischenschicht zu sein. Der Versuch ermöglicht, die Interaktion zwischen der Zugfestigkeit der Folie und dem Haftgrad zwischen Folie und Glasoberfläche zu erfassen. Der TCT Test bildet die für die Beurteilung der Resttragfähigkeit eines gebrochenen VSG notwendige Kombination aus Zugfestigkeit, Steifigkeit und Haftung sehr gut ab und kann auf VSG, bestehend aus verschiedenen Zwischenmaterialien, angewendet werden.

Das Delaminationsverhalten von PVB-Folien in gebrochenem VSG ist Gegenstand für weitere TCT Tests in Kap. 6, unter anderem um das Resttragverhalten von gebrochenem Glas numerisch abbilden zu können.

5.9 Through-Cracked-Bending Test

5.9.1 Versuchsapparatur

Wie in Abschn. 5.4 erläutert, ist der Through-Cracked-Bending Test (TCB Test) ein 4-Punkt-Biegeversuch, bei dem die Glasscheiben der VSG-Proben koinzident in Feldmitte gebrochen sind. Um diese Versuchsanordnung als Prüfmethode heranziehen zu können, die einfach umzusetzen und zu handhaben ist, wurden Untersuchungen an Kleinstproben durchgeführt. Dafür wurde ein skalierter 4-Punkt-Biegeversuch im Rahmen einer Studienarbeit (GLÖSS, 2012) entwickelt, mit dem Proben mit einer maximalen Länge von 200 mm geprüft werden können (siehe Abb. 5.21). Die Auflagerschneiden haben einen Abstand zwischen 60 mm bis 188 mm in 16 mm Schritten. Die Lastschneiden haben einen festen Abstand von 30 mm. Alle Schneiden sind drehbar gelagert und können daher kein Moment und theoretisch keine Horizontalkraft übertragen (die Reibung wurde vernachlässigt). Es können Proben mit einer maximalen Breite von 50 mm zum Einsatz kommen. Die Versuchsapparatur kann ohne größeren Aufwand zu einem 3-Punkt-Biegeversuch umgebaut werden.

Die Versuchsapparatur ist so konzipiert, dass zwei Wegaufnehmer bis zu einer Länge von 50 mm in Feldmitte angebracht werden können. Zudem ist eine Aussparung in der unteren Platte des Lastschlittens eingefräst, um einen Miniaturdruckaufnehmer (Durchmesser < 9,7 mm) anbringen zu können, der die Last von der oberen Platte des Lastschlittens in die untere Platte weiterleitet. Der Lastschlitten ist über vier Führungsstäbe justiert und wird wahlweise über die Führungsstäbe oder über einen zentrierten Gewindestab von oben belastet.

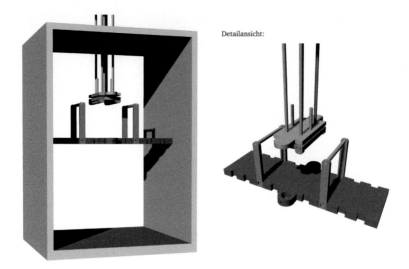

Detailansicht:

Abbildung 5.21   Entwicklung der TCB Prüfapparatur

5.9.2 Versuchsdurchführung

Voruntersuchungen des TCB Tests mit PVB-Folien (BG R20-Folie) in (GLÖSS, 2012) haben gezeigt, dass die PVB-Folie selbst bei großen Durchbiegungen nicht reißt. Es konnte
keine Verletzung der Folie durch die Bruchkanten des Glases beobachtet werden. Damit
ist die Annahme gerechtfertigt, dass die PVB-Folien in Bauteilversuchen im Falle eines
Resttragfähigkeitsversuchs auch nicht durch die Bruchkanten des Glases verletzt werden
und reißen. Wie die TCT Tests zeigten, kann die Zwischenschicht aber durchaus reißen,
nämlich dann, wenn die Folie im Vergleich zur Haftung nicht steif genug ist, um eine
ausreichende Delamination bei auftretender Beanspruchung zu gewährleisten. Demzufolge versagen einachsig gespannte, gebrochene VSG-Scheiben durch Abrutschen von den
Auflagern, falls eine hierfür ausreichende Delamination auftritt. Ansonsten versagt das
VSG aufgrund des Erreichens der Bruchdehnung der Folie. Ein Reißen der Folie infolge
eines Initialrisses durch die Bruchkanten des Glases konnte nie beobachtet werden.

Resttragfähigkeitsversuche sind in der Regel Kriechversuche, die mit einer konstanten
Last über einen Zeitraum, die jeweils von der obersten Baubehörde definiert werden (in
der Regel $0,5 \, kN \, m^{-2}$ über 24 h), durchgeführt werden. Nachteil hierbei ist, dass nur die
Durchbiegung oder die Kriechrate als Kriterium für die Klassifizierung der Zwischenmaterialien hinsichtlich der Resttragfähigkeit herangezogen werden kann. Zudem muss der
Bauteilversuch auf den skalierten TCB Test mit Hilfe der Ähnlichkeitsmechanik abgebildet werden. Dies ist nicht ohne weiteres möglich, sodass statt eines Kriechversuchs ein
Relaxationsversuch bevorzugt wurde. Es können damit verschiedene Zwischenmaterialien
eines VSG hinsichtlich der Resttragfähigkeit miteinander verglichen werden: Dazu wird

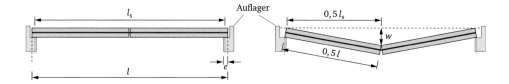

Abbildung 5.22   Geometrie-Ermittlung bei einer VSG-Scheibe mit definiertem Bruch

eine definierte Verformung auf die TCB Probe aufgebracht, diese einen bestimmten Zeitraum gehalten und die für diesen Verformungszustand aufnehmbare Kraft als Vergleichskriterium zwischen den Materialien herangezogen.

Bestimmung des Durchbiegungs-Stützweitenverhältnisses   Die aufzubringende Verformung im TCB Test wurde durch eine geometrische Betrachtung des Durchbiegung-Stützweiten-Verhältnisses an einem Bauteilversuch festgelegt. Unter der Annahme, dass das Versagen des VSG bei einem Resttragfähigkeitsversuch durch das Abrutschen von den Auflagern erfolgt, ist der Glaseinstand für die maximale Verformung w in Plattenmitte maßgebend, wie es in Abb. 5.22 deutlich wird. Je größer der Glaseinstand ist, desto größer kann die Verformung in Plattenmitte werden, da das VSG die zunehmende geometrische Verlängerung durch den Glaseinstand kompensieren kann. Es wurde von einem einachsig gespannten, linienförmig gelagerten Bauteilversuch mit einem Glaseinstand von 15 mm (Mindesteinstand des Glases für Horizontalverglasungen nach DIN 18008-2) und den Abmessungen des VSG von 360 mm × 1100 mm nach DIN EN 1288-3 ausgegangen.

Die Stützpunkte bzw. Lasteinleitung der Plattenlagerung wurden mit der ingenieurmäßigen Annahme von einem Drittel des Glaseinstandes festgelegt. Das Bauteil versagt sobald zwei Drittel des VSG nachgerutscht sind. Mit diesen Rahmenbedingungen lassen sich über geometrische Beziehungen alle relevante Größen nach Abb. 5.22 zur Bestimmung eines kritischen Durchbiegung-Stützweitenverhältnisses des angenommenen Bauteilversuches berechnen:

$$l_s = L - 2 \cdot e + 2 \cdot \frac{e}{3} = 1100\,\text{mm} - 2 \cdot 15\,\text{mm} + 2 \cdot \frac{15\,\text{mm}}{3} = 1080\,\text{mm} \quad , \quad (5.3)$$

$$w = \sqrt{\left(\frac{l}{2}\right)^2 - \left(\frac{l_s}{2}\right)^2} = \sqrt{\left(\frac{1100\,\text{mm}}{2}\right)^2 - \left(\frac{1080\,\text{mm}}{2}\right)^2} = 104{,}4\,\text{mm} \quad ,$$

$$(5.4)$$

$$\frac{w}{l_s} = 0{,}0967 \quad . \tag{5.5}$$

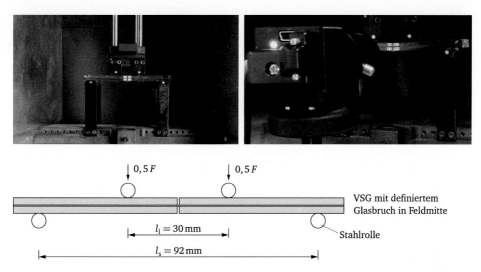

Abbildung 5.23 Versuchsapparatur mit optischer Bildaufnahme; Systemgeometrie

Versuchsdurchführung des TCB Tests Die Versuchsanordnung der durchgeführten TCB Versuche ist in Abb. 5.23 zu sehen. Bei einer Stützweite von 92 mm ergibt sich mit dem ermittelten Durchbiegungs-Stützweitenverhältnis nach Gleichung (5.5) eine Durchbiegung in Feldmitte von $w = 0{,}0967 \cdot l_s = 8{,}89$ mm, was eine Absenkung der Lastschneiden im 4-Punkt-Biegeversuch von 5,99 mm bedeutet. Diese Position wird mit einer Wegrate von 10 mm min^{-1} angefahren und anschließend gehalten. Die Haltezeit wurde hinsichtlich Probenumfang und daraus resultierendem Prüfaufwand auf 1,0 h festgelegt, um die Zeitabhängigkeit des Kunststoffmaterials zu beobachten und hinsichtlich der Resttragfähigkeit beurteilen zu können. Dabei wird die aufnehmbare Kraft des gebrochenen VSG aufgezeichnet. Zur Ermittlung der Spannung und der Dehnung in der Folie wurden optische Bildaufnahmen des Versuches gemacht. Während des Relaxationversuches wurde die Kamera *uEyeUI-2280SE* (Auflösung 5 Megapixel) mit einem verstellbaren Makroobjektiv *MC3-03X* verwendet und mit einer Bildrate von 0,1 fps aufgenommen. Die resultierende Auflösung betrug 0,0135 mm px^{-1} bis 0,0122 mm px^{-1}. Zusätzlich wurden optische Aufnahmen von der eingetretenen Delamination zwischen Folie und Glas mit dem Digital-Mikroskop *Keyence VHX 600* mit 50-facher Vergrößerung aufgenommen. Die resultierende Auflösung betrug 1,92 µm px^{-1}.

Die Glasscheiben aller TCB-Proben wurden wie die TCT-Proben in Abb. 5.15 koinzident in der Mitte gebrochen. Die Versuche wurden an einer Universalprüfmaschine *Zwick Roell THW 50 kN* bei Raumtemperatur (21 ± 2) °C und einer rel. Luftfeuchte von (45 ± 5) % rF durchgeführt. Eine Übersicht der einzelnen Schritte des gesamten Versuchsablaufs ist in Abb. 5.24 in Form eines Organigramms dargestellt.

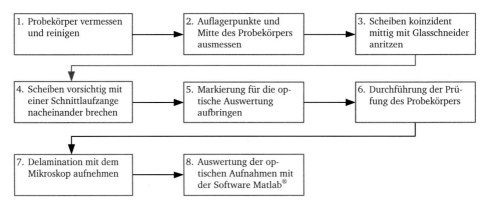

Abbildung 5.24   Versuchsablaufübersicht des TCB Tests

Tabelle 5.7   Probekörpergeometrie der TCB Tests

Folientyp	Anzahl	Aufbau [mm]	Abmessungen [mm]
SC	10	3 / 0,76 / 3	30×115
BG R20	10	3 / 0,76 / 3	30×115
SentryGlas®	10	3 / 0,89 / 3	30×115

Es wurden VSG mit den drei verschiedenen Zwischenmaterialien SC-Folie, BG R20-Folie und SentryGlas®-Folie einem TCB Test unterzogen. Versuchsumfang, Probenaufbau und -abmessungen sind in Tab. 5.7 zusammengestellt. Die SentryGlas®-Folie wird erst ab einer Dicke von 0,89 mm hergestellt. Diese Dicke gibt es jedoch für die PVB-Folien nicht, sodass die Ergebnisse auf eine Einheitsdicke der Folie umgerechnet worden sind, um eine Vergleichbarkeit zwischen den Folien zu ermöglichen.

5.9.3 Vorgehen bei der Auswertung der mechanischen Größen

Wie im vorherigen Kapitel erwähnt, wurden optische Aufnahmen mit einer Kamera während der Relaxationsversuche und mit einem Mikroskop nach den Versuchen gemacht, um die mechanischen Größen Zugkraft, Spannung, Dehnung und Delamination der Folie im Relaxationsversuch bestimmen zu können.

Zugkraft und Spannung in der Folie   Die Zugkraft in der Folie Z_F wird über die einwirkende Belastung F des 4-Punkt Biegeversuchs und des auftretenden Biegemomentes M_{max} zwischen den Lastschneiden zurückgerechnet: Durch den koinzidenten Bruch in Feldmitte kann sich an dieser Stelle keine lineare Spannungsverteilung ausbilden, um das auftretende Biegemoment abzutragen (vgl. Abschn. 4.2.4). Daher wird das Moment

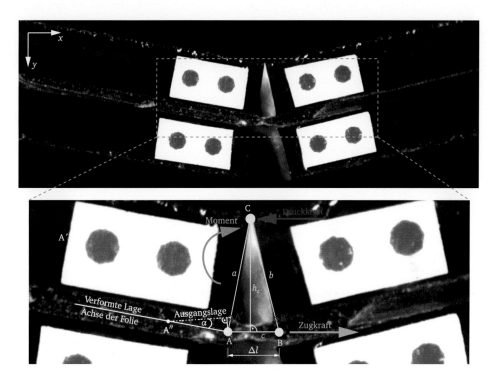

Abbildung 5.25 Darstellung des auftretenden Kräftepaares für den Momentenabtrag sowie die Längenänderung der Folie Δl und des Hebelarms h_c für die Rückrechnung des Kräftepaares

über ein Kräftepaar Z_F und D (Zug- und Druckkraft) mit einem inneren Hebelarm h_c abgetragen, wie es in Abb. 5.25 schematisch dargestellt ist. Der innere Hebelarm h_c wird über das sich im TCB Test einstellende allgemeine Dreieck ABC ermittelt. Die technische Spannung σ der intakten Folie wird auf die Ausgangskonfiguration nach Gleichung (2.16) bezogen, jedoch wird der im Versuch aufgetretene gerissene Bereich der Folie, der beispielsweise in Abb. 5.26 zu sehen ist, bei der Ermittlung der Querschnittsfläche der Folie A_{net} berücksichtigt. Damit sind zur Bestimmung der Zugkraft und der Spannung in der Folie folgende Gleichungen notwendig unter Beachtung der Abb. 5.22, 5.23 und 5.25:

$$\sigma_{net} = \frac{Z_F}{A_{net}} \quad , \tag{5.6}$$

$$Z_F = D = \frac{M}{h_c} \quad , \tag{5.7}$$

$$M_{max} = \frac{gl}{8}(2l_s - l) + 0.5F\left(\frac{l_s - l_l}{2}\right) \quad , \text{mit } g \approx \gamma \cdot 2 \cdot d_g \cdot b_{PK} \quad , \tag{5.8}$$

$$h_c = \frac{\sqrt{2\left(a^2b^2 + b^2c^2 + c^2a^2\right) - \left(a^4 + b^4 + c^4\right)}}{2c} \quad . \tag{5.9}$$

Hierin ist γ die Wichte von Glas, d_{g} die Dicke einer Glasscheibe und b_{PK} die Breite des Probekörpers.

Es konnte nicht festgestellt werden, ob die Größe der gerissenen Bereiche in der SentryGlas®-Folie infolge der aufgebrachten Verformung identisch zu der Größe der gerissenen Bereiche nach 1 h Haltezeit war. Denn es konnte nicht zweifelsfrei ausgeschlossen werden, dass in den SentryGlas®-Folien die gerissenen Bereiche infolge der Haltezeit angewachsen waren. Aus diesem Grund konnte die technische Spannung σ_{net} nur am Ende des Relaxationsversuchs bestimmt werden.

Um eine Vergleichbarkeit der Folien zu Beginn der Relaxationsversuche zu erhalten, wurde deshalb die Zugkraft der Folie stets auf die Dicke der Folie bezogen (PVB-Folien mit 0,76 mm und SentryGlas®-Folien mit 0,89 mm) und damit in der Einheit je Einheitsdicke $\left[\mathrm{N\,mm^{-1}}\right]$ angegeben.

Dehnung der Folie   Die Dehnung der Folie wird als einachsige technische Dehnung in Zugrichtung angenommen. Sie ergibt sich aus dem Verzerrungstensor $\boldsymbol{\varepsilon}$ nach Gleichung (2.13) zu:

$$\varepsilon = \frac{\Delta l}{l_0} \quad . \tag{5.10}$$

Die Ausgangsdehnlänge l_0 stellt die delaminierte Länge der Folie vom Glas dar. Δl ist die gemessene Verlängerung der Folie der Strecke $\overline{\mathrm{AB}}$ in Abb. 5.25, die sich auf der Mittelachse der Foliendicke d befindet. Hierfür werden die Koordinaten der Punkte A′ und B′ bestimmt. Über die Verdrehung α der Scheibe von der Ausgangslage zum Beginn der Prüfung zur verformten Lage am Ende der Prüfung und der Foliendicke d kann die Änderung des Punktes A′ zum Punkt A in $x-$ und y-Richtung berechnet werden:

$$\Delta x = \sin\alpha \cdot \left(\frac{d}{2}\right) \quad , \qquad\qquad \Delta y = \cos\alpha \cdot \left(\frac{d}{2}\right) \quad . \tag{5.11}$$

Analoges Vorgehen gilt für den Punkt B. Damit kann die Längenänderung der Folie Δl berechnet werden:

$$\Delta l = \overline{\mathrm{AB}} = \sqrt{(X_{\mathrm{A}} - X_{\mathrm{A}'})^2 - (Y_{\mathrm{A}} - Y_{\mathrm{A}'})^2} \quad . \tag{5.12}$$

Die Ausgangsdehnlänge l_0 kann nicht über die aufgenommenen Bildaufnahmen während des Versuchs ermittelt werden, da nur Informationen der Bildpunkte in der Ansicht vorlagen. Zur Bestimmung der Ausgangsdehnlänge ist jedoch der Delaminationsverlauf über die Breite der Probe und nicht nur in einem Schnitt von Bedeutung. Die Delamination wurde daher nach dem Versuch mit dem Mikroskop aufgenommen. In einer Vorstudie des TCB Tests konnte eine unterschiedliche Delamination an der unteren und oberen Seite der Folie festgestellt werden, wie es in Abb. 5.28 zu sehen ist. Es kann jedoch nicht zwei-

Abbildung 5.26   Beobachteter Folienriss einer SentryGlas®-Folie

felsfrei festgestellt werden, welche Delaminationskante oben oder unten ist. Aufgrund der Beanspruchung im 4-Punkt-Biegeversuch kommt es tendenziell auf der unteren Folienseite zu einer größeren Delaminationsfläche. Dies kann auch in der Nahaufnahme des TCB Tests in Abb. 5.25 erkannt werden. Für die Bestimmung der Ausgangsdehnlänge (Delaminationslänge) der Folie werden bei der Auswertung die beiden äußeren Kanten der freigelegten Folie bestimmt, denn diese liegt zumindest auf einer Seite der Folie frei und kann eine größere Längenänderung der Folie ermöglichen.

Bei den Mikroskopbetrachtungen wurde festgestellt, dass sich die delaminierte Folie nach dem Versuch der Entlastung bei den PVB-Folien zum Teil wieder an das Glas anhaftete. Diese Bereiche konnte nicht optisch erfasst werden. Aus diesem Grund wurden zwei Ansätze zur Ermittlung der Delamination verfolgt, mit denen eine Grenzwertbetrachtung hinsichtlich der erfolgten Delamination während des Versuchs durchgeführt werden sollte:

(1) Sichtbare Delamination (Index s): diejenige Delamination, die unmittelbar nach dem Relaxationsversuch unter dem Mikroskop beobachtet werden konnte.

(2) Vermutete Delamination (Index v): durch erneutes vorsichtiges manuelles Belasten und Betrachten der Proben, konnte eine eher konstante Delamination über die Breite beobachtet werden. Daraufhin wurde die ermittelte sichtbare Delamination um kleine Flächen subjektiv erweitert, damit eine visuelle konstante Ablösung entstand.

(a) Mikroskopaufnahme

(b) Sichtbare Delamination

(c) Vermutete Delamination, durch erneutes manuelles Belasten bestimmt

Abbildung 5.27   Delamination des Probekörpers SC#04

Die Unterschiede der zwei betrachteten Ansätze zur Ermittlung der Delamination sind in Abb. 5.27 zu sehen.

Umsetzung   Die Ermittlung der notwendigen Deformationsbeziehungen des TCB Versuchs, vor allem die Längenänderung Δl, der innere Hebelarm h_c des Kräftepaares und die Delaminationslänge l_0, wurden durch numerische Berechnungen mit *Matlab*® von *Mathworks, Inc.* (MATLAB INC., 2011) bewerkstelligt.

Dazu wurde ein MATLAB®-Skript geschrieben, um eine Punktverfolgung während des Versuchs bestimmen zu können. Dessen Grundgerüst besteht darin, die aufgenommenen Bilder bzw. Videos einzulesen, die applizierten magentafarbenen kreisförmigen Markierungen aller Bilder automatisch über ihre Pixelfläche zu identifizieren und deren Schwerpunktkoordinaten zu bestimmen. Die Schwerpunktkoordinaten müssen dann für alle eingelesenen Bilder während der Prüfzeit in der zeitlichen und einheitlichen geometrischen Reihenfolge abgespeichert werden, um die Verschiebung der Probe und die Relationen der magentafarbenen Markierungen untereinander berechnen zu können (siehe Abb. 5.29). Die Umrechnung von der Bildeinheit Pixel (px) in die metrische Größe Millimeter wurde für jeden Versuch manuell mit dem Bildbearbeitungsprogramm ADOBE® PHOTOSHOP bestimmt. Eine detaillierte Beschreibung der Umsetzung der Punktverfolgung ist in Anhang A.2 gegeben.

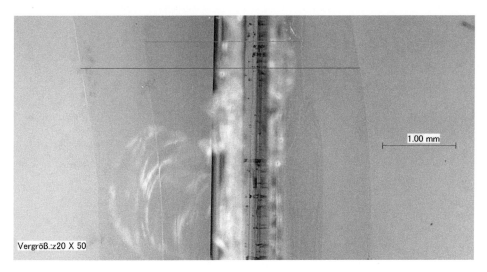

Abbildung 5.28 Unterschiedliche Delamination an der unteren und oberen Seite der Folie

Für die Auswertung der kinematischen Beziehungen ist nur ein Referenzbild vor Prüf-
beginn und ein Bild in verformter Lage am Ende der Prüfung herangezogen worden, da
einerseits der TCB Test als ein Relaxationsversuch, bei dem eine Verformung über eine
bestimmte Zeitdauer gehalten wird, durchgeführt worden ist. Damit können sich bis auf
ein eventuelles Fortschreiten der Delamination, das jedoch bei den optischen Aufnahmen
nicht beobachtet werden konnte, keine geometrischen Punktveränderungen auf der Probe ergeben. Andererseits ist das Verhalten der Zwischenschicht besonders am Ende des
Versuches von Interesse, weil die Klassifizierung der Materialeigenschaft der Zwischenschicht hinsichtlich der Resttragfähigkeit untersucht werden soll.

Das MATLAB® -Skript der Punktverfolgung wurde in (GLÖSS, 2012) erweitert, um
die Längenänderung der Folie, der innere Hebelarm des Kräftepaares und die Delaminationslänge der Folie zu bestimmen, die nicht alleine über die Schwerpunkte der magentafarbenen Markierungen berechenbar sind: Dazu wurde vom eingelesenen zweiten Bild
(verformte Lage der Probe am Ende der Prüfzeit 1,0 h) ein vergrößerter Bildausschnitt in
der grafischen Benutzeroberfläche angezeigt (Abb. 5.25), um die Koordinaten von einem
Fadenkreuz optisch ausgewählten Bildpunkten auslesen zu lassen. Es wurden die Bruchkanten des oberen Glases zur Folie, gekennzeichnet durch die Punkte A' und B', sowie
der Druckpunkt der Bruchkanten des oberen Glases (Punkt C) optisch festgelegt und mit
Gleichung (5.11) wurden die Punkte A und B berechnet. Für die PVB-Folien wurde die
Dicke 0,76 mm und für die SentryGlas®-Folie eine Dicke von 0,89 mm angesetzt. Die
Verdrehung α der Glasscheiben von der unverformten Lage zur verformten Lage war über
die vorher beschriebene Punktverfolgung bekannt.
Somit ist das Dreieck ABC eindeutig beschrieben und der innere Hebelarm nach Glei-

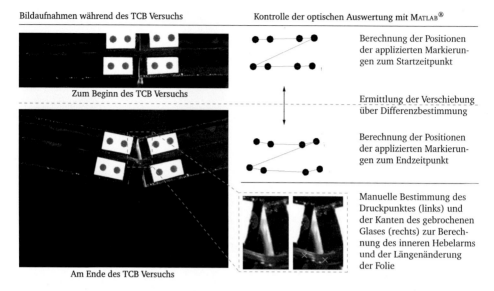

Bildaufnahmen während des TCB Versuchs   Kontrolle der optischen Auswertung mit MATLAB®

Zum Beginn des TCB Versuchs

Am Ende des TCB Versuchs

Berechnung der Positionen
der applizierten Markierungen zum Startzeitpunkt

Ermittlung der Verschiebung
über Differenzbestimmung

Berechnung der Positionen
der applizierten Markierungen zum Endzeitpunkt

Manuelle Bestimmung des
Druckpunktes (links) und
der Kanten des gebrochenen
Glases (rechts) zur Berechnung des inneren Hebelarms
und der Längenänderung
der Folie

Abbildung 5.29 Berechnung von Verschiebung, innerem Hebelarm des Kräftepaares h_c und der Längenänderung der Folie Δl mit MATLAB®

chung (5.9) und die Längenänderung der Folie Δl nach Gleichung (5.12) können im MAT-LAB® -Skript berechnet werden.

Die ermittelten Koordinaten der manuell und algorithmisch bestimmten Punkte sowie den daraus berechneten Koordinaten wurden stets über ausgelesene Bilder aus MATLAB® kontrolliert (Abb. 5.29). Die getroffenen Annahmen und die Programmierung zeigten zufriedenstellende Ergebnisse.

Der delaminierte Bereich der Folie wurde nach den beiden oben beschriebenen Ansätzen mit dem Bildbearbeitungsprogramm ADOBE® PHOTOSHOP manuell durchgeführt. Zunächst wurden die Mikroskopaufnahmen des Delaminationsbereiches jeder Probe, zwischen 8 bis 10 Aufnahmen entlang der Probenbreite, als ein Gesamtbild zusammengefügt (Abb. 5.27). Im nächsten Schritt wurde der delaminierte Bereich farbig flächig markiert und abgespeichert. Das Bild wurde mit dem Algorithmus der Punktverfolgung in MAT-LAB® ausgewertet und die berechnete delaminierte Fläche durch die gemessene Breite der Probe dividiert, sodass von einer gemittelten, über die Probenbreite konstanten Delaminationslänge ausgegangen wurde. Damit konnte nun die Dehnung nach Gleichung (5.10) berechnet werden. Sie stellt eine über die Probenbreite gemittelte, konstante technische Dehnung dar.

Steifigkeit der Zwischenschicht im ebenen Spannungszustand Für die mechanische Beschreibung von Ingenieurproblemen ist die Kenntnis des Materialverhaltens unabdinglich, das über die Konstitutivgleichungen die Spannungen und Verzerrungen mit-

Tabelle 5.8 Ergebnisse der TCB Tests: Lastschneidenkraft; Mittelwert ($\bar{x}$), Standardabweichung (s) und Variationskoeffizient (V)

Folientyp	Lastschneidenkraft F			Lastschneidenkraft je Foliendicke F_{F}		
	$\bar{x}$ [N]	s [N]	V [-]	$\bar{x}$ [N mm^{-1}]	s [N mm^{-1}]	V [-]
SC	2,41	0,91	0,38	3,17	1,20	0,38
BG R20	4,05	1,35	0,33	5,33	1,78	0,33
SentryGlas®	24,01	17,63	0,73	26,97	19,81	0,73

einander in Beziehung bringen (siehe Abschn. 2.4). Die Spannungen und Dehnungen im TCB Test konnten nur am Ende des Relaxationsversuches ausgewertet werden, dementsprechend konnte auch nur zu diesem Zeitpunkt die Steifigkeit der Folie ermittelt werden. Da in der Steifigkeit der Folie sowohl die angelegten Spannungen als auch die vorhandene Dehnung zu diesem Zeitpunkt berücksichtigt werden, kann der E-Modul herangezogen werden, um die Folien miteinander hinsichtlich der Resttragfähigkeit zu vergleichen. Es wurde folgende Annahme getroffen: Folie verhält sich zu einem bestimmten Zeitpunkt und Temperatur linear elastisch.

Da der E-Modul zu einem diskreten Zeitpunkt (nach 1,0 h) und nicht dessen zeitlicher Verlauf ermittelt wurde, kann das linear elastische Elastizitätsgesetz verwendet werden. Dafür wurde der TCB Versuch auf ein ebenes Problem reduziert, das mit Scheiben abgebildet werden kann (vgl. Abschn. 2.5). Es wurde davon ausgegangen, dass die Folie im Bereich der Delamination in der Dickenrichtung nicht mehr am Glas haftet, sich damit frei verformen kann und diesem Zustand ein ebener Spannungszustand (ESZ) zugrunde liegt. Auch über die Breite kann sich die Folie in gewisser Entfernung zur Delaminationsfront frei einschnüren, sodass keine Spannungen $\sigma_y = 0$ in diese Richtung auftreten.

Unter diesen Annahmen vereinfacht sich das Elastizitätsgesetz im ESZ zum bekannten Hookschen Gesetz: $\sigma_x = E \cdot \varepsilon_x$. Der E-Modul wurde gemäß den zwei verschiedenen Ansätzen bei der Bestimmung der Foliendehnung berechnet.

5.9.4 Ergebnisse und Auswertung

Die Ergebnisse der untersuchten TCB Tests sind in einem Kraft-Zeitverlauf in Abb. 5.30 dargestellt. Zusätzlich ist die Durchbiegung der Proben in Feldmitte w über die Zeit angegeben. Die Zeitachse ist logarithmisch aufgetragen. Die Markierungen der Proben dienen nur zur Unterscheidung der verschiedenen Zwischenschichten. Die Verformung wurde als konstanter Weg über die Zeit aufgebracht. Sie ist aber aufgrund der logarithmischen Darstellung der Zeitachse nicht als Gerade darstellbar. Auch wenn die SentryGlas®-Folie um 17 % dicker ist als die PVB-Folien (0,89 mm der SentryGlas®-Folie im Vergleich zu

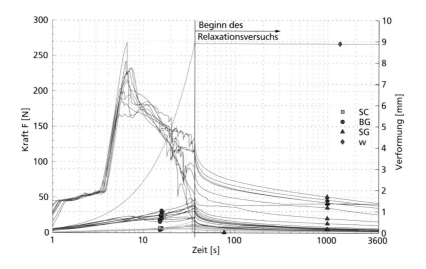

Abbildung 5.30   Kraft-Zeitverlauf der untersuchten Probekörper

0,76 mm der PVB-Folien), zeigt der Kraft-Zeitverlauf deutlich, dass die SentryGlas®-Folie zu Beginn viel steifer (E-Modul) ist und damit eine vielfach größere Kraft als die untersuchten PVB-Folien bis zum Ende der Prüfzeit nach 1,0 h aufnehmen kann, wie auch in Tab. 5.8 zu sehen ist. Demnach kann über die aufnehmbare Kraft der Prüfmaschine im 4-Punkt-Biegeversuch qualitativ das Resttragverhalten der Zwischenschichten beurteilt werden.

Die SentryGlas®-Folie erreicht ihre maximale Kraft stets vor der eigentlichen Halteposition $w = 8,89$ mm für den anschließenden Relaxationsversuch von 1,0 h. Bei den SentryGlas®-Folien konnten mit Hilfe von Mikroskopaufnahmen nach dem Relaxationsversuch Teilrisse über die Breite der Proben beobachtet werden, wie in Abb. 5.26 zu sehen ist. Der Kraft-Zeitverlauf der SentryGlas®-Folie zeigt, dass vor der Halteposition des Relaxationversuches $w = 8,89$ mm die maximale Kraft der SentryGlas®-Folie schon erreicht wurde und danach unstetig abnahm, was auf weitere Risse in der Folie schließen lässt. Erst ab dem Erreichen der Halteposition relaxierte die SentryGlas®-Folie kontinuierlich ohne nennenswerte Unstetigkeiten. Es kann darauf geschlossen werden, dass bei allen untersuchten SentryGlas®-Folien vor dem eigentlichen Relaxationsversuch schon Risse in der Folie eingetreten waren. Die SentryGlas®-Folie weist im Vergleich zu der SC-Folie und der BG R20-Folie eine größere Bruchdehnung und Reißfestigkeit auf und verhält sich bis zu einem gewissen Grad analog zu den PVB-Folien hyperelastisch (vgl. Abschn. 3.2.4). Daraus kann auf ein geringeres Delaminationsvermögen der SentryGlas®-Folie im Vergleich zu den PVB-Folien geschlossen werden, denn durch die deutlich höhere Haftung der SentryGlas®-Folie zur Glasoberfläche kann eine geringere Ausgangsdehnlänge der Folie

Tabelle 5.9 Ergebnisse der TCB Tests: Zugkraft Z_F der Folie je Einheitsdicke inkl. Eigengewicht zum Beginn und Ende der Haltezeit; Mittelwert ($\bar{x}$), Standardabweichung (s) und Variationskoeffizient (V)

Folie	Anfangszugkraft $Z_{F,A}$ ($t = 36$ s)			Endzugkraft $Z_{F,E}$ ($t = 1$ h)			Relaxation ΔZ_F
	$\bar{x}$	s	V	$\bar{x}$	s	V	
	[N mm^{-1}]	[N mm^{-1}]	[-]	[N mm^{-1}]	[N mm^{-1}]	[-]	[%]
SC	60,8	21,3	0,35	16,8	5,6	0,33	72
BG R20	200,4	57,7	0,29	27,5	8,5	0,31	86
SentryGlas®	457,1	294,6	0,64	148,2	111,0	0,75	68

geschaffen werden, wodurch die Bruchdehnung schneller erreicht wird und zum Reißen der Folie führt, wie es in Abschn. 4.4.2 erläutert wurde.

Um eine bessere Vergleichbarkeit der Folie im VSG hinsichtlich ihrer Resttragfähigkeit zu bekommen, wurden die Spannungen in den Folien verglichen. Es konnte, wie bereits oben erläutert, nicht festgestellt werden, ob die SentryGlas®-Folien nach Erreichen der Halteposition weiter gerissen sind. Damit kann die technische Spannung der intakten Folie σ_{net}, die sich auf die Ausgangsbreite der Folie abzüglich der durch das Mikroskop beobachteten gerissenen Bereiche bezieht, nur nach Beendigung der Prüfung ermittelt werden. Es wurde die Zugkraft auf die jeweilige Foliendicke bezogen (SC-Folie und BG R20-Folie mit 0,76 mm und SentryGlas®-Folie mit 0,89 mm).

Die Ergebnisse der Zugkraft und der Spannungen sind in Tabellen 5.9 und 5.10 dargestellt.

Die BG R20-Folie weist die größte prozentuale Relaxation von 86 % auf; die SentryGlas®-Folie mit 0,68 % die geringste, kann aber zugleich die größte Zugkraft zu Beginn bis zum Ende der Relaxationsversuche aufnehmen, obwohl die SentryGlas®-Folie partiell viel mehr über die Breite gerissen ist als die beiden untersuchten PVB-Folien. Dies ist auch der Grund, warum die SentryGlas®-Folie den höchsten Variationskoeffizienten mit 64 % bis 75 % aufweist. Die PVB-Folien zeigen eine Variationskoeffizienten nur bis 35 %.

Um das Resttragverhalten besser einschätzen zu können, wurde die aufnehmbare intakte Folienspannung am Ende des Relaxationsversuches (1,0 h) und die Dehnungen der Folie bestimmt. Die Ergebnisse sind in Tab. 5.10 zusammengestellt. Ähnlich der Zugkraft der Folie, verhält es sich mit den Spannungen in den intakten Folien. Die SC-Folie kann die geringste Spannung (0,56 MPa) aufnehmen. Die BG R20-Folie dagegen fast doppelt so viel (0,91 MPa). Und die SentryGlas®-Folie weist mit 5,24 MPa die höchste Spannung auf. Bei der Dehnung zeigt die SentryGlas®-Folie die größte Dehnung auf, was ein Indiz für die höhere Haftung zwischen Folie und Glas ist, denn dadurch ist die Ausgangsdehnlänge geringer und die Dehnung wird größer. Im Gegensatz zu den PVB-Folien bleiben bei der SentryGlas®-Folie plastische Verformungen zurück, sodass die sichtbare und vermutete Dehnung identisch sind.

Tabelle 5.10 Ergebnisse der TCB Test: technische Folienspannung σ_{net}, -dehnungen ε_v (vermutet) und ε_s (sichtbar) sowie die jeweilig zurückgerechnete E-Moduln am Ende der Haltezeit (1,0 h); Mittelwert ($\bar{x}$) und Standardabweichung (s) und Variationskoeffizient (V)

Folie	Spannung		Dehnung				Elastizitätsmodul			
	σ_{net}		ε_v		ε_s		E_v		E_s	
	$\bar{x}$	s	$\bar{x}$	s	$\bar{x}$	s	$\bar{x}$	s	$\bar{x}$	s
	[MPa]	[MPa]	[-]	[-]	[-]	[-]	[MPa]	[MPa]	[MPa]	[MPa]
SC	0,56	0,19	0,70	0,23	0,85	0,40	0,85	0,34	0,74	0,32
BG R20	0,91	0,28	0,66	0,10	0,89	0,39	1,44	0,53	1,22	0,61
SentryGlas®	5,24	3,47	0,92	0,60	0,92	0,60	7,58	5,06	7,58	5,06

Damit ergab sich eine Steifigkeit der untersuchten Folien (E-Modul), welche sowohl die anliegende Spannung als auch das Delaminationsvermögen beinhaltet. Auch hier wird das bessere Resttragverhalten der SentryGlas®-Folie deutlich. Die Steifigkeit der SentryGlas®-Folie wies sowohl beim sichtbaren E-Modul E_s als auch beim vermuteten E-Modul E_v die größte Steifigkeit im Vergleich zu den beiden PVB-Folien auf. Die SC-Folie zeigte wiederum bei beiden Ansätzen mit Abstand den geringsten Wert und besitzt damit die geringste Steifigkeit der untersuchten Folien.

Eine ausführliche Auswertung der einzelnen Proben ist in Anhang C gegeben.

5.9.5 Interpretation

Die Untersuchungen an VSG mit drei verschiedenen Folien haben gezeigt, dass mit dem TCB Test eine Klassifizierung der Materialeigenschaften der Zwischenschicht hinsichtlich der Resttragfähigkeit vielversprechend ist. Der beste Vergleichsparameter für eine Klassifizierung ist aus der Sicht des Verfassers die Folienzugkraft Z_F bezogen auf die Einheitsdicke der Folie. Die anderen Parameter, wie intakte Folienspannung, Dehnung der Folie oder Steifigkeit der Folie (E-Modul), beinhalten einerseits zu viele Annahmen, die eine erfolgreiche Auswertung überhaupt möglich machen. Andererseits entstehen dadurch wesentlich mehr Messungenauigkeiten. Insbesondere die Ermittlung der wahren Foliendehnung lässt noch viel Interpretationsfreiraum.

Wie der Kraft-Zeitverlauf zeigt, kann bei gleichem Eigengewicht der Proben auch die Kraft der Lastschneiden als Vergleichsparameter herangezogen werden. Dies würde die Auswertung des TCB Tests erheblich vereinfachen und Messungenauigkeiten würden erst gar nicht auftreten.

Der TCB Test bildet die Belastung und das Abtragverhalten eines gebrochenen VSG sehr gut ab. Der Vorschlag, dies an einem Relaxationsversuch zu untersuchen, birgt den Vorteil, dass eine Resttragkraft nach einer definierten Haltezeit quantitativ bestimmbar ist. Durch den koinzidenten Bruch der Gläser ist ein eindeutiges, reproduzierbares Worst Case Szenario für die Resttragfähigkeit gegeben. Aber selbst mit den hier durchgeführten

Untersuchungen kann kein Kriterium abgeleitet werden, das für die Standsicherheit des Bauteils im Bruchzustand III herangezogen werden kann.

Es können jedoch mit dem TCB Test Vergleiche zu der geregelten BG R20-Folie für VSG, entweder über die Zugkraft oder die Lastschneidenkraft, gezogen werden und auf eine qualitative Resttragfähigkeit geschlossen werden. Daraus folgt das Mindestniveau aus der Voraussetzung: PVB-Folie hat nach Bauregelliste A Teil 1 bestanden. Folien mit höherem Kraftniveau im TCB Test nach 1 h haben auch bestanden.

5.10 Referenzversuche zur Resttragfähigkeit

5.10.1 Bauteilversuche als Referenzversuche

Um die vorgestellten Prüfmethoden für eine Klassifizierung der Materialeigenschaften der Zwischenschicht hinsichtlich der Resttragfähigkeit beurteilen zu können, waren Bauteilversuche an gebrochenem VSG notwendig, die als Referenzversuche für eine Beurteilung der Resttragfähigkeit herangezogen werden können. Als Bauteilversuche werden hier Versuche bezeichnet, deren Abmessungen mit denen einer in der Praxis gängigen Einbausituation vergleichbar sind. Der realitätsnahe Resttragfähigkeitsversuch ist ein Kriechversuch, der als Ergebnis die Verformung des Bauteils unter einer Dauerlast liefert. Fraglich ist, ob die Verformung als Kriterium für eine Beurteilung der Resttragfähigkeit herangezogen werden kann. In (KUNTSCHE et al., 2015) wird die Kriechrate (Verformung je Zeiteinheit) als Kriterium vorgeschlagen, die an 4-seitig gelagertem VSG mit verschiedenen Zwischenmaterialien unter einer punktförmigen Dauerlast in Plattenmitte ermittelt wurde. Hierbei ist aber noch unklar, welches Lastniveau anzusetzen ist, damit eine Vergleichbarkeit untereinander überhaupt möglich wird.

Aufgrund dieser Problematik wurde wie bei den beschriebenen TCB Tests ein Relaxationsversuch von gebrochenem VSG untersucht, um die aufnehmbare Kraft über eine bestimmte Haltezeit zu erhalten. Um diese messen zu können, wurden die Resttragfähigkeitsversuche an einem 4-Punkt-Biegeversuch untersucht. Es wurden verschiedene Überlegungen dazu angestellt, wie der Bauteilversuch im 4-Punkt-Biegeversuch hinsichtlich der Resttragfähigkeit durchgeführt werden soll. Eine Überlegung ist, das VSG durch Anschlagen aller Glasscheiben bei definierten Punkten mit Hammerschlägen auf einen Körner ungünstig zu schädigen. Dies hat den Nachteil, dass die Schädigung nicht bei allen Proben gleich sein wird, was eine Vergleichbarkeit zueinander nur bedingt möglich macht. Es gibt kein definiertes Bruchbild in den Regelwerken, da das Bruchbild des Glases bei einem Resttragfähigkeitsversuch ohne definierter Vorschädigung nicht vorhersehbar ist. Daher wurde eine Grenzfallbetrachtung untersucht: Das ungünstigste Bruchbild stellt sich für einseitig linienförmig gelagerte Verglasungen ein, wenn die obere und untere Scheibe über die Breite in Feldmitte koinzident gebrochen sind. Dann muss die Zwischenschicht an dieser Stelle die gesamte Zugkraft übertragen, die aus dem auftretenden Biegemoment resul-

Abbildung 5.31   Versuchsaufbau der Bauteilversuche

tiert. Die Referenzversuche sind somit mit dem vorgestellten TCB Test identisch, bis auf die Abmessungen und den Aufbau der Proben. Auch wenn diese Bruchbilder in üblichen Resttragfähigkeitsversuchen so nicht auftreten werden, wird hierdurch eine Vergleichbarkeit der verschiedenen Zwischenschichten aufgrund des einheitlichen Glasbruchbilds erst ermöglicht.

5.10.2 Versuchsaufbau und Durchführung

In (TSRANKOV, 2012) wurde ein 4-Punkt-Biegeversuch konzipiert, der Achsabstände der Auflager bis 1400 mm und der Lastschneiden bis 500 mm ermöglicht. Die maximale Probenbreite ist mit 400 mm limitiert. Diese Restriktion ist den Abmessungen der verwendeten Universalprüfmaschine *Zwick Roell THW* 50 kN und den örtlichen Gegebenheiten geschuldet. In Abb. 5.31 ist der Versuchsaufbau in der Prüfmaschine dargestellt. Alle vier Schneiden haben einen Rollendurchmesser von 50 mm und sind kugelgelagert, sodass kein Moment und keine Horizontalkraft übertragen werden können (Reibung der Rollen wurde vernachlässigt).

Proben   Zudem kann die Versuchsapparatur zu einem liniengelagerten Plattenversuch (zwei- oder vierseitig) mit punktförmiger Belastung in Feldmitte mit Hilfe von Fassadenprofilen umfunktioniert werden. Für die Referenzversuche wurde ein VSG-Aufbau 2 × 6 mm Floatglas und einer Zwischenschicht mit den Abmessungen 360 mm × 1100 mm nach DIN EN 1288-3 festgelegt. Als Zwischenschicht wurden die SC-Folie und die BG R20-Folie mit einer Dicke von 0,76 mm sowie die SentryGlas®-Folie mit einer Dicke von 0,89 mm untersucht. Dies stellt Aufbauten für ein VSG dar, die in der Praxis zum Einsatz kommen könnten. Die Zusammenstellung der Proben und des Probenumfangs ist in Tab. 5.11 dargestellt. Der Aufbau der Proben wurde mit einer Schieblehre über die Gesamtdicke des VSG kontrolliert.

Tabelle 5.11 Probekörpergeometrie der Bauteilversuche

Folientyp	Anzahl	Aufbau [mm]	Abmessungen [mm]
SC	3	6/0,76/6	360×1100
BG R20	3	6/0,76/6	360×1100
SentryGlas®	3	6/0,89/6	360×1100

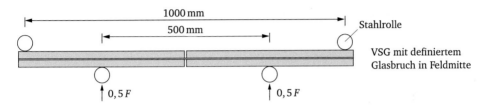

Abbildung 5.32 Versuchsanordnung des Bauteilversuchs

Die Glasscheiben des VSG wurden koinzident entlang der Breite in der Mitte des VSG gebrochen. Durch den gewählten Aufbau konnte das VSG nicht manuell mit einer Schnittlaufzange gebrochen werden, wie im TCB Test, sondern dies musste mit der 4-Punkt Biegeversuchsapparatur maschinell bewerkstelligt werden.

Versuchsdurchführung Durch das hohe Eigengewicht des gewählten VSG und das ungünstige Rissbild musste sichergestellt werden, dass die Proben nicht alleine durch das Eigengewicht versagen. Dies wurde mit der Versuchsanordnung nach Abb. 5.32 ermöglicht. Damit wird das Eigengewicht von den Lastschneiden aufgenommen und es entstehen keine Verformungen der Probe bzw. Kräfte infolge des Eigengewichts. Die Lastschneiden werden entgegen dem wirkenden Eigengewicht nach oben verfahren. Der Abstand der Lastschneiden betrug 500 mm und der Abstand der Auflager 1000 mm. Durch den Überstand des VSG an den Auflagern von 50 mm konnte das Nachrutschen der Probe ohne Herunterfallen von den Auflagern sichergestellt werden.

Zu Beginn der Prüfung wird das VSG auf einer Seite in Scheibenmitte entlang der Breite mit einem Glasschneider und einem Schneidlineal angeritzt. Möglichst ohne Zeitverlust zur Vermeidung der Rissheilung wird die obenliegende vorgeschädigte Seite des VSG im 4-Punkt Biegeversuch gebrochen. Die Lastschneiden wurden für das Brechen des VSG mit $4{,}0\,\text{mm}\,\text{min}^{-1}$ lageregelt nach oben gefahren. Um eine Schädigung der Folie zu vermeiden, wurde bei einem Abfall der Kraft von 3 % die Prüfung gestoppt. Anschließend wurde die Probe wieder herausgenommen, auf die andere Seite gedreht, wie zuvor

Abbildung 5.33 Bruchbild eines Prüfkörpers

angeritzt, erneut in die Versuchsapparatur eingelegt und nach gleichem Vorgehen gebrochen. Dieses Vorgehen hat sich bewährt, wie in Abb. 5.33 zu erkennen ist.

Der anschließende Relaxationsversuch wurde vom Vorgehen analog zu den TCB Tests in Abschn. 5.9 durchgeführt. Dafür wurde von der 2-seitig linienförmig gelagerten Einbausituation des Bauteils (360 mm $\times$ 1100 mm) mit einem Glaseinstand von 15 mm ausgegangen. Als Versagenskriterium wird das Herunterfallen von den Auflagern definiert, sodass nach Gleichung (5.5) das Durchbiegung-Stützenweitenverhältnis von $wl_s^{-1} \approx 0,1$ angesetzt worden ist. Damit wurde bei der vorhandenen Stützweite von 1000 mm die Halteposition in Feldmitte von $w = 100$ mm für den Relaxationsversuch angefahren und 24 h lagegeregelt gehalten. Dafür mussten die Lastschneiden um 50 mm Traversenweg nach oben gefahren werden. Die Anfahrtsgeschwindigkeit zur Halteposition betrug 1,39 mm s^{-1}, damit zur gleichen Prüfzeit (36 s) wie bei den durchgeführten TCB Tests der Relaxationsversuch beginnt. Im Versuch wird die Verformung der Lastschneiden über den Traversenweg und die anliegende Kraft aufgenommen.

Die Prüfungen erfolgten mit der Universalprüfmaschine *Zwick Roell THW* 50 kN bei einer Raumtemperatur von (21 ± 2) °C und einer Luftfeuchte von (45 ± 5) % rF.

Für eine bessere Übersicht sind nachfolgend nochmals alle wichtigen Durchführungsprozesse zusammengefasst:

- Vordefinierter Bruch der oberen und unteren Glasscheibe in Feldmitte,

- Anfahrtsgeschwindigkeit zur Halteposition: 1,39 mm s^{-1},

- Halteposition in Feldmitte für den Relaxationsversuch: $w = 100$ mm,

- Dauer des Relaxationsversuchs: 24 h, falls vorher kein Versagen auftrat.

Es zeigte sich, dass die SentryGlas®-Folie vor Erreichen der Halteposition soweit gerissen war, dass ein Relaxationsversuch nicht mehr möglich war. Infolgedessen wurde bei der dritten SentryGlas®-Probe ein Kraftniveau angefahren, das bei dessen Erreichen 24 h lagegeregelt in einem Relaxationsversuch gehalten wurde. Das Kraftniveau F_{max} wurde auf 142 N festgelegt, welches ermittelt wurde aus dem Mittelwert der erzielten Kraftmaxima der BG R20-Proben (siehe Tab. 5.12) und einer linearen Beaufschlagung des Kraftniveaus zur Berücksichtigung der unterschiedlichen Foliendicken. Wie unten erläutert, ist die Annahme eines linearen Zusammenhangs zwischen der Foliendicke und der Kraft der Lastschneiden legitim. Der Mittelwert der Kraftmaxima der BG R20-Folien wurde daher noch um 17 % erhöht, um den Unterschied der Foliendicke zwischen der SentryGlas®-Folie und der BG R20-Folie auszugleichen. Bei diesem Kraftniveau stellte sich eine Durchbiegung in Feldmitte von 4,2 mm ein.

Auf Grund der geringen Verformung war die SentryGlas®-Folie nach dem ersten Relaxationsversuch vollständig intakt, deshalb wurde im Anschluss nochmals der ursprünglich geplante Relaxationsversuch mit einer Durchbiegung in Feldmitte von 100 mm durchgeführt.

Vorgehen bei der Auswertung Im Gegensatz zu den durchgeführten TCB Tests, konnte bei den Referenzversuchen der innere Hebelarm für die Zugkraft in der Folie nicht ermittelt werden, weil es technisch nicht möglich war, den Versuch optisch aufzunehmen und auszuwerten. Die Zugkraft der Folie im TCB Test verhält sich, sofern kein Eigengewicht wirkt, linear zur Kraft der Lastschneiden. Zudem ist die technische Spannung proportional zur Zugkraft der Folie und der Foliendicke, sodass sich die Kraft der Lastschneiden auch linear zur Foliendicke verhält, wie die Gleich. 5.6 bis 5.9 zeigen.

Daher wurde der Vergleich zwischen den unterschiedlichen Folien hinsichtlich der Resttragfähigkeit über die resultierende Kraft der Lastschneiden herangezogen. Der Einfluss der Foliendicke wurde aus der anliegenden Kraft der Lastschneiden herausgerechnet, indem die Kraft der Lastschneiden F auf eine Einheitsdicke der Folie d_F bezogen worden ist

$$F_F = F\, d_F^{-1}.$$

5.10.3 Ergebnisse und Auswertung

Die Ergebnisse der Bauteilversuche sind in einem Kraft-Zeitverlauf in Abb. 5.34 dargestellt. Um den Startzeitpunkt des Relaxationsversuchs zu zeigen, ist zusätzlich die Verformung der Probe in Feldmitte w über die Zeit aufgetragen. Wie schon bei den TCB Tests beobachtet, wurde die Bruchdehnung der SentryGlas®-Folie immer deutlich vor der Halteposition für den Relaxationsversuch ($w = 100$ mm) erreicht und die SentryGlas®-Folie riss. Dies konnte auch bei der BG R20-Folie beobachtet werden, wie die blauen Markierungen (Kraftmaximum) im logarithmischen Kraft-Zeitverlauf der BG R20-Folie zeigen. Das Kraftmaximum F_{max} der Folien wurde bereits erreicht, bevor die angestrebte Ziel-

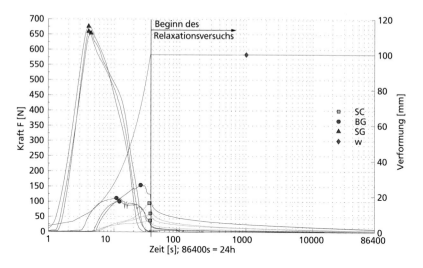

Abbildung 5.34   Kraft-Zeitverlauf der Bauteilversuche

verformung des Relaxationsversuchs erreicht wurde, wie die quantitativen Ergebnisse der Verformung $w_{F_{max}}$ in Tab. 5.12 verdeutlichen. Es wird davon ausgegangen, dass der deutliche Abfall der Kraft, der zum Teil auch unstetig vonstattenging, wie es bei den BG R20-Proben zu beobachten war, nicht aus einer einsetzenden Delamination herrührt, da sich bei einer Delamination die Kraft nach einem kurzen Abfall wieder stabilisiert und erneut ansteigt, wie es die weiteren TCT Tests in Kap. 6 zeigen.

Die SentryGlas®-Folie erreichte die größte Kraft bezogen auf die Foliendicke F_F im Vergleich zu den beiden PVB-Folien bei kleinster dazugehöriger Durchbiegung $w_{F_{max}}$ gefolgt von der BG R20-Folie.

In Abb. 5.35 ist der logarithmische Kraft-Zeitverlauf der SentryGlas®-Probe SG#03-1 zu sehen, die mit dem mittleren Kraftniveau der BG R20-Proben geprüft worden ist. Die Markierungen der Proben dienen nur zur Kennzeichnung. Die SentryGlas®-Folie relaxierte nicht so stark wie die beiden PVB-Folien. Zu Beginn relaxierte die SentryGlas®-Folie wesentlich geringer als die anderen Folien. Nach $> 1000\,\mathrm{s}$ nahm die Relaxation der SentryGlas®-Folie stark nichtlinear zu. Trotzdem erreichte sie zu jedem Zeitpunkt eine vielfach höhere Kraft bezogen auf die Foliendicke F_F als die beiden PVB-Folien. Diese Probe wurde nochmals nach dem ursprünglichen Relaxationsversuch bei $w = 100\,\mathrm{mm}$ geprüft. Dabei ist diese Probe ähnlich wie die beiden vorherigen SentryGlas®-Proben bei einer Verformung von 11 mm gerissen.

Die Restkraft der PVB-Folien betrug nur bis zu 11,9 N am Ende des Relaxationsversuchs, sodass diese Ergebnisse nur für eine vorsichtige qualitative Beurteilung der Proben hinsichtlich ihrer Resttragfähigkeit herangezogen werden können. Zudem wurde nur eine geringe Anzahl von Probekörpern untersucht, was eine aussagekräftigere Beurteilung er-

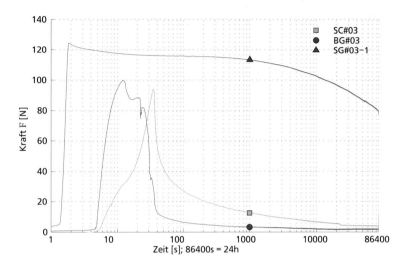

Abbildung 5.35 Gegenüberstellung der Folien bei gleicher Folienkraft im Kraft-Zeitverlauf

schwert. Alle SentryGlas®-Proben, bis auf die SentryGlas®-Probe SG#03-1, die einem veränderten Relaxationsversuch mit geringerer Verformung unterzogen worden ist, versagten vorzeitig. Auch bei den BG R20-Proben riss die Probe BG#02 vollständig und die Probe BG#03 teilweise.

Wird die Kraft je Foliendicke nach 24 h $F_{F,E}$ in Tab. 5.12 betrachtet, so wird ersichtlich, dass die SentryGlas®-Folie (SG#03-1) mit 75 N mm^{-1} die deutlich höchste Restkraft der untersuchten Folienarten aufweist. Die SC-Probe SC#03 mit 5,2 N mm^{-1} zeigt im Vergleich zu der BG R20-Probe BG#01 mit 11,8 N mm^{-1} eine geringere Resttragfähigkeit.

Interpretation Die Restkraft, die von dem gebrochenem VSG nach 24 h aufgenommen werden konnte, wird als Maß für die Beurteilung der unterschiedlichen Folien hinsichtlich der Resttragfähigkeit verwendet. Auf dieser Grundlage sollen die Ergebnisse der unterschiedlichen Zwischenschichten der vorgestellten Prüfmethoden mit der qualitativen Einteilung der untersuchten Zwischenmaterialien hinsichtlich der Resttragfähigkeit im Referenzversuch verglichen werden, um eine Beurteilung der jeweiligen Prüfmethode für eine mögliche Klassifizierung der Zwischenmaterialen von VSG machen zu können.

Demzufolge kann an dieser Stelle nur eine Tendenz zur qualitativen Beurteilung der untersuchten Zwischenschichten des VSG hinsichtlich der Resttragfähigkeit getroffen werden. Dies ist jedoch für den Vergleich mit den durchgeführten Prüfmethoden und deren Beurteilung zufriedenstellend.

Auf dieser Grundlage kann mit den durchgeführten Referenzversuchen festgestellt wer-

Tabelle 5.12 Ergebnisse der Bauteilversuche: Maximale Kraft F_{max} und Restkraft F_E, Durchbiegung $w_{F_{max}}$ sowie die Reststandzeit t_E; Index F: Größe auf die Foliendicke bezogen

Proben	Ergebnisse Kraftmaximum				Ergebnisse Restkraft			
	Max. Kraft		Weg	Zeit	Restkraft		Weg	Zeit
	F_{max} [N]	$F_{F,max}$ [$N\,mm^{-1}$]	$w_{F_{max}}$ [mm]	$t_{F_{max}}$ [s]	F_E [N]	$F_{F,E}$ [$N\,mm^{-1}$]	w_{F_E} [mm]	t_E [s]
BG#01	154	202,9	70	26	9,0	11,8	100	24 h
BG#02	111	146,0	30	11	-	-	100	$\approx 4\,h$
BG#03	100	131,3	33	12	1,8	2,4	100	24 h
SC#01	37	49,2	99	36	2,2	2,9	100	24 h
SC#02	60	79,4	100	36	2,0	2,7	100	24 h
SC#03	94	123,9	96	35	3,9	5,2	100	24 h
SG#01	558	734,3	12	4	-	-	100	231 s
SG#02	577	759,2	11	4	-	-	100	47 s
SG#03	563	740,6	11	4	-	-	100	148 s
SG#03-1	107	139,9	4,2	2	67	75	4,2	24 h

den, dass die SentryGlas®-Folie die beste Resttragfähigkeit besitzt, in deutlichem Abstand gefolgt von der BG R20-Folie. Die SC-Folie weist dagegen die geringste Resttragfähigkeit auf, wobei der Unterschied zur BG R20-Folie deutlich geringer ist als der Unterschied zwischen der SentryGlas®-Folie und der BG R20-Folie.

5.11 Vergleich und Beurteilung der untersuchten Prüfmethoden

Es ist zu prüfen, ob sich die untersuchten Prüfmethoden zur Klassifizierung der Materialeigenschaft der Zwischenschicht von VSG hinsichtlich der Resttragfähigkeit eignen. Es werden die durchgeführten Untersuchungen mit den Referenzversuchen verglichen und deren Ergebnisse interpretiert. Dazu werden die nicht anwendbaren untersuchten Prüfmethoden, wie der ENF Test und der DCB Test, außen vor gelassen, da diese nicht umsetzbar waren.

Referenzversuch   Die durchgeführten Referenzversuche mit der SC-Folie, BG R20-Folie und SentryGlas®-Folie ermöglichten eine qualitative Klassifizierung der Materialeigenschaften des Zwischenmaterials von VSG hinsichtlich der Resttragfähigkeit. Dafür wurde für das Bruchbild eine Grenzwertbetrachtung herangezogen, indem beide Glasscheiben des VSG koinzident in der Feldmitte des 4-Punkt Biegeversuchs gebrochen wurden. Die 2-seitig naviergelagerten Bauteilversuche zur Resttragfähigkeit wurden 24 h einem Relaxationsversuch unterzogen. Die Relaxationsversuche unterlagen einem streng definierten Verformungskriterium $w\,l_s^{-1} \approx 0,1$, das sich infolge des Herunterfallens des VSG von den Auflagern bei einem Glaseinstand von 15 mm und einer Stützweite l_s von 1080 mm geometrisch ergibt. Zusätzlich sind durch den gewählten Laminataufbau alle Proben mit der SentryGlas®-Folie vorzeitig gerissen, sodass hier ein Relaxationsversuch über ein angepasstes Kraftniveau zu den BG R20-Proben durchgeführt worden ist. Dieser wurde im Anschluss 24 h in der aus dem Kraftniveau resultierenden Verformung gehalten. Die Restkraft $F_{F,E}$ am Ende der Relaxationsversuche in Tab. 5.12 geben nur eine tendenzielle qualitative Einteilung der untersuchten Folienarten hinsichtlich ihres Resttragverhaltens. Gründe hierfür waren der geringe Probenumfang und dass die SentryGlas®-Folie wie auch die BG R20-Folie teilweise schon vor dem eigentlichen Relaxationsversuch versagten. Die Versuche ergaben dennoch folgende Einteilung der untersuchten Folien:

- höchste Resttragfähigkeit: SentryGlas®-Folie,

- mittlere Resttragfähigkeit: BG R20-Folie,

- niedrigste Resttragfähigkeit: SC-Folie.

Mit dieser qualitativen Einteilung der Folienarten hinsichtlich der Resttragfähigkeit werden die untersuchten Prüfmethoden verglichen.

Im Vergleich zu den TCB Tests ist die SentryGlas®-Folie und die BG R20-Folie bei den Referenzversuchen häufiger gerissen. Dies lässt sich über die im Versuch auftretende Längenänderung der Folie Δl nach Abb. 5.36 begründen. Hier wird auch der Vorteil eines TCB Tests nochmals deutlich, dessen Probekörper einen koinzidenten Riss beider Glasscheiben in Feldmitte haben: Der Lastabtrag des Moments ist klar über die Zugkraft in der Folie und die Druckkraft in der oberen Glasscheibe definiert. Zudem kann geometrisch die Folienlängenänderung berechnet werden

$$\Delta l = \underbrace{\left(4\frac{w}{l_s} \cos \alpha \right)}_{\text{konst.}} d_g \quad . \tag{5.13}$$

Eine mögliche Begründung, warum bei den Referenzversuchen ein Teil der Folien vor dem eigentlichen Relaxationsversuch gerissen sind, ist der Zusammenhang zwischen der Längenänderung der Folie Δl und der oberen Glasdicke d_g. Die Neigung α des VSG im Relaxationsversuch wurde für den Referenzversuch und den TCB Test über das Durchbiegungs-Stützweitenverhältnis $w\,l_S^{-1} \approx 0,1$ konstant gehalten. Jedoch führte die doppelte Glasdicke des VSG im Referenzversuch von 6 mm im Vergleich zur Glasdicke im TCB Test von 3 mm auch zu einer doppelten Längenänderung der Folie. Falls der Zugkraftwiderstand der Folie zu klein ist (Foliendicke zu gering), um genügend Ausgangsdehnlänge durch Delamination zu schaffen, so erreicht die Folie ihre Bruchdehnung und versagt. Offenbar war die aus dem gewählten Versuchsaufbau resultierende Längenänderung von

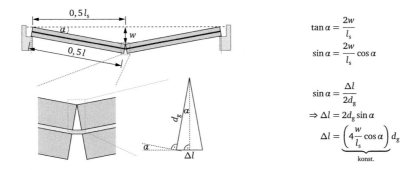

$$\tan \alpha = \frac{2w}{l_s}$$

$$\sin \alpha = \frac{2w}{l_s} \cos \alpha$$

$$\sin \alpha = \frac{\Delta l}{2d_g}$$

$$\Rightarrow \Delta l = 2d_g \sin \alpha$$

$$\Delta l = \underbrace{\left(4\frac{w}{l_s} \cos \alpha\right) d_g}_{\text{konst.}}$$

Abbildung 5.36 Längenänderung der Folie unter Berücksichtigung der Glasdicke d_g des VSG

$\Delta l \approx 3{,}0\,\text{mm}$ für die SentryGlas$^\circledR$-Folie und teilweise für die BG R20-Folie zu groß, weil, wie gerade erläutert, die Haftung zwischen Folie und Glas im Vergleich zum Zugkraftwiderstand zu groß war, sodass die Folie vor Erreichen ihrer Bruchdehnung nicht genügend delaminieren konnte. Die Haftung zwischen Folie und Glas bleibt ja konstant, sodass mit einer dickeren Folie als 0,76 mm bzw. 0,89 mm die aufnehmbare Zugkraft der Folie gesteigert wird, bis eine ausreichende Delamination der Folie vom Glas erzielt wird.

Bei den SC-Folien reichte die Interaktion zwischen der Zugfestigkeit der Folie und der geringeren Haftung zwischen Folie und Glas aus, um mit der auftretenden Delamination genügend Ausgangsdehnlänge vor Erreichen der Bruchdehnung zu schaffen. Die SC-Folie besitzt auch eine höhere Bruchdehnung als die anderen untersuchten Folien, wie in Tab. 3.8 zu sehen ist. Sie konnte also der großen Längenänderung standhalten.

Dies zeigt: Zur Entwicklung einer effektiven Prüfmethode sollte sowohl das Durchbiegungs-Stützweitenverhältnis als auch die Glasdicke des VSG berücksichtigt werden.

Haftzug- und Haftscherversuche In Abschn. 5.7 wurden Haftzug- und Haftscherversuche an SC-Folie und BG R20-Folie durchgeführt. Die Ergebnisse in Tab. 5.4 zeigen, dass die BG R20-Folie mit 9,6 MPa eine größere Haftzugfestigkeit als die SC-Folie mit 3,7 MPa aufwies. Dies galt auch für die Haftscherfestigkeit: Die BG R20-Folie besaß mit 10,91 MPa eine deutlich höhere Haftscherfestigkeit als die SC-Folie mit 3,4 MPa.

Die Haftversuche geben nur eine Aussage über den Verbund zwischen Glas und Folie. Sie geben keine Auskunft über die Interaktion zwischen Verbund und Zugkraftwiderstand der Folie (Bruchdehnung und Steifigkeit), die jedoch zur Beurteilung der Resttragfähigkeit von gebrochenem VSG notwendig ist. Diese Versuche sind hilfreich, um die Qualität der Verbundeigenschaften des VSG zu beurteilen und zu überprüfen.

Diese beiden Prüfmethoden können aufgrund der fehlenden Interaktion zwischen Haftung und Zugkraftwiderstand der Folie nicht ohne weiteres für die Klassifizierung der Materialeigenschaften der Zwischenschichten von VSG hinsichtlich der Resttragfähigkeit verwendet werden.

Beide Haftprüfungen werden im Folgenden nur zur Überprüfung und Qualitätssicherung der Verbundeigenschaft des VSG weiterverfolgt.

In der Probenvorbereitung ist der Haftzugversuch um ein Vielfaches aufwendiger als der Haftscherversuch. Für den Haftscherversuch muss dafür eine aufwendigere Prüfapparatur einmalig entwickelt werden. Beide Prüfmethoden führen auf eine gleiche qualitative Einteilung des Verbundes zwischen Glas und Folie.

Bei der Frage nach der Effizienz beider Versuche ist festzuhalten: Der Haftscherversuch ist dem Haftzugversuch vorzuziehen.

TCT Test Die TCT Tests in Abschn. 5.8 wurden an VSG aus SC-, BG R20- und SentryGlas®-Folie durchgeführt. Die Folien waren zu dünn gewählt, um einen kontinuierlichen Delaminationsfortschritt zu erzielen. Es konnte dadurch nicht genügend Ausgangsdehnlänge der Folien geschaffen werden und die Folien versagten aufgrund der Überschreitung ihrer Bruchdehnung. Folglich wurde die technische Zugfestigkeit über das Kraftmaximum im Versuch zurückgerechnet.

Die SentryGlas®-Folie hatte mit 35,7 MPa die größte technische Zugfestigkeit, gefolgt von der BG R20-Folie mit 8,1 MPa. Die geringste Zugfestigkeit wies die SC-Folie mit 3,5 MPa auf. Es konnte die gleiche Einteilung der Zwischenmaterialien von VSG wie bei den Referenzversuchen festgestellt werden, da mit einer höheren Zugfestigkeit auch eine höhere Resttragkraft aufgenommen werden kann. Der TCT Test bildet den Lastabtrag der Folie in Kombination im Verbund sehr realitätsnah ab und wird als Prüfmethode zur Klassifizierung der Materialeigenschaften der Zwischenschichten von VSG über die technische Zugfestigkeit als geeignet angesehen.

Neben der Zugfestigkeit sollten die Steifigkeit und das Delaminationsvermögen der Folie noch berücksichtigt werden. Die Ergebnisse der durchgeführten TCT Tests legen nahe, dass bis zu einer definierten Längenänderung der Folie, die identisch mit der relativen Verschiebung der beiden Hälften des VSG jenseits der koinzidenten Risse ist, kein Riss in der Folie auftreten darf. Ein Kriterium für die Längenänderung der Folie wird in Abschn. 5.12 vorgeschlagen.

TCB Test Im TCB Test wird das gebrochene VSG einer Biegebeanspruchung unterzogen, die auch in der Wirklichkeit auftritt. Von den vorgestellten Prüfmethoden bildet daher der TCB Test einen Resttragfähigkeitsversuch in Einbausituation am besten ab. Jedoch wurde der TCB Test als 4-Punkt-Biegeversuch konzipiert, sodass die in Einbausituation auftretende Querkraft im Bereich des gebrochenen Glases außer Acht gelassen wird.

Als Prüfprozedur wurde ein einstündiger Relaxationsversuch gewählt, dessen Halteposition über ein Kriterium des Herabrutschens der Verglasung in Einbausituation ermittelt wurde. Es wurden VSG-Proben aus 0,76 mm SC-Folien, 0,76 mm BG R20-Folien und 0,89 mm SentryGlas®-Folien untersucht. Dabei wurden verschiedene mechanische Größen wie Kraft der Lastschneiden, Zugkraft in der Folie, intakte technische Folienspannung, technische Foliendehnung sowie der daraus resultierende E-Modul ermittelt. Mit allen mechanischen Kenngrößen, bis auf die ermittelten Dehnungen, konnte eine Einteilung der Folienarten hinsichtlich der Resttragfähigkeit gemacht werden. Analog zu den Referenzversuchen ergab sich, dass die SentryGlas®-Folie nach einer Stunde die größte Kraft, Zugkraft der Folie bzw. intakte technische Spannung in der Folie aufnehmen konnte, gefolgt von der BG R20-Folie. Die SC-Folie hatte das geringste Resttragvermögen der drei Folien (SC-Folie < BG R20-Folie < SentryGlas®-Folie).

Für eine Prüfprozedur wird vorgeschlagen, die einwirkende Resttragkraft der Lastschneiden am Ende des Relaxationsversuches, bezogen auf eine Einheitsdicke, heranzuziehen. Hierfür muss nämlich nicht zusätzlich der Hebelarm der VSG-Probe, die delaminierte Fläche während des Versuchs oder die Längenänderung der Folie bestimmt werden. Es ergab für die SentryGlas®-Folie eine Kraft der Lastschneiden je Einheitsdicke $F_F = 27{,}0\,\mathrm{N\,mm^{-1}}$. Die BG R20-Folie kam auf eine Kraft von $F_F = 5{,}3\,\mathrm{N\,mm^{-1}}$. Die SC-Folie konnte nur noch eine Kraft von $F_F = 3{,}2\,\mathrm{N\,mm^{-1}}$ aufnehmen.

Die Ermittlung der Dehnung der Folie am Ende des Relaxationsversuchs stellte sich als schwierig heraus, da sich die Folie nach Prüfungsende, bei Rückkehr zur Ausgangslage, wieder teilweise an das Glas angehaftet hat. Der wieder angehaftete Bereich konnte dadurch bei der optischen Auswertung der delaminierten Fläche nicht erfasst werden. Um diese Problematik zu berücksichtigen, wurde die delaminierte Folienfläche mittels der Grenzfallbetrachtungen sichtbare und vermutete Delaminationsfläche optisch bestimmt. Die daraus ermittelten Dehnungen sind deshalb nur als Richtwerte zu verstehen. Aber auch hier wird deutlich, dass die SentryGlas®-Folie die höchste Haftung zwischen Folie und Glas hatte, wie der Vergleich der Dehnungen der verschiedenen Folien in Tab. 5.10 zeigt. Die Auswertung der Dehnung für eine reproduzierbare Prüfmethode wird jedoch aufgrund der beschriebenen Problematik und des hohen Zeitaufwands nicht empfohlen. Dies gilt infolgedessen auch für den ermittelten E-Modul, der über die Dehnung zurückgerechnet wird.

5.12 Empfehlungen

Der TCT Test und der TCB Test haben sich aus den ursprünglich sechs untersuchten Prüfmethoden als am besten geeignet erwiesen, um eine Klassifizierung der Materialeigenschaften der Zwischenschichten von VSG hinsichtlich der Resttragfähigkeit vorzunehmen. Es wird empfohlen, beide als zusätzliche Prüfmethoden, neben den Zugversuchen am reinen Material nach DIN EN ISO 527-3, heranzuziehen. Sie ermöglichen eine qualitative Beurteilung der Zwischenschicht von VSG hinsichtlich der Resttragfähigkeit auf der Basis eines Vergleichs zur geregelten PVB-Folie als Zwischenschicht von VSG.

Anzusetzende Rissanordnung und Verformungskriterium der Prüfmethoden

Die Schwierigkeit der Prüfmethoden liegt in der anzusetzenden Belastung, um die Resttragfähigkeit der gebrochenen Verglasung in einer Einbausituation korrekt abzubilden und quantitative Aussagen über das Resttragverhalten der gebrochenen Verglasung abzuleiten und einschätzen zu können.

Bei Bruch aller Glasscheiben eines VSG stellt sich ein nicht prognostizierbarer Rissverlauf im Glas ein. Dieser ist abhängig von der Art der zum Glasbruch führenden Einwirkung (quasi-statische Last, harter oder weicher Stoß), Größe der auftreffenden Kraft, Position und Abmessungen der belasteten Fläche. Diese Parameter führen zu immer unterschiedlichen Rissbildern im VSG und machen eine Definition eines reproduzierbaren Bruchbildes derzeit nur bedingt möglich. In (KUNTSCHE et al., 2015) wurden erste Untersuchungen an VSG mit den Abmessungen 500 mm × 500 mm für eine Reproduzierbarkeit von Bruchbildern hinsichtlich der Resttragfähigkeit zwar durchgeführt, aber wie solch ein Bruchbild auf eine Prüfmethode für Kleinbauteilversuche zu übertragen ist, kann hieraus noch nicht abgeleitet werden.

Es ist nicht vorhersehbar, wie der Rissverlauf der zerstörten oberen Glasscheibe zu der unteren ist. Für die Größe des Widerstands des gebrochenen VSG gegen die einwirkende Belastung ist dies jedoch bedeutend, wie es in Abschn. 4.2 beschrieben wurde: Ist der Versatz eines oberen Risses zum unteren Riss groß genug, so kann das auftretende Moment durch Umlagerung von der einen Glasscheibe zu der anderen, hauptsächlich über den intakten Bereich, der zwischen zwei Rissen einer Glasscheibe vorhanden ist, abgetragen werden (vgl. Abb. 4.6). Die Zwischenschicht muss nämlich dann eine deutlich kleinere Zugkraft als bei einem koinzidenten Riss aufnehmen können, bei dem das auftretende Moment nur über das Kräftepaar aus Druckkraft über Kontakt der beiden Bruchkanten der oberen Glasscheibe und der Zugkraft in der Zwischenschicht abgetragen werden kann.

Aus dem nicht prognostizierbaren Rissverlauf und Versatz der Risse zwischen oberer und unterer gebrochener Glasscheibe ist es für einen definierten, reproduzierbaren Prüfablauf sinnvoll, von einem koinzidenten Riss im VSG auszugehen. Zudem kann dieser Fall auch nicht völlig ausgeschlossen werden. Der koinzidente Riss stellt für den Biegeabtrag eines zweiachsig abtragenden VSG das ungünstigste statische System dar und wurde daher für den TCT Test und den TCB Test angesetzt.

Die Prüfmethoden sind Kleinbauteilversuche. Daher muss auch die Belastung eines Resttragfähigkeitsversuchs, die je nach Einbausituation variiert, auf die Prüfmethode aus statischer Sicht umgerechnet und so skaliert werden, dass die Materialien die äquivalente Beanspruchung wie in den Resttragfähigkeitsversuchen erfahren. Die Bestimmung einer in der Prüfmethode anzusetzenden Dauerlast ist aus mehreren Aspekten schwer umzusetzen. Für Resttragfähigkeitsversuche von gebrochenem VSG gibt es immer noch keine technisch eingeführten Größen für die Belastung und deren Einwirkungsdauer. Sie unterliegen der obersten Bauaufsichtsbehörde. Durch die fehlende anzusetzende Einwirkung kann das auftretende Bemessungsmoment für das gebrochene VSG nicht berechnet werden und somit kann kein Tragsicherheitsnachweis geführt werden. Die Glasdicken sind in der Regel in realer Einbausituation dicker als im Kleinbauteilversuch. Dies hat bei einem koinzidenten Riss zur Folge, dass für die skalierte Umrechnung des im realen Bauteil auftretende Biegemomentes auf die Prüfmethode unter Beachtung der unterschiedlichen Aufbauten und Abmessungen, selbst durch eine Skalierung der Glasdicken, kein adäquates Vorgehen entwickelt werden konnte. Des Weiteren stellt sich im üblichen Resttragfähigkeitsversuch sehr selten ein koinzidenter Riss ein. Eine Verglasung im Bauteilversuch kann somit unter Umständen einer Resttragfähigkeitsprüfung standhalten, jedoch die Prüfmethode mit dem koinzidenten Riss nicht.

Aus diesen Überlegungen heraus wird empfohlen, für die Belastung der Prüfmethoden auf ein geometrisches Verformungskriterium zurückzugreifen, mit dem ein Vergleich zur zugelassenen PVB-Folie als VSG-Zwischenschicht quantitativ möglich ist. Dazu wird, ausgehend von den Abmessungen der Einbausituation, die kürzeste Scheibenlänge in Lastabtragrichtung verwendet und von einem Mindestglaseinstand von 15 mm nach DIN 18008-2 ausgegangen. Die Lagerung der Verglasung für das statische Ersatzsystem wird bei ein Drittel des Glaseinstandes angesetzt. Die Verglasung versagt, sobald diese um $10\,\text{mm} = 15\,\text{mm} - 1 \cdot 3^{-1} \cdot 15\,\text{mm} = 5\,\text{mm}$ infolge der Durchbiegung der Verglasung nachrutschen muss, denn dann würde sie von den Auflagern herunterfallen. Dabei wird angenommen, dass die Folie nicht vor dem Herunterrutschen der Verglasung von den Auflagern versagt und das Nachrutschen der Verglasung symmetrisch erfolgt (vgl. Seite 114). Diese Betrachtung führt auf ein Verformungskriterium aus dem Bauteilversuch, das ein Durchbiegungs-Stützweitenverhältnis wl_s^{-1} der Verglasung bzw. der daraus resultierende Neigungswinkel α der Verglasung darstellt. Das Verformungskriterium wird auf die Prüfmethode angewendet, wie es in den Gleich. 5.3 bis 5.5 nachvollzogen werden kann.

Als maßgebend bei einer Resttragfähigkeitsprüfung ist die aufnehmbare Zugkraft, die von der Steifigkeit der Folie, der Bruchdehnung der Folie und der aufnehmbaren Druckkraft des Glases abhängig ist. Die Druckkraft des Glases wird im Vergleich zu der Zugkraft als sehr viel höher angesehen und als nicht kritisch im Vergleich zu der Zugfestigkeit der Folie im Verbund angesehen. Wie schon erwähnt, ist das manuelle Brechen der Proben nur bis zu einer Dicke von 3 mm kontrolliert möglich, sodass der Dickenunterschied des Glases zwischen Bauteilversuch und Prüfmethode berücksichtigt werden muss, da diese auf unterschiedliche Längenänderungen der Folie führen, die ein Versagen der Folie bei nicht ausreichendem Delaminationsvermögen zur Folge haben kann.

Das entwickelte Verformungskriterium, welches das Herunterrutschen der Verglasung von den Auflagern und den Aufbau des VSG im Bauteilversuch berücksichtigt, ist für einen Vergleich von Zwischenmaterialien hinsichtlich der Resttragfähigkeit zu empfehlen. Die Zwischenschicht des gebrochenen VSG muss die Längenänderung der Folie, die aus dem Verformungskriterium und einem auftretenden koinzidenten Riss geometrisch resultiert,

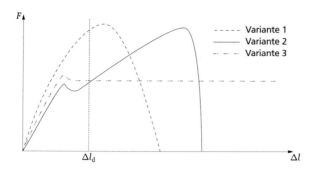

Abbildung 5.37   Varianten des Kraft-Verformungsverhaltens im TCT Test

in der jeweiligen Prüfmethode standhalten. Die Längenänderung l_d der Folie infolge des angesetzten Verformungskriteriums wurde in Seite 136 berechnet:

$$\Delta l_d = \left(4\,wl_s^{-1}\cos\alpha\right)d_g \quad .\tag{5.14}$$

TCT Test   Der TCT Test berücksichtigt sowohl die Zugfestigkeit des Zwischenmaterials von VSG als auch die erforderliche Delamination der Folie, um durch die Vergrößerung der Ausgangsdehnlänge der Folie größere Verformungen des Bauteils zu ermöglichen. Diese beiden Parameter, Zugfestigkeit und Delaminationsvermögen, sind wichtig zur Beurteilung der Zwischenschicht des VSG hinsichtlich der Resttragfähigkeit.

Der TCT Test wird lagegeregelt mit einer Geschwindigkeit von $6\,\mathrm{mm\,min}^{-1}$ bis $60\,\mathrm{mm\,min}^{-1}$ bis zum Bruch der Folie oder zur vollständigen Delamination der Folie geprüft. Die Glasscheiben der Proben aus $2 \times 3\,\mathrm{mm}$ Floatglas und einer frei wählbaren Zwischenschicht werden koinzident in der Mitte der Probenlänge manuell mit einem Glasschneider vorgeschädigt. Im Anschluss werden die Glasscheiben des VSG mit einer justierbaren Schnittlaufzange nacheinander gebrochen, ohne dass eine visuelle Delamination vor dem Prüfverfahren festzustellen ist.

Die Beurteilung der Zwischenschicht des VSG hinsichtlich der Resttragfähigkeit wird über den Vergleich des maximalen auftretenden Kraftniveaus im TCT Test mit der BG R20-Folie durchgeführt. Die zu prüfende Zwischenschicht muss eine der drei Varianten in Abb. 5.37 qualitativ abbilden können. Dadurch wird sichergestellt, dass die Zwischenschicht das geforderte Verformungskriterium und die Mindestfolienlängenänderung Δl_d nach Gleichung (5.14) ohne ein vollständiges Versagen der Zwischenschicht bewerkstelligen kann.

TCB Test   Der TCB Test bildet Resttragfähigkeitsversuche in Einbausituation am nächsten ab, denn die koinzidente gebrochene VSG-Probe erfährt in dieser Prüfmethode wie in Einbausituation eine Momentenbeanspruchung aus einer Biegung. Das auftretende Moment muss über ein Kräftepaar, aus Druckkraft im oberen Glas und Zugkraft in der Folie, übertragen werden. Die Folienlängenänderung am koinzidenten Riss ist von zentraler Bedeutung hinsichtlich der Bauteilverformung und die damit verbundenen Parameter Haftzug- und Haftscherfestigkeit der Zwischenschicht, sowie der dazugehörigen Bruchdehnung, welche die Resttragfähigkeit des gebrochenen VSG maßgeblich beeinflussen.

Der TCB Test ist als Relaxationsversuch durchzuführen, dessen Halteposition w (Durchbiegung) sich aus der Längenänderung Δl_d der Folie nach Gleichung (5.14), die sich aufgrund der Einbausituation ergibt, zurückgerechnet wird. Diese Halteposition ist lagegeregelt mit $10\,\text{mm}\,\text{min}^{-1}$ anzufahren und im Anschluss $> 1,0\,\text{h}$ zu halten.

Die VSG-Proben bestehen aus $2 \times 3\,\text{mm}$ Floatglas und einer frei wählbaren Zwischenschicht. Die Stützlänge des 4-Punkt-Biegeversuchs sollte $92\,\text{mm}$ sein und der Lastschneidenabstand ist mit $30\,\text{mm}$ zu wählen. Mit diesen Abmessungen wurden bis jetzt die meisten Erfahrungen gemacht. Vor der eigentlichen Prüfung werden die Glasscheiben der Proben wie bei dem TCT Test koinzident in der Mitte der Probenlänge manuell mit einem Glasschneider vorgeschädigt und einer justierbaren Schnittlaufzange nacheinander kontrolliert gebrochen ohne eine visuell feststellbare Delamination.

Die Beurteilung der Zwischenschicht erfolgt über den Vergleich der aufnehmbaren Restkraft je Einheitsdicke zwischen der zu prüfenden Zwischenschicht und der geregelten PVB-Folie im Relaxationsversuch nach einer Haltezeit von $1,0\,\text{h}$. Es darf im Kraft-Verformungsverlauf bis zum Erreichen der Halteposition kein signifikanter, dauerhafter Abfall der Kraft zu verzeichnen sein. So wird sichergestellt, dass die Zwischenschicht das geforderte Verformungskriterium ohne teilweises oder vollständiges Versagen bewerkstelligen kann.

Restriktion des Verformungskriteriums   Das Verformungskriterium zeigt nur eine Seite der Medaille: Denn es führt zwangsläufig bei steifen Folien mit hoher Haftung zu einer größeren Foliendicke, um der Belastung standzuhalten ohne vorher zu versagen. Alternativ kann die Haftung reduziert werden, dies ist jedoch nicht für jede Folienart ohne Weiteres möglich. Folglich schneidet die Folie mit hoher Haftung hinsichtlich der Resttragfähigkeit schlechter ab, obwohl diese einer größeren Restkraft bei kleinerer Verformung standhalten kann.

Deshalb ist es zu überdenken, ob ein Belastungskriterium entwickelt werden sollte, mit dem Kriechversuche im TCB Test und TCT Test durchgeführt werden können als Alternative zu dem vorgestellten Verformungskriterium.

6 Delaminationsverhalten von PVB im gebrochenen VSG

6.1 Delaminationsvermögen

6.1.1 Begriffbestimmung

Für Fragestellungen, welche die Resttragfähigkeit von gebrochenem VSG betreffen, ist das Verständnis des Lastabtrags der verschiedenen Bruchzustände eines VSG essentiell. Im Rahmen dieser Arbeit werden drei Bruchzustände unterschieden, die in Abschn. 4.2 eingehend erläutert wurden.

Dabei ist der Bruchzustand III ohne Rissversatz (siehe Abb. 4.6b) als Grenzfallbetrachtung hinsichtlich der Resttragfähigkeit von besonderem Interesse, wie auch die untersuchten Prüfmethoden in Kap. 5 gezeigt haben. Es wurde ersichtlich, dass bei Fragen der Resttragfähigkeit die Folie eine ausreichende Ausgangsdehnlänge l_0 benötigt, damit die Folie beim Übergang in den Bruchzustand III aufgrund der sich dabei einstellenden technischen Dehnung $\varepsilon = \Delta l \, (l_0)^{-1}$ nicht sofort die Bruchdehnung erreicht und versagt. Die erforderliche Ausgangslänge wird durch die Delamination der Folie vom Glas gewährleistet. Je nach Qualität der Haftung zwischen Folie und Glas im Zusammenspiel mit Steifigkeit, Dicke und Bruchdehnung der Folie wird ausreichend Ausgangslänge durch die Freilegung der Folie im VSG geschaffen. Dies kann auch als Delaminationsvermögen der Folie im VSG bezeichnet werden. Um die Interaktion von Ausgangslänge der Folie, Steifigkeit, Dicke und Bruchdehnung der Folie zu erfassen und beurteilen zu können, bedarf es einer Größe, die all diese Parameter berücksichtigt. Bei der Delamination werden neue Oberflächen in der Grenzschicht zwischen Folie und Glas geschaffen, die durch die in Abschn. 2.6.3 erläuterte energetischen Konzepte mechanisch beschrieben werden können. Die darin vorgestellte Energiefreisetzungsrate ist eine mechanische Größe, welche die für das Delaminationsvermögen relevanten Parameter erfasst. Es kann dadurch eine Beurteilung der verschiedenen Folien hinsichtlich des Delaminationsverhaltens der Zwischenschicht im gebrochenen VSG, die schlussendlich auch mit der Resttragfähigkeit von Verglasungen zusammenhängt, erfolgen. Zudem ist die Energiefreisetzungsrate eine mechanische Kenngröße, die als Stoffgesetz der Grenzfläche sehr gut in die Finite Elemente Methode implementiert werden kann, sodass Delamination numerisch abgebildet werden kann.

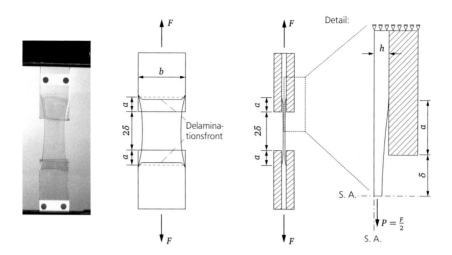

Abbildung 6.1   Durchführung des TCT Tests und Systemzeichnung zur Bestimmung der Energiefreisetzungsrate (FRANZ et al., 2014b)

6.1.2 Stand der Forschung

Der in Kap. 5 vorgestellte Through-Cracked-Tensile Test (TCT Test) eignet sich zur Untersuchung des Delaminationsvermögens der Folie und zur Aufstellung der Energiebilanz,
um die Energiefreisetzungsrate experimentell zu bestimmen. Der TCT Test ist ein uniaxialer Zugversuch an VSG-Proben in tangentialer Richtung der Grenzfläche zwischen
Folie und Glas, bei dem beide Glasscheiben koinzident definiert gebrochen werden. Die
Abb. 6.1 zeigt den Versuchsaufbau des durchgeführten TCT Tests und die Modellvorstellung des Kohäsivzonenmodells von gebrochenem VSG. Der sich einstellende Delaminationsfortschritt zwischen PVB-Folie und Glas ist dabei deutlich zu erkennen.
 Die durch den Delaminationsfortschritt benötigte Energiefreisetzungsrate $\mathcal{G}$ an VSG mit
PVB-Folien wurde von verschiedenen Autoren experimentell untersucht und ist in Tab. 6.1
zusammengefasst. Es wurden verschiedene PVB-Foliendicken, Wegraten und Stoffgeset-
ze für die Zwischenschicht des VSG untersucht. Am häufigsten wurde das Stoffgesetz der
PVB-Folie als linear elastisch angesehen. In (SHA et al., 1997) wurden drei verschiedene
Haftgrade des VSG mit den Pummelwerten 8, 6,5 und 3,5, die ein Maß für die Haftung
zwischen Glas und Folie darstellen (vgl. Abschn. 5.3.4), experimentell untersucht. Die
Versuche wurden mit der Finite Elemente Methode validiert, indem die Haftfestigkeit der
Grenzfläche zwischen Folie und Glas mit nichtlinearen Federn und einem linear elastischen E-Modul der PVB-Folie von 4,13 MPa abgebildet wurde. Aus der Federkraft und
deren Verformung ergaben sich für die höchste Haftung (Pummel 8) eine Energiefreisetzungsrate von 295 J m^{-2} für die mittlere Haftung (Pummel 6,5) eine Energiefreisetzungsrate von 154 J m^{-2} und für die niedrigste Haftung (Pummel 3) eine Energiefreisetzungsrate

Tabelle 6.1   Veröffentlichte mit dem TCT Test ermittelte Energiefreisetzungsraten $\mathcal{G}$ von VSG mit PVB-Folie

Literaturquelle	Foliendicke d_f [mm]	Wegrate v [mm min^{-1}]	Energierate $\mathcal{G}$ [J m^{-2}]	Stoffgesetz PVB-Folie
(SHA et al., 1997)	0,76	0,5082	102 - 295[a]	linear elastisch
(IWASAKI et al., 2006)	0,76	10 - 177600	150 - 3500	linear elastisch
(BATI et al., 2009)	0,5	9,6	600	linear elastisch
(FERRETTI et al., 2012)	0,38 - 3,04	0,78 - 15,6	692 - 1420	linear elastisch
(SESHADRI et al., 2000)	0,76	60	284 - 929	hyperelastisch
(BUTCHART et al., 2012)	0,36	1,584 - 15,84	660 - 258	viskoelastisch

[a] drei verschiedene Haftgrade: gering, mittel, hoch

von $102\,\mathrm{J\,m^{-2}}$. Bei den anderen Autoren wurde keine Referenzangabe zu dem Haftniveau des VSG gemacht, sodass hier von einem Pummelwert von 6 bis 9 auszugehen ist, da dies der übliche Haftgrad von im Bauwesen eingesetztem VSG ist. Mit Tab. 6.1 wird deutlich, dass abhängig von der Größe der Wegrate die Energiefreisetzungsrate zwischen $102\,\mathrm{J\,m^{-2}}$ bis $3500\,\mathrm{J\,m^{-2}}$ liegt und dies eine sehr große Bandbreite darstellt.

In (DELINCÉ et al., 2008) wurden TCT Tests mit VSG aus SentryGlas®-Folie durchgeführt. Der TCT Test wurde darin mit unterschiedlichen Wegraten von $0,01\,\mathrm{mm\,min^{-1}}$ bis $10\,\mathrm{mm\,min^{-1}}$ untersucht. Aus der maximalen Kraft im TCT Test wurden anschließend verschiedene Kraftniveaus für Kriechversuche im TCT Test ermittelt. Die Kriechversuche dauerten bis zu 3 Tage. Die TCT Tests wurden nur qualitativ ausgewertet und beschrieben. Es wurde keine Energiefreisetzungsrate oder Zugfestigkeit des gebrochenen VSG mit SentryGlas®-Folie bestimmt und ist daher nicht mit den Ergebnissen der ermittelten Zugfestigkeit im TCT Test in Kap. 5 zu vergleichen.

Aufbauend auf den veröffentlichten Untersuchungen der TCT Tests, soll die Abhängigkeit des Haftgrades und dessen Wegratenabhängigkeit auf die Energiefreisetzungsrate an gebrochenem VSG mit PVB-Folien näher und umfangreicher untersucht werden. Dabei soll einerseits geprüft werden, ob mit dem TCT Test eine quantitative Aussage über den Haftgrad gemacht werden kann. Anderseits sollen in Kap. 7 numerische Ansätze in der Finite Elemente Methode untersucht werden, die eine Validierung der durchgeführten TCT Tests ermöglichen und für Resttragfähigkeitsversuche herangezogen werden könnten.

6.2 Energiefreisetzungsrate

Bevor die Versuchsdurchführung der TCT Tests eingehender beschrieben wird, soll zunächst die zur Auswertung genutzte Energiefreisetzungsrate mit den Einschränkungen und Annahmen näher erläutert werden. Es wird die Doppelsymmetrie des TCT Tests ausgenutzt, wie es in Abb. 6.1 im Detailausschnitt zu sehen ist.

Zur experimentellen Bestimmung der Energiefreisetzungsrate des TCT Tests wurden nach (SESHADRI et al., 2000; SESHADRI, 2001) folgende Annahmen und Voraussetzungen festgelegt:

- Spannungen und Dehnungen sind konstant über die Probenbreite,

- Glas wird als unendlich steifes Substrat im Gegensatz zur dünnen Zwischenschicht angesehen,

- linear elastisches Materialverhalten des Polymers,

- Zwischenschicht delaminiert irreversibel, sodass es bei fortgeschrittener Delamination nicht mehr am Glas anhaftet,

- Zwischenschicht ist vor der Rissspitze ungedehnt. Daher wird keine innere Bindungsarbeit geleistet $W_\sigma = 0$ (vgl. Abschn. 2.6.3),

- Temperatur- und zeitabhängige Effekte werden nicht berücksichtigt,

- keine Änderung der Querschnittsfläche A innerhalb des infinitesimalen Rissfortschritts da,

- ebener Spannungszustand (ESZ), da sich die Zwischenschicht über die delaminierte Breite der Probe frei verformen kann,

- Ausbilden eines stationären Zustandes, bei dem ein konstanter Spannungsverlauf mit fortschreitender Delamination zu beobachten ist.

Über die Energiebilanz in einem betrachteten System, bei dem eine fortschreitende Delamination auftritt, kann die freigesetzte Energie, die mit der Schaffung der neuen Oberflächen an den Rissflanken dissipiert wird, berechnet werden, wie es in Abschn. 2.6.3 erläutert wurde. Wird demnach die freigesetzte Energie auf eine infinitesimale Rissfortschrittsfläche dA bezogen, ergibt sich aus der Energiebilanz die Energiefreisetzungsrate $\mathcal{G}$ (vgl. Gleichung (2.60)):

$$\mathcal{G} = -\frac{d\Pi}{dA} = -\frac{d\Pi}{b\,da} = -\frac{d\Pi^i + d\Pi^a}{b\,da} \quad . \tag{6.1}$$

Darin ist dΠ^i die Änderung des inneren Potentials und d$\Pi^a = -W_{12}$ die Änderung des äußeren Potentials, das durch die äußere Belastung als Arbeit verrichtet wurde. Das innere Potential ist identisch mit der Formänderungsarbeit des gesamten Systems und kann über die allgemeine Form der Verzerrungsenergiedichte (je Volumeneinheit) nach Gleichung (2.35) hergeleitet werden. Eine Änderung des inneren Potentials tritt im TCT Test nur in der Zugrichtung F (vgl. Abb. 6.1) auf. Es wird zudem davon ausgegangen, dass die

Querschnittsfläche A im infinitesimalen Rissfortschritt da konstant ist. Die Auswertung erfolgt ausgehend von der unverformten Lage bis zu einer Risslänge $2a < 3$ mm bei der sich ein konstanter Verzerrungszustand ε_s eingestellt hat. Daher wird der Querschnitt der Ausgangskonfiguration verwendet $A = A_0$. Das innere Potential ergibt sich unter diesen Annahmen zu:

$$d\Pi^i = \int_B \int_0^{\varepsilon_s} \boldsymbol{\sigma}(\boldsymbol{\varepsilon}) : d\boldsymbol{\varepsilon}\, dV = bh\, da \int_0^{\varepsilon_s} \sigma(\varepsilon)\, d\varepsilon \quad . \tag{6.2}$$

Die äußere Arbeit bzw. Potential wird über die anliegende Last P und der bis zu dem betrachteten infinitesimalen Rissfortschritt da auftretenden Längenänderung der Folie dδ, die gleichbedeutend mit der gegenseitigen Verschiebung der VSG-Probenhälften ist, berechnet. Unter der Berücksichtigung des Verzerrungsmaßes nach Abb. 2.2 unter einachsiger Dehnung $\varepsilon_s = d\delta\,(da)^{-1}$ und die Definition des Spannungsvektors in der Ausgangskonfiguration nach Gleichung (2.17) ergibt sich für die Änderung des äußeren Potentials:

$$d\Pi^a = -P\,d\delta = -P\varepsilon_s\, da = -\sigma bh\varepsilon_s\, da \quad . \tag{6.3}$$

Gleichungen (6.2) und (6.3) in die Gleichung (6.1) eingesetzt, lässt die Energiefreisetzungsrate umformulieren in:

$$\begin{aligned}
\mathcal{G} &= -\frac{d\Pi^i + d\Pi^a}{b\,da} = \frac{\sigma bh\varepsilon_s\, da - bh\, da \int_0^{\varepsilon_s} \sigma(\varepsilon)\, d\varepsilon}{b\,da} \\
&= h\left(\sigma\varepsilon_s - \int_0^{\varepsilon_s} \sigma(\varepsilon)\, d\varepsilon\right) \quad .
\end{aligned} \tag{6.4}$$

Die Energiefreisetzungsrate in Gleichung (6.4) ist für alle hyperelastischen Materialien gültig. Der Klammerausdruck stellt die komplementäre Verzerrungsenergie, also die Spannungsenergie nach Abb. 2.6, dar.

Für linear elastisches Materialverhalten der Zwischenschicht, das auf der Grundlage der Kraft-Wegverläufe der TCT Tests angenommen wurde, kann das Hookesche Gesetz angenommen werden. Im TCT Test unterliegt die Zwischenschicht einem einachsigen Zug ($\sigma_{22} = \sigma_{33} = 0$), sodass das allgemeine Hookesche Gesetz in Gleichung (2.27) mit den Laméschen Konstanten zu $\sigma(\varepsilon) = E\varepsilon$ vereinfacht werden kann. Wird der TCT Test als ein ebenes Problem im ESZ betrachtet, so erhält man mit den Gleichungen des ESZ in Abschn. 2.5 auch das Hookesche Gesetz wie unter einachsigem Zug.

Eingesetzt in Gleichung (6.4) und Rücksubstitution der aus den experimentell gewonnenen Ergebnissen des TCT Tests wie gesamte Kraft F, halbe Dicke der Zwischenschicht h,

Risslängenänderung da und Längenänderung der Folie dδ während dieses Rissfortschritts, ist die Energiefreisetzungsrate in folgender Form darstellbar:

$$\mathcal{G} = h\left(\sigma\varepsilon_s - \int_0^{\varepsilon_s} E\varepsilon\,\mathrm{d}\varepsilon\right) = \frac{1}{2}\sigma\varepsilon_s h = \frac{P}{2b}\frac{\mathrm{d}\delta}{\mathrm{d}a} = \frac{F}{4b}\frac{\mathrm{d}\delta}{\mathrm{d}a}\,[\mathrm{J\,m}^{-2}]\quad. \tag{6.5}$$

Gleichung (6.5) wurde für die experimentelle Bestimmung der Energiefreisetzungsrate aus den durchgeführten TCT Tests verwendet. Die Auswertung nach Gleichung (6.5) stimmt mit den Überlegungen in (SESHADRI et al., 2000; FERRETTI et al., 2012) überein.

6.3 Versuchsdurchführung und -programm

6.3.1 Versuchsaufbau und Probenvorbereitung

Die experimentellen TCT Tests wurden in (STERNBERG, 2013) im Rahmen einer Studienarbeit eingehend untersucht und wurden auch in (FRANZ et al., 2014b; FRANZ et al., 2014a) vorgestellt. Die hier vorgestellten Ergebnisse sind dort weitgehend wiederzufinden.

Versuchsaufbauten Die TCT Tests wurden an einer Universalprüfmaschine *Zwick Roell THW* 50 kN durchgeführt, die eine Traversengeschwindigkeit bis zu 600 mm min^{-1} bewerkstelligen kann. Für die dynamischen Versuche wurde die Hochgeschwindigkeitsuniversalprüfmaschine *Zwick Roell HTM 5020* verwendet, die servohydraulisch bis zu einer Traversengeschwindigkeit von 20 m s^{-1} gesteuert wird und eine Kraft von bis 50 kN aufbringen kann.

Es wurde ein Anschlusswerkzeug wie in Abb. 5.14 gezeigt hergestellt. Um das Gewicht für die Hochgeschwindigkeitsversuche gering zu halten, wurde es vollständig aus Aluminium gefertigt. Für die Versuche an der Universalprüfmaschine *Zwick Roell THW* 50 kN wurden die Kontaktplatten zum Glas aus Stahl gefertigt, um einen größeren Anpressdruck zu erzielen und den Schlupf der Probe im Anschlusswerkzeug zu vermeiden. Zusätzlich wurde die Anpressfläche zwischen Glas und Stahl- bzw. Aluminiumplatte im Vergleich zu den in Abschn. 5.8 durchgeführten TCT Tests auf 50 mm × 50 mm vergrößert. Die Einspannung der Proben erfolgte manuell über vier Schrauben orthogonal zur Zugrichtung, sodass vor der Prüfung keine Druckkräfte auf die Folie wirkten und diese vorschädigen konnten. Dieser Effekt wurde im Rahmen von Vorversuchen der in Abschn. 5.8 vorgestellten TCT Tests festgestellt, deren Proben zunächst mit pneumatischen Keilspannbacken eingespannt wurden. Auf der innenliegenden Seite der Anpressplatten wurden dünne Gummimatten aufgeklebt, welche einen Glasbruch infolge der Anpressungen minimieren sollten.

Die TCT Tests wurden optisch aufgenommen, um den Schlupf in der Einspannung nicht mit zu berücksichtigen und um den Delaminationsfortschritt quantitativ auswerten zu kön-

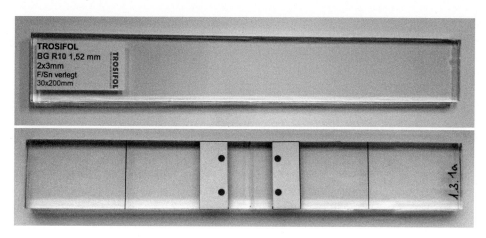

Abbildung 6.2   Unvorbereitete TCT-Probe (oben) und für die Prüfung vorbereitete TCT-Probe (unten)

nen. Es wurden für jede der drei untersuchten Prüfgeschwindigkeiten verschiedene Kamerasysteme verwendet, die im Versuchsablauf eingehender erläutert werden.

Probenvorbereitung   Die VSG-Proben wurden mit Aceton gereinigt und mit einer Schieblehre Dicke und Breite der Proben vermessen. Anschließend wurden zwei kreisförmige Markierungen oberhalb und unterhalb in einem Abstand von etwa 15 mm von der Mitte der Proben zur optischen Auswertung der Verschiebungen appliziert. Zusätzlich wurde die Einspanntiefe der Probe im Werkzeug unterhalb und oberhalb der Probe (50 mm) zur Kontrolle beim Einbau markiert. Die Glasscheiben der Probekörper wurden wie die TCT-Proben in Abschn. 5.8 gebrochen. Zunächst wurden die Glasscheiben beidseitig in der Hälfte mit einem Glasschneider vorgeschädigt und anschließend mit der Justierschraube einer Schnittlaufzange nacheinander vorsichtig gebrochen, um keine Delamination beim Bruchvorgang zu erhalten. Der Vorgang des Glasbrechens ist in Abb. 5.15 zu sehen.

Eine vollständig vorbereitete VSG-Probe unmittelbar vor der eigentlichen Prüfung ist in Abb. 6.2 dargestellt.

6.3.2 Probekörper

Die Probekörper bestanden aus VSG aus 2×3 mm Floatglas und einer 1,52 mm dicken PVB-Folie der Firma *Kuraray*, die eine Gesamtlänge von 200 mm hatten. Es wurden zwei verschiedene Breiten der Proben 30 mm und 50 mm hergestellt. Jede Probe wurde abwechselnd mit der Zinnseite (Sn) und Feuerseite (F) zur Folie verlegt (Sn / Folie / F). Es wurde die BG-Folie untersucht, die mit drei unterschiedlichen Haftgraden hergestellt worden ist. Zudem wurde die Trosifol® Extra Strong (ES)-Folie geprüft, die jedoch nur hinsichtlich

Tabelle 6.2 Übersicht der TCT-Probekörper

Haftgrad	Pummel	Aufbau	Länge	Anzahl der Proben	
	[-]	[mm]	[mm]	schmal[a]	breit[a]
BG R10 (gering)	3 bis 4	3 / 1,52 / 3	200	20	27
BG R15 (mittel)	4 bis 6	3 / 1,52 / 3	200	20	27
BG R20 (hoch)	8 bis 9	3 / 1,52 / 3	200	20	27

[a] schmal: 30 mm; breit: 50 mm

eines Kraft-Verformungsverlaufs in Anhang D ausgewertet wurde und hier nicht weiter betrachtet wird. Der eigentliche Fokus des TCT Tests lag in der BG-Folie mit den drei unterschiedlichen Haftgraden, die durch Zugabe von Additiven bei der Folienherstellung, die Anzahl der Wasserstoffbrückenbindungen zwischen Glasoberfläche und Folie reduziert (vgl. Abb. 3.10), wodurch die Qualität der Haftung verringert wird. Von *Kuraray* werden standardmäßig drei BG-Folien mit unterschiedlichen Haftgraden bei gleichbleibender Steifigkeit hergestellt, die auch für die experimentellen Untersuchungen verwendet wurden: BG R20-Folie (hohe Haftung), BG R15-Folie (mittlere Haftung) und BG R10-Folie (niedrige Haftung). Die Haftung wurde bei fünf Referenzproben, die in der gleichen Charge mit den TCT-Proben hergestellt wurden, einem Pummeltest unterzogen, um den Haftgrad der Proben zu verifizieren. Dazu wurde jede Probe an dem einen Ende die zur Folie ausgerichtete Feuerseite und am anderen Ende die zur Folie ausgerichtete Zinnbadseite gepummelt. Zudem wurden Haftversuche für die jeweiligen Haftniveaus als zusätzliche Kontrolle durchgeführt. Der Schwerpunkt lag hierbei auf den Haftscherversuchen. Eine Zusammenfassung der Anzahl der TCT-Proben, deren Aufbau und Abmessungen sowie die Pummelwerte der unterschiedlichen Haftgrade ist in Tab. 6.2 gegeben. Es ist ersichtlich, dass zwischen der BG R10-Folie und der BG R15-Folie der Unterschied des Pummelwerts sehr gering ist, wie auch in den Ergebnissen des Pummeltests in Abb. 6.3 zu erkennen ist. Der größere Pummelwert eines Haftgrades wird in der Regel an der zur Folie ausgerichteten Feuerseite erhalten. Die Streuung in den Pummelwerten resultiert somit aus der zur Folie ausgerichteten Feuer- oder Zinnbadseite. Weitere Gründe für die Streuung in den Ergebnissen sind auch der subjektiven Auswertung und den produktionstechnischen Unterschieden in der Haftung bei der Herstellung geschuldet.

6.3.3 Versuchsprogramm

Die TCT Tests wurden mit den drei Wegraten $6 \, \text{mm} \, \text{min}^{-1}$, $600 \, \text{mm} \, \text{min}^{-1}$ und $60\,000 \, \text{mm} \, \text{min}^{-1}$ (langsam, mittel, schnell) durchgeführt. Diese werden als Versuchsreihen bezeichnet. Bei jedem der drei Prüfgeschwindigkeiten wurden die drei verschiedenen Haftgrade (gering, mittel, hoch) untersucht, die im Folgenden als Versuchsserien bezeichnet werden. Die ersten beiden Versuchsreihen wurden mit zwei unterschiedlichen Pro-

Tabelle 6.3   Versuchsprogramm und Anzahl der untersuchten TCT-Proben

Versuchsserie			Anzahl der Proben		
No.	Folie	Breite	Versuchsreihe $\hat{=}$ Prüfgeschwindigkeit		
		[mm]	$1 \hat{=} 6\,\mathrm{mm\,min^{-1}}$	$2 \hat{=} 600\,\mathrm{mm\,min^{-1}}$	$3 \hat{=} 60\,000\,\mathrm{mm\,min^{-1}}$
1	BG R10	30	10	10	-
		50	10	10	7
2	BG R15	30	10	10	-
		50	10	10	7
3	BG R20	30	13	10	-
		50	10	10	7

benbreiten untersucht, um den Einfluss der Probenbreite auf die Energiefreisetzungsrate zu studieren. In der dritten Versuchsreihe mit der schnellen Wegrate wurden aufgrund der Durchführung bei einer externen Prüfanstalt nur sieben Proben mit einer Breite von 50 mm mit den BG-Folien untersucht.

Das gesamte Versuchsprogramm mit der Anzahl der untersuchten TCT-Proben ist in Tab. 6.3 zusammengestellt.

Um eine eindeutige Unterscheidung der Versuchsreihen (Wegraten) und Versuchsserien (Folientyp) zu erkennen, wurde dies durch die Festlegung der Probenbezeichnung in der Form $x.y.z$ erzielt. Die Indizes haben dabei folgende Bedeutung:

x Versuchsreihe (Wegrate): $1 \hat{=} 6\,\mathrm{mm\,min^{-1}}$; $2 \hat{=} 600\,\mathrm{mm\,min^{-1}}$;
$3 \hat{=} 60\,000\,\mathrm{mm\,min^{-1}}$,

y Versuchsserie Folientyp: $1 \hat{=} \mathrm{BG\,R10}$; $2 \hat{=} \mathrm{BG\,R15}$; $3 \hat{=} \mathrm{BG\,R20}$,

z Breite der Probe: 30 mm oder 50 mm; alternativ die explizite im Versuch vergebene Probennummer $1 - 10$, und $1a - 3a \hat{=} 30\,\mathrm{mm}$; $11 - 20 \hat{=} 50\,\mathrm{mm}$.

6.3.4 Versuchsdurchführung

Aufgrund der unterschiedlichen Prüfgeschwindigkeiten musste für die drei Versuchsreihen die Versuchsdurchführung hinsichtlich Universalprüfmaschine, Probenvorbereitung für die optischen Aufnahmen sowie die eigentliche optische Aufnahme angepasst werden.

Erste Versuchsreihe - 6 mm min^{-1}   Die erste Versuchsreihe mit einer Wegrate von $6\,\mathrm{mm\,min^{-1}}$ wurde mit der Universalprüfmaschine *Zwick Roell THW 50 kN* durchgeführt. Die Prüfung wurde bis zu einem Traversenweg von 300 mm gefahren, es sei denn die TCT-Probe versagte vorher.

Die optischen Aufnahmen zur Bestimmung der relativen Probenverschiebung und des Delaminationsfortschrittes wurden mit der Industriekamera *uEye UI-2280SE* gemacht, die eine Auflösung von fünf Megapixel hatte. Es wurde das C-Mount Objektiv *C1614-M (KP)* von *Pentax* mit einer fixen Brennweite von 16 mm verwendet. Die Bildrate wurde zu 1,0746 fps gewählt. Bei einer höheren Bildrate werden zu viele Bilder von der Software der Prüfmaschine verworfen, sodass eine korrekte optische Auswertung nicht gewährleistet gewesen wäre. Mit diesem optischen System wurde eine Auflösung von $0,095\,\mathrm{mm\,px^{-1}}$ erzielt. Es sollte das Delaminationsverhalten der TCT-Probe bis zum Bruch untersucht werden, sodass der Bildausschnitt eine Höhe von etwa 200 mm betrug.

Die vorbereiteten Probekörper wurden zuerst im unteren Einspannwerkzeug befestigt. Danach wurde die Traverse von oben herangefahren, bis die Markierung der Einspannung auf den Proben mit dem Einspannwerkzeug übereinstimmten. Erst dann wurde die Probe über die vier Schrauben und die Anpressplatten geklemmt. Dabei kam die Anpressplatte aus Stahl zum Einsatz, um aufgrund der höheren Steifigkeit im Vergleich zum Aluminium das Herausrutschen der TCT-Proben zu minimieren.

Für diese Versuchsreihe wurden für die optische Auswertung (Punktverfolgung) magentafarbene, kreisrunde Punkte verwendet. Um die optische Auswertung durchführen zu können, musste nach jeder geprüften TCT-Probe die Kameraschärfe neu eingestellt sowie ein Weißabgleich durchgeführt werden. Für das Triggern zwischen den Messdaten aus der Universalprüfmaschine und den optischen Aufnahmen wurde ein optisches Signal in Form eines Lasers verwendet, das vor Beginn der eigentlichen Prüfung ausgeschaltet und in den Messdaten registriert wurde, sodass die zugehörige Bildaufnahme (erstes Bild ohne Laserpunkt) zu den Messdaten zugeordnet werden konnte.

Die Versuchsreihe wurde bei einer Temperatur von $(21\pm1)\,°\mathrm{C}$ und einer relativen Luftfeuchte von $(54\pm2)\,\%$ rF durchgeführt.

Zweite Versuchsreihe - 600 mm min⁻¹ Die zweite Versuchsreihe mit einer Wegrate von $600\,\mathrm{mm\,min^{-1}}$ wurde analog zu der ersten Versuchsreihe mit der Universalprüfmaschine *Zwick Roell THW* 50 kN und dem gleichen Einspannwerkzeug durchgeführt. Die Prüfung erfolgte bis zu einem maximalen Traversenweg von 300 mm.

Einziger Unterschied zur ersten Versuchsreihe war die Art und Weise der optischen Aufnahmen. Aufgrund der höheren Wegrate wurde die Kamera *EX-ZR700* von *Casio* verwendet. Damit konnte der Versuch mit eine Bildrate von 29,9701 fps aufgenommen werden. Die Auflösung unter dieser hohen Bildrate betrug $0,08\,\mathrm{mm\,px^{-1}}$ bis $0,95\,\mathrm{mm\,px^{-1}}$. Auch hierfür wurden die magentafarbenen, kreisrunden Markierungen zur optischen Auswertung verwendet. Die Höhe des Bildausschnitts der Kamera betrug erneut ≈ 200 mm und das Triggern zwischen den optischen Bildaufnahmen und den Messdaten aus der Universalprüfmaschine erfolgte mittels optischen Lasers.

Die Versuchsreihe wurde bei einer Temperatur von $(21\pm1)\,°\mathrm{C}$ und einer relativen Luftfeuchte von $(54\pm2)\,\%$ durchgeführt.

Dritte Versuchsreihe - 60 000 mm min⁻¹ Die dritte Versuchsreihe mit einer Weg-
rate $60000\,\text{mm}\,\text{min}^{-1} \cong 1\,\text{m}\,\text{s}^{-1}$ wurde mit der Hochgeschwindigkeitsuniversalprüfmaschine *Zwick Roell HTM 5020* am *Fraunhofer LBF* in Darmstadt durchgeführt. Das An-
schlusswerkzeug aus Stahl war aufgrund der Massenträgheit bei dieser hohen Wegrate zu
schwer, sodass die Anpressplatten aus Aluminium verwendet wurden.
Für die optische Aufnahme des Versuches wurde eine Hochgeschwindigkeitskamera des
Fraunhofer LBF verwendet, die mit einer Bildrate von 18 000 fps Schwarz-Weiß-Bilder
aufnahm. Daher wurden schwarze kreisrunde Markierungen anstatt der magentafarbenen
verwendet. Die optische Auswertung erfolgte mit einer Auflösung von $0{,}2\,\text{mm}\,\text{px}^{-1}$. Das
Triggern zwischen Messdaten der Prüfmaschine (Zeit, Kraft, Traversenweg) und den optischen Aufnahmen wurde über einen Zeitstempel in den einzelnen Bildern bewerkstelligt.
Die Aufnahme der Kamera wurde mit dem Beginn des Versuches gestartet, jedoch wurde
ein Zeitversatz zwischen Aufnahmezeit und Prüfzeit von $\approx 1\,\text{ms}$ festgestellt.

6.4 Beurteilung der Haftfestigkeit

Zur Überprüfung und Sicherstellung der verschiedenen Haftgrade der untersuchten BG-
Folien wurden zwei Prüfverfahren zur Bestimmung der Haftfestigkeit der Probekörper
herangezogen. Einmal wurde von Kuraray, die die TCT-Proben herstellten, die Haftqua-
lität der VSG mit dem etablierten Pummeltest überprüft, der in Abschn. 5.3.4 vorgestellt
wurde.
Zusätzlich wurde die Haftfestigkeit der Probeköper durch Haftscherversuche verifiziert,
analog zu der in Abschn. 5.7 vorgestellten Prüfmethode.

Pummeltest Wie schon in Abschn. 6.3.2 erwähnt, wurden Probeköper für einen Pummeltest in der selben Charge wie die TCT-Proben laminiert, um die drei verschiedenen
Haftfestigkeiten des VSG mit den BG-Folien einordnen zu können. Es wurden fünf Probekörper je Haftgrad mit einem Aufbau von $2 \times 3\,\text{mm}$ aus Floatglas und einer $1{,}52\,\text{mm}$
entsprechenden Folie (BG R10-Folie, BG R15-Folie oder BG R20-Folie) hergestellt. Die
Verlegung erfolgte wechselseitig zur Feuerseite und zur Zinnbadseite (F / Folie / Sn). Der
Vorverbund erfolgte im Vakuumsackverfahren wie die TCT-Probekörper, und für die eigentliche Laminierung wurde der Autoklavenprozess verwendet. Die Abmessung der Pro-
ben betrug $80\,\text{mm} \times 300\,\text{mm}$. Die Proben wurden für 2 h auf $-18\,^{\circ}\text{C}$ abgekühlt und danach
an beiden Enden wechselseitig auf dem oberen bzw. unteren Glas mit einem Hammer be-
arbeitet, um einmal die Haftung zur Feuerseite (F) und einmal zur Zinnbadseite (Sn) zu
untersuchen. Die Proben wurden mit Referenzproben auf einer Pummelskala von 0 bis
10 für keine bis hohe Haftung verglichen. Dabei zeigte die Haftung zwischen Folie und
Feuerseite des Floatglases immer mindestens einen Pummelwert größer als zur Zinnbadseite. Die Ergebnisse des Pummeltests für die untersuchten Haftgrade sind in Abb. 6.3 zu

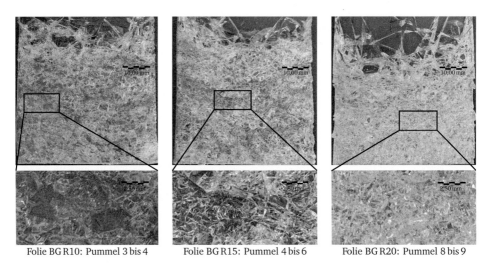

| Folie BG R10: Pummel 3 bis 4 | Folie BG R15: Pummel 4 bis 6 | Folie BG R20: Pummel 8 bis 9 |

Abbildung 6.3   Ergebnisse des Pummeltests

sehen. Dabei wird visuell ersichtlich, dass bei der BG R20-Folie viel mehr Glasrückstände vorhanden sind als bei den beiden niedrigeren Haftniveaus.

Haftscherfestigkeit   Neben dem Pummeltest, der vom Hersteller durchgeführt worden ist, wurden, um die Haftfestigkeit der verschiedenen BG-Folien (BG R10-Folie, BG R15-Folie und BG R20-Folie) zu quantifizieren, Haftscherversuche analog zu Abschn. 5.7.3 durchgeführt. Dabei wurde der Einfluss der Haftscherfestigkeit des VSG mit den BG-Folien hinsichtlich der Wegrate bei $6 \, \text{mm} \, \text{min}^{-1}$ und $600 \, \text{mm} \, \text{min}^{-1}$ untersucht. Die VSG-Proben bestanden aus $2 \times 3 \, \text{mm}$ Floatglas und einer kreisrunden Folie mit einer Dicke von $0{,}76 \, \text{mm}$ und einem Durchmesser von $30 \, \text{mm}$. Der Foliendurchmesser wurde mit einer Schieblehre in zwei Richtungen orthogonal zu einander vermessen und daraus die Ausgangsfläche A_0 ermittelt, da der Durchmesser der produzierten Proben um bis $\pm 1{,}0 \, \text{mm}$ variierte. Die Versuche wurden mit der Universalprüfmaschine *Zwick Roell THW* 50 kN bei einer Temperatur von $(22 \pm 1) \, °\text{C}$ durchgeführt. Die im Versuch erzielte maximale Kraft F wurde zur Ermittlung der Haftfestigkeit $\sigma = F \, (A_0)^{-1}$ herangezogen. Es konnte teilweise Glasbruch mit anschließendem adhäsiven Versagen zwischen Folie und Glas beobachtet werden. Diese Proben wurden bei Auswertung der Haftscherfestigkeit nicht herangezogen, da der Einfluss des Glasbruchs auf die Haftung nicht beurteilt werden konnte.

Eine Zusammenstellung der Haftscherfestigkeit im Vergleich zu den Pummelergebnissen ist in Tab. 6.4 gegeben. Mit dem Haftscherversuch kann der Haftgrad über die Haftfestigkeit quantifiziert werden. Der niedrigste Haftgrad (Pummel 3 bis 4) führt bei der langsamen Wegrate zu einer Haftspannung von 6,8 MPa bis zu einer Haftspannung von 13,4 MPa für den höchsten Haftgrad (Pummel 8 bis 9). Die Ergebnisse zeigen, dass die

Tabelle 6.4 Haftscherfestigkeit mit 0,76 mm Folien und Durchmesser 30 mm: Anzahl der ausgewerteten Proben n; Mittelwert ($\bar{x}$), Standardabweichung (s) und Variationskoeffizient (V)

Folie	Pummeltest		Wegrate: 6 mm min^{-1}				Wegrate: 600 mm min^{-1}			
	Anz.	Pummel	Anz.	Haftscherfestigkeit			Anz.	Haftscherfestigkeit		
	n		n		τ_b		n		τ_b	
				$\bar{x}$	s	V		$\bar{x}$	s	V
		[-]		[MPa]	[MPa]	[-]		[MPa]	[MPa]	[-]
BG R10	5	3 bis 4	10	6,84	4,02	0,59	8	9,39	1,58	0,17
BG R15	5	4 bis 6	10	7,36	1,48	0,20	9	9,94	1,45	0,15
BG R20	5	8 bis 9	6	13,40	3,02	0,23	6	16,50	2,32	0,14

Haftfestigkeit wegratenabhängig ist. Mit steigender Wegrate nimmt auch die Haftscherfestigkeit zu. Die BG R10-Folie wies bei einer langsamen Wegrate eine sehr hohe Streuung in der Haftscherfestigkeit auf. Auch der Unterschied der Haftscherfestigkeit zwischen der BG R10-Folie und der BG R15-Folie ist wie bei den Pummelwerten kaum erkennbar. Das macht wieder deutlich, wie schwierig ein optimaler Laminierungsprozess mit den vielen Arbeitsschritten bis zum Endprodukt ist, um eine gleichbleibender Qualität hinsichtlich der Haftung schon innerhalb einer Charge zu bekommen.

Haftscherversuche an unterschiedlichen Foliendicken (0,76 mm und 1,52 mm) zeigten, dass kein Einfluss der Foliendicke auf die Haftscherfestigkeit erkennbar ist. In Anhang B sind alle durchgeführten Versuche zur Bestimmung der Haftfestigkeit zwischen Folie und Glas aufgelistet.

Die unterschiedlichen BG-Folien wiesen jedoch eine messbare Größe hinsichtlich der Haftfestigkeit auf, sodass diese eine gute Grundlage für die Untersuchung des Delaminationsverhaltens von PVB-Folien bilden.

6.5 Vorgehen bei der Auswertung

Für die Untersuchung des Delaminationsverhaltens von PVB-Folien sollen als Kenngröße die in Gleichung (6.5) hergeleitete Energiefreisetzungsrate $\mathcal{G}$, sowie die Kraft-Verformungsverläufe und die technischen Spannungs-Verformungsverläufe herangezogen werden. Dazu müssen der gemessene Kraftverlauf und die dazugehörige Prüfzeit aus der Universalprüfmaschine ausgewertet werden. Weiterhin müssen die Verformung der Folie und deren Delamationsfortschritt ermittelt werden, die nur über eine optische Auswertung bestimmt werden können. Den Traversenweg der Universalprüfmaschine als Maß für die Verformung der Folie zu verwenden, ist aufgrund des auftretenden Schlupfs bei der Probeneinspannung nicht zielführend.

Dazu dient der in Anhang A.2 erläuterte Algorithmus, der in einem MATLAB®-Skript der Firma *Mathworks* implementiert wurde.

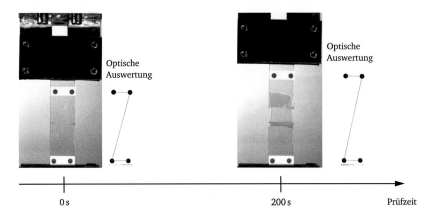

Abbildung 6.4 Optische Auswertung der Verformung der Folie nach dem in Anhang A.2 erläuterten Algorithmus

Um die Verformung der Folie zu bestimmen, wird die in MATLAB® implementierte Punktverfolgung verwendet, welche die Differenz der Positionen der vom Algorithmus detektierten Markierungen über die Prüfzeit und die damit aufgenommene Bildfolge auswertet. Es musste darauf geachtet werden, dass die kreisrunden farbigen Markierungen in der Anzahl der zusammenhängend gefundenen Pixel mit MATLAB® stets größer als die anderen im Bild gefundenen Pixel des gleichen Farbtons sind. Um dies zu gewährleisten, wurde der Durchmesser der Farbmarkierungen mit 3,0 mm gewählt und etwaige größere Flächen im Bildausschnitt, die magentafarbenen (bei den ersten beiden Versuchsreihen) oder schwarzen (bei der dritten Versuchsreihe) Charakter hatten, neutral abgedeckt. Die über den Algorithmus gefundenen kreisrunden Markierungen und deren ermittelte Schwerpunkte wurden zur Kontrolle immer ausgelesen, wie es in Abb. 6.4 zu sehen ist.
Über ein optisches Signal in Form eines Lasers, der in die Software der Universalprüfmaschine implementiert war, konnte der Prüfzeitpunkt und das dazugehörige Bild und die bekannte Bildrate mit dem Kraftsignal der Universalprüfmaschine synchronisiert werden. Die Umrechnung von der Bildgröße Pixel auf die metrische Größe Millimeter wurde für jeden Versuch mit Hilfe des Bildbearbeitungsprogramms ADOBE® PHOTOSHOP realisiert. Die möglichen Auflösungen mit den durchgeführten optischen Bildaufnahmen sind in Abschn. 6.3.4 gegeben.
Für die Ermittlung der Energiefreisetzungsrate muss die Delaminationsfläche beim Erreichen des eintretenden stationären Kraftzustands Punkt (a) in Abb. 6.5, bestimmt werden. Dazu wird zunächst überprüft, ob eine Delamination zu Beginn der Prüfung vorhanden war. Eine Anfangsdelamination konnte bei keiner Probe beobachtet werden. Der Prüfzeitpunkt beim Erreichen des Kraftpeaks F, bevor sich in der Kraft nach evtl. kurzem Abfall ein einigermaßen konstantes Kraftniveau einstellt, wird als Zuwachs der Ausgangsdehnlänge der Folie da angesehen. Da die technische Spannung σ in direktem Zusammen-

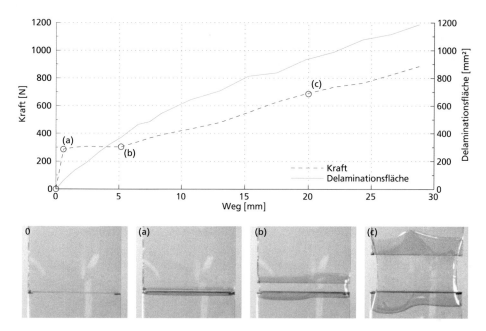

Abbildung 6.5   Delaminationsprozess und Verformungsverhalten des TCT Tests

hang mit der Kraft über die konstante Querschnittsfläche der Folie steht $\sigma = F \cdot (b\,d_{\mathrm{f}})^{-1}$, kann dieses konstante Kraftniveau in Abb. 6.6 veranschaulicht werden. Mit dem bekannten Prüfzeitpunkt wurde das dazugehörige aufgenommene Bild herangezogen und die Delaminationsfläche $\mathrm{d}A$ mit dem Bildbearbeitungsprogramm ADOBE® PHOTOSHOP manuell farblich markiert und mit dem MATLAB®-Skript der Punktverfolgung quantitativ ausgewertet. Zudem wurde die Breite der Folie b optisch ermittelt und die Delaminationslänge über $\mathrm{d}a = \mathrm{d}A\,b^{-1}$ zurückgerechnet. Zu diesem Prüfzeitpunkt wurde die optisch ausgewertete Verformung der Folie $\mathrm{d}\delta$ ausgelesen.

Somit sind alle notwendigen Parameter zur Ermittlung der Energiefreisetzungsrate nach Gleichung (6.5) aus den experimentellen Untersuchungen bekannt. Nach diesem Schema wurden die TCT Tests ausgewertet, um zu prüfen, ob mit dieser Prüfmethode das Delaminationsverhalten der Folie quantifiziert werden kann.

6.6 Ergebnisse und Auswertung

Es konnte bei allen durchgeführten TCT Tests ein Delaminationsprozess beobachtet werden. Exemplarisch ist der Delaminationsfortschritt während eines Versuchs im Kraft-Weg-verlauf in Abb. 6.5 illustriert.

Die Kraft-Verformungsverläufe aller Proben der verschiedenen Versuchsreihen und Versuchsserien sind in den Anh. D.3 bis D.5 abgebildet. Dabei wird erkenntlich, dass mit steigendem Haftgrad der maximal auftretende Kraftpeak vor dem kurzzeitig konstanten Kraftplateau zunimmt. Bei den Proben mit der höchsten Haftung (BG R20-Folie) wurde bei allen drei Wegraten ein vorzeitiges Reißen der freigelegten Folie nach einem kurzen Delaminationsprozess beobachtet, wie es auch in den entsprechenden Kraft-Wegverläufen zu sehen ist. Mit zunehmender Wegrate nimmt entsprechend auch die Höhe des ersten Kraftpeaks zu. Die Kraft-Wegverläufe der dritten Versuchsreihe ($60\,000\,\text{mm min}^{-1}$) zeigten ein starkes Rauschen im Kraftsignal. Jedoch ist der erste Kraftpeak viel höher als bei den anderen untersuchten Wegraten. Ein konstantes Kraftniveau ist bei den schnelleren Wegraten ($600\,\text{mm min}^{-1}$ und $60\,000\,\text{mm min}^{-1}$) ausgeprägter als bei der langsamen Wegrate.

In Abb. 6.6 ist die technische Spannung über einen kleineren Wegbereich als bei den Kraft-Wegverläufen dargestellt, um den Verlauf im Anfangsbereich besser erkennen zu können. Durch die Umrechnung der Kraft auf die technische Spannung, ist es möglich, die Ergebnisse der unterschiedlichen Probenbreiten besser miteinander vergleichen zu können. Es wurde der Übersicht wegen je Haftgrad, Breite und Wegrate jeweils eine repräsentative Probe herangezogen. Auch wenn die ursprünglichen Aufnahmen hinsichtlich der Auflösung der Bilder dafür nicht angedacht waren, wird deutlich, dass bei den meisten Proben nach dem ersten Spannungspeak ein Abfallen in der Spannung zu verzeichnen ist, bis sich ein kurzzeitiges konstantes Spannungsniveau einstellt. Dieses ist besonders bei den schnelleren Wegraten ($600\,\text{mm min}^{-1}$ und $60\,000\,\text{mm min}^{-1}$), wie oben schon erwähnt, ausgeprägter. Bei dem Spannungs-Wegverlauf der dritten Versuchsreihe wurde eine Trendkurve über die Kraftmessdaten gelegt, ansonsten könnte aufgrund des Rauschens im Kraftsignal kein eindeutiger Kraftverlauf erkannt werden. Dieser Verlauf der Kraft im TCT Test konnte auch schon in Abschn. 5.8 beobachtet werden. Unter anderem wurde auf dieser Grundlage der TCT Test als zusätzliche Prüfmethode für Zwischenmaterialien von VSG hinsichtlich der Resttragfähigkeit empfohlen.

In den beiden Diagrammen mit der langsamen und mittleren Prüfgeschwindigkeit wird ersichtlich, dass kein signifikanter Breiteneinfluss in der technischen Spannungs-Weg-Beziehung vorhanden ist. Ob es einen Einfluss der Probenbreite hinsichtlich des Delaminationsverhaltens gibt, muss über die Energiefreisetzungsrate, in der die delaminierte Fläche explizit berücksichtigt wird, geprüft werden.

Ausgewertete Energiefreisetzungsrate Um eine Probe hinsichtlich der Energiefreisetzungsrate auswerten zu können, muss ein stationärer Spannungszustand vorhanden sein, bei dem ein konstanter Delaminationszuwachs der Folie zu verzeichnen ist. Dies ist der Fall, wenn sich die Delaminationsfläche zu der Folienlängenänderung in diesem Bereich linear verhält.

Beispielhaft wird dies in Abb. 6.5 verdeutlicht: Beim Erreichen des konstanten Kraftniveaus zwischen den Punkten (a) und (b) nimmt in diesem Abschnitt die ausgewertete Dela-

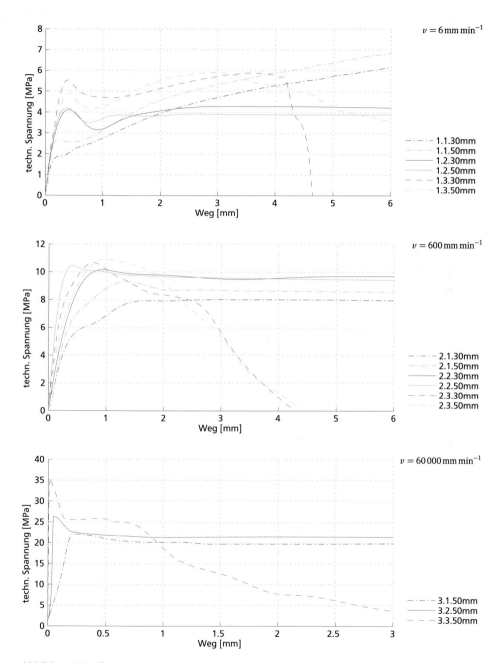

Abbildung 6.6 Repräsentative technische Spannungs-Verformungsverläufe bei den durchgeführten TCT Tests

minationsfläche linear zu, sodass die Energiefreisetzungsrate in diesem Bereich konstant ist. Für alle anderen ausgewerteten Proben wurde der konstante Delaminationszuwachs in dem stationären Spannungsbereich vorausgesetzt und nicht explizit überprüft.

Es wurden nur diejenigen Proben ausgewertet, bei denen im Kraft-Wegverlauf ein kurzzeitiges annähernd konstantes Kraftniveau erkennbar war. Dabei wurde der maximale Kraftpeak vor dem konstanten Kraftplateau und nicht der Wert des Kraftplateaus für die Auswertung der Energiefreisetzungsrate herangezogen. Dies beruht auf der Annahme, dass mit dem Kraftpeak ein größerer Bereich delaminiert und die Kraft dementsprechend zunächst abnimmt, bevor ein kurzzeitiges konstantes Kraftniveau erreicht wird und danach wieder ansteigt oder die freigelegte Folie reißt.

Auf der Grundlage von Abschn. 6.5 sind die Energiefreisetzungsraten der durchgeführten TCT Tests ausgewertet worden. Bei den durchgeführten TCT Tests mit der sehr schnellen Prüfgeschwindigkeit ($60\,000\,\text{mm}\,\text{min}^{-1}$) konnten wegen des Rauschens im Kraftsignal und der kaum zu erkennenden Delaminationsfront, welche zur Auswertung der Energiefreisetzungsrate nötig ist, die Energiefreisetzungsraten nicht bestimmt werden. Die Energiefreisetzungsraten mit den Wegraten $6\,\text{mm}\,\text{min}^{-1}$ und $600\,\text{mm}\,\text{min}^{-1}$ konnten ausgewertet werden und die Ergebnisse sind in Abb. 6.7 in Form von Balkendiagrammen dargestellt.

Im oben dargestellten Balkendiagramm (Abb. 6.7a) sind die Energiefreisetzungsraten der zwei unterschiedlichen Probenbreiten dargestellt. Es ist kein eindeutiger Trend zu erkennen, der eine Abhängigkeit der Energiefreisetzungsrate von der Probenbreite belegt. Bei der langsamen Wegrate $6\,\text{mm}\,\text{min}^{-1}$ ist der Unterschied zwischen den 30 mm und 50 mm Proben am größten. Die 30 mm Proben zeigten bei dem mittleren Haftgrad eine größere Energiefreisetzungsrate und bei der hohen Haftung eine geringe Energiefreisetzungsrate im Vergleich zu den 50 mm Proben. Da kein eindeutiger Einfluss der Probenbreite auf die Ergebnisse der Versuche zu erkennen war, wurde nicht mehr zwischen den Probenbreiten unterschieden, sondern beide gemeinsam ausgewertet. (vgl. Abb. 6.7b). Das Diagramm zeigt die Abhängigkeit der Energiefreisetzungsrate von der Wegrate: Je höher die Prüfgeschwindigkeit, desto größer ist auch die Energiefreisetzungsrate bei allen untersuchten Haftgraden (bis zu einem Faktor 3). Die unterschiedlichen Haftgrade hatten auch verschiedene Energiefreisetzungsraten zur Folge, wobei der geringe Haftgrad bei beiden Wegraten zu einer kaum unterscheidbaren Energiefreisetzungsrate im Vergleich zum mittleren Haftgrad führte. Diese sehr geringen Unterschiede wurden auch bereits im Pummeltest und in der Haftscherfestigkeitsprüfung in Abschn. 6.4 beobachtet.

Es konnten bei der $6\,\text{mm}\,\text{min}^{-1}$ Wegrate weniger Proben ausgewertet werden als bei der $600\,\text{mm}\,\text{min}^{-1}$, da sich, wie schon zuvor erwähnt, im Kraft-Wegverlauf bei der langsamen Wegrate häufiger kein kurzzeitiges konstantes Kraftplateau eingestellt hatte (vgl. Kraft-Wegverläufe in Anhang D). Es wird vermutet, dass bei zu langsamen Wegraten die resultierende Kraft in der Folie nicht ausreicht, um einen konstanten Delaminationsfortschritt zwischen Folie und Glas zu erhalten. Die Anzahl der auswertbaren Proben je Prüfgeschwindigkeit und Haftgrad und Ergebnisse der Mittelwerte, Standardabweichung

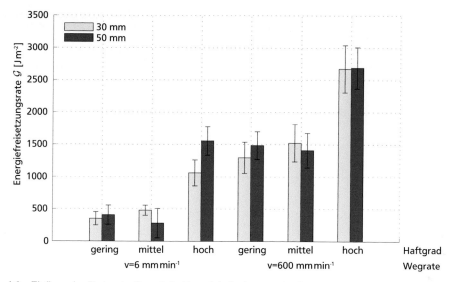

(a) Einfluss der Probenbreite auf die Energiefreisetzungsrate $\mathcal{G}$

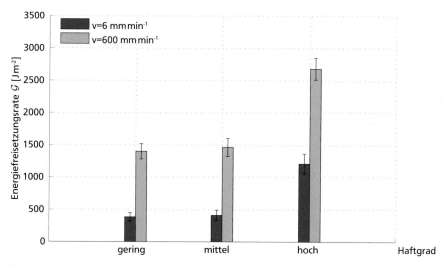

(b) Energiefreisetzungsrate $\mathcal{G}$ ohne Berücksichtigung der Probenbreite

Abbildung 6.7 Ergebnisse der ausgewerteten Energiefreisetzungsraten

Tabelle 6.5 Zusammenstellung der Energiefreisetzungsrate ohne Breiteneinfluss: Ausgewertete Proben n (Gesamtanzahl); Mittelwert $(\bar{x})$, Standardabweichung (s) und Variationskoeffizient (V)

Folientyp	Wegrate: 6 mm min^{-1}				Wegrate: 600 mm min^{-1}			
	Anz.	Energiefreisetzungsrate			Anz.	Energiefreisetzungsrate		
	n	$\mathcal{G}$			n	$\mathcal{G}$		
		$\bar{x}$	s	V		$\bar{x}$	s	V
		[J m^{-2}]	[J m^{-2}]	[-]		[J m^{-2}]	[J m^{-2}]	[-]
BG R10	12 (20)	384,6	129,3	0,34	18 (20)	1401,1	239,8	0,17
BG R15	6 (20)	412,9	156,5	0,38	19 (20)	1466,6	276,2	0,19
BG R20	11 (23)	1208,5	307,2	0,25	13 (20)	2681,2	335,2	0,13

sowie der Variationskoeffizient sind in Tab. 6.5 aufgezeigt. Der Variationskoeffizient der Energiefreisetzungsrate bei der 6 mm min^{-1} Wegrate ist mit 38 % viel größer als bei der 600 mm min^{-1} Wegrate mit 19 %.

Die ausgewerteten Energiefreisetzungsraten der einzelnen Proben sind in Anhang D.2 detailliert dargestellt.

6.7 Interpretation und Vergleich mit der Literatur

Um eine Interpretation der mittels TCT Test ermittelten Energiefreisetzungsraten machen zu können, ist eine Gegenüberstellung der Ergebnisse mit den Pummeltests und Haftscherversuchen hilfreich. Dazu wurden diese Ergebnisse in Tab. 6.6 zusammengestellt.

Die Folie BG R10 zeigte in diesen drei untersuchten Prüfmethoden (Pummeltest, Haftscherversuch und TCT Test) immer die kleinsten Ergebnisse im Vergleich zu den Folien BG R15 und BG R20, wobei der Unterschied zur BG R15-Folie jeweils sehr gering ist. Dies liegt daran, dass die Regulierung (Verringerung) des Haftgrades in der Produktion nur in einem bestimmten Bereich möglich ist. Die Haftung zwischen Folie und Glas ist nicht nur von diesen Additiven abhängig, sondern eben auch von Parametern in der Probenvorbereitung, Verlegung des Laminats, Vorverbund und eigentlicher Verbundherstellung. Somit ist der Haftgrad des VSG nur in einem bestimmten Bereich prognostizierbar und der mittlere Haftgrad (BG R15-Folie) liegt aufgrund der gewählten Parameter näher an dem VSG mit der geringen Haftung (BG R10-Folie).

Die Unterschiede der Haftgrade konnte sowohl bei der langsamen als auch bei der hohen Wegrate festgestellt werden. Auch ist die gleiche Tendenz bei der Betrachtung der Wegrate hinsichtlich der Haftscherfestigkeit und der Energiefreisetzungsrate zu erkennen. Sie nehmen beide mit zunehmender Wegrate deutlich zu. Die größte Energiefreisetzungsrate liegt demnach mit 2681 J m^{-2} bei der BG R20-Folie mit einer Wegrate von 600 mm min^{-1}. Der TCT Test kann das Delaminationsverhalten von PVB-Folien im gebrochenen VSG mit der Energiefreisetzungsrate quantifizieren. Für einen steigenden Haftgrad muss eine hö-

Tabelle 6.6 Gegenüberstellung der Ergebnisse der Haftung zwischen Folie und Glas (Mittelwerte)

Folientyp	Pummel	Haftscherfestigkeit		Energiefreisetzungsrate	
		$6\,\mathrm{mm\,min^{-1}}$ τ_b [MPa]	$600\,\mathrm{mm\,min^{-1}}$ τ_b [MPa]	$6\,\mathrm{mm\,min^{-1}}$ $\mathcal{G}$ [J m^{-2}]	$600\,\mathrm{mm\,min^{-1}}$ $\mathcal{G}$ [J m^{-2}]
BG R10	3 bis 4	6,84	9,39	384,4	1401,1
BG R15	4 bis 6	7,36	9,94	412,9	1466,6
BG R20	8 bis 9	13,40	16,50	1208,5	2681,2

here Energie aufgebracht werden, damit die Folie vom Glas delaminiert. Dafür muss die Folie sowohl einen ausreichenden E-Modul als auch eine ausreichende Bruchdehnung und Dicke besitzen, um die für die Delamination erforderliche Kraft ohne vorheriges Reißen übertragen zu können.

Vergleiche zu den aus der Literatur ermittelten Energiefreisetzungsraten nach Seite 145 sind aufgrund der unterschiedlichen Wegraten nur bedingt möglich. In (BUTCHART et al., 2012; FERRETTI et al., 2012) wurden verschiedene Wegraten untersucht, jedoch konnte dort nur jeweils eine Probe ausgewertet werden. Dabei nimmt die Energiefreisetzungsrate mit wachsender Wegrate ab. Dies konnte bei den hier durchgeführten Versuchen nicht festgestellt werden. Es ist fraglich, ob eine Probe in (BUTCHART et al., 2012) und zwei Proben in (FERRETTI et al., 2012) für eine belastbare Aussage ausreichend sind. Die höchste Wegrate bei beiden beträgt $15{,}6\,\mathrm{mm\,min^{-1}}$, sodass die hier untersuchte Wegrate von $600\,\mathrm{mm\,min^{-1}}$ deutlich größer war und die Wegratenabhängigkeit deutlicher widergibt. Darüber hinaus stellt sich die Frage, ob die angestrebte Qualität der Haftung des VSG bei der ausgewerteten Probe in (BUTCHART et al., 2012; FERRETTI et al., 2012) auch erzielt wurde, da bei den anderen Proben, die nicht auswertbar waren, entweder vorher ein Folienriss auftrat oder sich kein eindeutiges konstantes Kraftplateau einstellte. Da in den Veröffentlichungen nichts über den angestrebten Haftgrad ausgesagt wurde, wird davon ausgegangen, dass es sich um in der Architektur-Verglasung verwendetes VSG handelte: Es wird von einem Pummelwert von 8 bis 9 ausgegangen, was einer BG R20-Folie entspricht. Unter diesen Voraussetzungen passen die Ergebnisse von (FERRETTI et al., 2012) mit $1420\,\mathrm{J\,m^{-2}}$ besser in die hier ermittelte Energiefreisetzungsrate von $1208\,\mathrm{J\,m^{-2}}$ als von (BUTCHART et al., 2012). Bis auf (FERRETTI et al., 2012) war bei allen Veröffentlichungen eine Foliendicke $\leq 0{,}76\,\mathrm{mm}$ gewählt. In den durchgeführten TCT Tests in Abschn. 5.8 musste festgestellt werden, dass bei dieser Foliendicke die BG R20-Folie frühzeitig vor einem konstanten Kraftniveau bei einer Wegrate von $5{,}0\,\mathrm{mm\,min^{-1}}$ riss und nicht ausgewertet werden konnte.

In (IWASAKI et al., 2006) wurden drei Wegraten $10\,\mathrm{mm\,min^{-1}}$, $300\,\mathrm{mm\,min^{-1}}$ und $177\,600\,\mathrm{mm\,min^{-1}}$ untersucht. Zusätzlich wurde die Anfangsrisslänge zwischen 5 mm bis 30 mm variiert und festgestellt, dass es hinsichtlich der Wegrate keinen Einfluss auf die

Energiefreisetzungsrate gibt. Über den Probenumfang ist jedoch nichts bekannt. Der Traversenweg wurde mit einem Lasermessgerät aufgenommen, sodass der Schlupf der Probe nicht berücksichtigt worden ist. Dieser Sachverhalt wurde in den hier untersuchten TCT Tests über die optische Punktverfolgung berücksichtigt.

In (SHA et al., 1997) wurden drei verschiedene Haftgrade mit einem linear elastischen Stoffgesetz untersucht. Darin wurde die Energiefreisetzungsrate über die Validierung des experimentellen Kraft-Verformungsverlaufs durch FE Berechnungen ermittelt. Die Grenzfläche zwischen Folie und Glas wurde mit nichtlinearen Federn abgebildet. Die bei (SHA et al., 1997) gewählte Prüfgeschwindigkeit war mit $0,5082\,\mathrm{mm\,min^{-1}}$ viel geringer als die in dieser Arbeit untersuchten $6\,\mathrm{mm\,min^{-1}}$ und $600\,\mathrm{mm\,min^{-1}}$ und sind somit nicht vergleichbar.

6.8 Zusammenfassung und Empfehlungen

Die Erkenntnisse, die aus den Untersuchungen mit dem TCT Test in Kap. 5 gewonnen wurden, lassen den Schluss zu, dass der TCT Test als zusätzliche Prüfmethode bei der Klassifizierung der Materialeigenschaften der Zwischenschichten von VSG hinsichtlich der Resttragfähigkeit angewendet werden sollte (siehe Abschn. 5.12). Bei einer „optimal abgestimmten" Durchführung des TCT Tests kann das Delaminationsverhalten von Zwischenschichten eines VSG mit der Energiefreisetzungsrate quantifiziert werden. Dies stellt die Energie dar, die bei der Schaffung der neuen Oberflächen bei der Delamination dissipiert worden ist. Die Energiefreisetzungsrate nimmt mit dem Haftgrad und der Wegrate zu. Infolgedessen ergab sich die niedrigste Energiefreisetzungsrate von $384\,\mathrm{J\,m^{-2}}$ bei der BG R10-Folie (niedrigste Haftung) und einer Wegrate von $6\,\mathrm{mm\,min^{-1}}$. Die höchste Energiefreisetzungsrate von $2681\,\mathrm{J\,m^{-2}}$ ergab sich folgerichtig bei der BG R20-Folie (höchster Haftgrad) und einer Wegrate von $600\,\mathrm{mm\,min^{-1}}$. Diese Werte konnten aufgrund der unterschiedlichen Vorgehensweise bei der Auswertung der Energiefreisetzungsrate und den gewählten Wegraten nur bedingt mit den in Literatur veröffentlichen Ergebnissen korrespondieren.

Aufgrund des angenommenen linear elastischen Materialverhaltens der PVB-Folie und der geringen vorhandenen Auflösung der optischen Bilder zur Delaminationsbestimmung $\geq 0,095\,\mathrm{mm\,px^{-1}}$, im Vergleich zu den ausgewerteten Ergebnissen in Anhang D.2, können die vorgestellten Ergebnisse der Energiefreisetzungsrate Ungenauigkeiten aufweisen. Zur Verifizierung sollten noch weitere TCT Tests durchgeführt werden, welche den Einfluss des Haftgrads und der Wegrate untersuchen. Für eine „optimal abgestimmte" Durchführung der TCT Tests sollten folgende Sachverhalte berücksichtigt werden:

- **Probenaufbau und -geometrie:** Das VSG des TCT Tests besteht aus $2 \times 3\,\mathrm{mm}$ Floatglas und einer PVB-Folie mit einer Dicke von $> 1,52\,\mathrm{mm}$, besser $2,28\,\mathrm{mm}$ für Folien des Typs BG R20 (höchster Haftgrad), um sicherzustellen, dass die PVB-

Folie nicht vor der Einstellung der notwendigen kontinuierlichen Delamination der Folie vom Glas reißt. Die Abmessungen der Proben sind mit $30\,\text{mm} \times 200\,\text{mm}$ zu wählen. Eine definierte Anfangsdelaminationslänge der Folie, wie es mit einer PE-Folie bei den DCB Tests in Abschn. 5.6.3 umgesetzt worden ist, ist für die experimentelle Auswertung der Energiefreisetzungsrate nicht zwingend notwendig. Das manuelle Brechen mit der Justierschraube der Schnittlaufzange hat sich bewährt und sollte so beibehalten werden.

- **Versuchsdurchführung:** Die Prüfung sollte mit einer Wegrate größer als $60\,\text{mm}\,\text{min}^{-1}$ durchgeführt werden. Es stellte sich heraus, dass sich bei einer Wegrate von 6 mm das notwendige konstante Kraftplateau, wenn überhaupt, nur sehr kurz ausbildet. Bei einer Wegrate von $600\,\text{mm}\,\text{min}^{-1}$ konnte dagegen bei fast allen untersuchten Proben ein sehr langes konstantes Kraftplateau festgestellt werden, lediglich bei den BG R20-Folien war dieses nur sehr kurz, wie in den Kraft-Wegverläufen der TCT Tests in Anhänge D.3 bis D.5 zu erkennen ist. Die vorgeschlagene Wegrate von $> 60\,\text{mm}\,\text{min}^{-1}$ beziehen sich auf TCT Tests in (SESHADRI et al., 2000), denn bei dieser Geschwindigkeit konnte ein ausgeprägtes konstantes Kraftplateau beobachtet werden. Dieses ist für die Auswertung der Energiefreisetzungsrate essentiell.

  Da sich nach einer kurzen Verformung $< 1{,}31\,\text{mm}$ ein konstantes Kraftplateau bei einer gesamten Delaminationslänge (oben und unten) von $< 3{,}37\,\text{mm}$ einstellt, reicht es, nach einer Verformung von $\leq 20\,\text{mm}$ die Prüfung zu beenden und auszuwerten.

- **Optische Messung:** Aufgrund des kleinen interessanten Bereichs zur Auswertung der Energiefreisetzungsrate sollte eine Auflösung von $\leq 0{,}01\,\text{mm}\,\text{px}^{-1}$ bei einer Bildrate von $> 50\,\text{fps}$ erzielt werden. Die Höhe des Kameraausschnitts muss $\geq 50\,\text{mm}$ betragen, um die Markierungen für die optische Auswertung applizieren zu können und gleichzeitig einen Delaminationsbereich und eine Verformung von jeweils 20 mm zu gewährleisten. Die hohe Bildrate ermöglicht die Gewinnung ausreichend vieler Bilder bis zum Erreichen des konstanten Kraftplateaus, um bis dahin die vorliegende Spannungs-Dehnungsbeziehung experimentell zu ermitteln. Folglich wäre die Annahme eines linear elastischen Materialverhaltens der PVB-Folie obsolet und es könnten genauere Energiefreisetzungsraten im TCT Test bestimmt werden.

Um die Ergebnisse der TCT Tests zukünftig deutlich zu verbessern, sollten die o. g. Erkenntnisse aus den hier durchgeführten TCT Tests Beachtung finden.

7 Numerische Berechnungsansätze der Delamination

7.1 Umsetzung mit der Methode der finiten Elemente

7.1.1 Allgemeine Bemerkungen

Das Ziel der numerischen Untersuchungen ist den durchgeführten Through-Cracked-Tensile Test (TCT Test) abbilden und validieren zu können, um die Brauchbarkeit der numerischen Berechnungsansätze einschätzen zu können. Diese Brauchbarkeit ist Grundvoraussetzung für die zukünftige numerische Berechnung eines Resttragfähigkeitsversuchs von einer gebrochenen Verglasung. Dazu soll der in dem Versuch auftretende Delaminationsfortschritt mit Kohäsivzonenelementen abgebildet werden. Der in Kap. 6 durchgeführte TCT Tests wurde als ebenes Problem numerisch mit dem Finite Elemente (FE) Programm ANSYS® 14.5 in einem Längsschnitt entlang der Bauteilachse modelliert. Bevor der Modellaufbau im Folgenden erläutert wird, sind die wichtigsten in Betracht gezogenen Randbedingungen und Eigenschaften der FE Modellierung aufgelistet:

- Geometrisch lineare und geometrisch nichtlineare Berechnung,

- Aufteilung des Modells in ein Nahfeld um den Riss und in ein Fernfeld jenseits des Risses,

- Koinzidente Knotenpunkte an der Grenzfläche von Glas und PVB,

- ebene Elemente: ebener Spannungszustand (ESZ) und ebener Verzerrungszustand (EVZ),

- Grenzflächenelemente: Interface-Elemente und Kontaktelemente,

- Stoffgesetz von PVB: Linear elastisch, viskoelastisch und hyperelastisch,

- Kohäsivgesetz: Bilinearer Ansatz und exponentieller Ansatz.

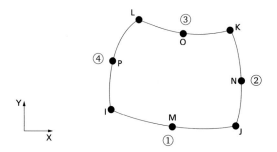

Abbildung 7.1 Scheibenelement höherer Ordnung - *plane183* - in ANSYS® 14.5

7.1.2 Kontinuumselemente

Für die Modellierung wurde das in ANSYS® 14.5 implementierte Scheibenelement *plane183* verwendet, das ein 2-D Element höherer Ordnung ist und je Knoten zwei Verschiebungsfreiheitsgrade in der Ebene hat: Verschiebung in x-Richtung und Verschiebung in y-Richtung. In z-Richtung, also aus der Ebene heraus, können optional entweder ESZ oder EVZ, die in Abschn. 2.5 erläutert wurden, angesetzt werden. Die Werkstoffe Glas und PVB-Folie wurden ausschließlich mit Vierecks-Elementen modelliert, deren Geometrie in Abb. 7.1 abgebildet ist.

7.1.3 Grenzflächenelemente

Es gibt unterschiedliche Möglichkeiten, Rissfortschritte in Grenzflächen zu simulieren. Eine Übersicht wird dazu in (BROCKS et al., 2002) gegeben: Dazu zählt die Methode *Node-Release-Technique*, mit der bruchmechanische Parameter wie das *J-Integral* oder das *K-Konzept* erfasst werden können. Rissfortschritt in einem Körper kann auch mittels einer Schädigungsformulierung in den *Konstitutivgleichungen* abgebildet werden. Dies bildet in der Regel Porenwachstum in dem Material ab, welches zu einer lokalen Entfestigung des Materials führt. Diese Lokalisierung führt zu FE Berechnungsergebnissen, die eine Netzabhängigkeit aufweisen (FIOLKA, 2008). Für die Beschreibung einer Rissentstehung und des Rissfortschritts entlang einer Grenzfläch eines Verbundwerkstoffes haben sich die *Kohäsivzonenmodelle* als geeignet erwiesen. Dazu werden entlang der Grenzfläche, die sich zwischen den beiden Verbundwerkstoffen (hier: Glas und PVB-Folie) befindet, Elementformulierungen (Grenzflächenelemente) verwendet, die beide Verbundwerkstoffe miteinander verbinden. Im Anschluss wird diesen Grenzflächenelementen ein Kohäsivgesetz zugewiesen, das im Element einen Riss abbilden kann, in der Regel über eine Spannung-Separations-Beziehung wie es in Abschn. 2.6.4 vorgestellt wurde. Der Rissfortschritt wird demnach in einem physikalisch nicht vorhandenen Material durch entsprechende Grenzflächenelemente abgebildet, sodass auch hier von Kohäsivzonenmodellen

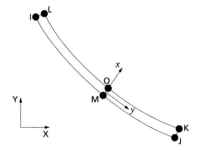

Abbildung 7.2   Quadratisches 2-D Interface-Element mit 6 Knoten - *inter203* - in ANSYS® 14.5

gesprochen wird, obwohl der Riss physikalisch zwischen den beiden Grenzschichten erfolgt und demnach von der Definition her ein adhäsives Versagen vorliegt. In dieser Arbeit
wird die numerische Untersuchung auf die Kohäsivzonenmodelle beschränkt, die bereits
in Abschn. 2.6.4 eingehend erläutert wurden.
Die Umsetzung der Kohäsivzonenmodelle in ANSYS® 14.5 kann mit zwei unterschiedlichen Grenzflächenelementformulierungen erfolgen: Dies sind die Interface-Elemente und
die Kontaktelemente.

Interface-Element   Die Grenzflächenformulierung des Interface-Elementes muss zum
verwendeten Kontinuumselement *plane183* passen. ANSYS® 14.5 bietet hierfür das Interface-Element mit der Bezeichnung *inter203* an. Es ist ein Element bestehend aus 6 Knoten
mit Verschiebungsfreiheitsgraden in x-Richtung und in y-Richtung. Die Geometrie ist in
Abb. 7.2 dargestellt. Es hat eine lineare Ansatzfunktion in x-Richtung, jedoch eine quadra-
tische Ansatzfunktion in y-Richtung. Voraussetzung für die Modellierung ist, dass die Verbundwerkstoffe an der Grenzfläche koinzidente Knoten besitzen, denn diese werden beim
anschließenden Erzeugen der Interface-Elemente in jeweils zwei Knoten aufgetrennt, was
für die Beschreibung der Geometrie des Interface-Elements nach Abb. 7.2 notwendig ist.
Analog zu den *plane183*-Elementen kann dem Interface-Element *inter203* entweder ESZ
oder EVZ zugewiesen werden. Bei den numerischen Untersuchungen wurde dies für beide
Elementformulierungen zueinander angepasst.
Mit dem *inter203*-Element können die Kohäsionsspannungen T_n in die x-Richtung sowie T_t in der xy-Ebene und im EVZ in der yz-Ebene und die dazugehörigen Separationen
ausgegeben werden.
Durchdringungen (Kontakt) können nicht mit Interface-Elementen berücksichtigt werden.

Kontaktelement   Die andere Möglichkeit, Kohäsivzonenmodelle in ANSYS® 14.5
umzusetzen, erfolgt über Kontaktformulierungen. Dazu muss die Grenzfläche des einen
Materials als Kontaktfläche mit dem Elementtyp *conta172* und die andere Grenzfläche als

Zielfläche mit dem Elementtyp *targe169* definiert werden. Diese beiden Elementformulierungen sind kompatibel zu den verwendeten *plane183*-Elementen. Der Vorgang beim Kontakt sowie die Geometrie des Kontakt- bzw. Zielelements ist in Abb. 7.3 gegeben. Bei der numerischen Umsetzung der in Kap. 6 vorgestellten TCT Tests konnte kein signifikanter Unterschied in der Reaktionskraft, ob die Grenzfläche der PVB-Folie als Kontakt- oder Zielelement modelliert wird, festgestellt werden. Der Grund liegt hierin, dass bei dem TCT Test kein Durchdringungsproblem auftritt, sondern sich die Zielfläche von der Kontaktfläche durch die Querkontraktion wegbewegt. Für die Untersuchungen wurde stets die Grenzfläche der PVB-Folie als Kontaktelement und die des Glases als Zielelement modelliert. Die Kontaktformulierung, bestehend aus dem eigentlichen Kontaktelement und dem Zielelement, besitzt zwei Verschiebungsfreiheitsgrade, eine Verschiebung in x-Richtung und eine in y-Richtung mit quadratischem Verschiebungsansatz und mit insgesamt 6 Knoten.

Grundvoraussetzung für die Verwendung eines Kohäsivgesetzes für die Kontaktformulierung ist, dass Kontakt- und Zielfläche immer verbunden sind. Es wurde deshalb der Bitschalter der Kontakte der Grenzfläche zu immer „starr verbunden" angesetzt (*keyopt(12)=5*). Zudem wurde als Kontakt-Algorithmus die Penalty-Funktion verwendet (*keyopt(2)=1*). Die Kontaktsteifigkeit K_i wurde über das angesetzte Kohäsivgesetz aus Energie (Flächeninhalt des Dreiecks, vgl. Abb. 2.17) und die Kohäsionsspannung T_i^o zurückgerechnet, wie es in Abschn. 2.6.4 deutlich wird, und dem Kontakt als konstanter Parameter zugewiesen (*REALKONSTANT(12)=K_i*).

Der Zustand, bei welchem der Kontakt zwischen Ziel- und Kontaktelement als gelöst gilt, wird über den konstanten Parameter *Pinball Region* gesteuert. Dieser wurde so gewählt, dass dies beim Erreichen der Rissöffnungsseparation δ^c des Kohäsivgesetzes der Fall ist. Dabei wurde der kleinere Wert aus der normalen und tangentialen Rissöffnungsseparation verwendet (*REALKONSTANT(6)=min$\{\delta_\mathrm{n}^\mathrm{c}, \delta_\mathrm{t}^\mathrm{c}\}$*). Das *conta172*-Element kann die noch vorhandene verbundene Kontaktfläche ausgeben. Ist die *Pinball Region* gleich groß mit der Rissöffnungsseparation, so kann die numerische vorhandene Delamination während der Belastung zurückgerechnet werden. Dieses Vorgehen ist bei den Interface-Elementen nur sehr aufwendig über Nachbearbeitung durch Vergleich der ausgelesenen Separation mit der Rissöffnungsseparation δ^c möglich, da die Grenzflächen bei den Interface-Elementen im Gegensatz zu den Kontaktelementen immer miteinander verbunden sind. Aus diesem Grund kam für die Modellierung der Kohäsivzonenelemente vorwiegend die Kontaktformulierung zum Einsatz.

7.2 Materialgesetze

Bei den numerischen Untersuchungen wurde ausschließlich der VSG-Probekörper abgebildet. Die Einspannwerkzeuge wurden nicht modelliert, sodass nur das Glas und die PVB-Folie in Form von Materialgesetzen charakterisiert werden mussten.

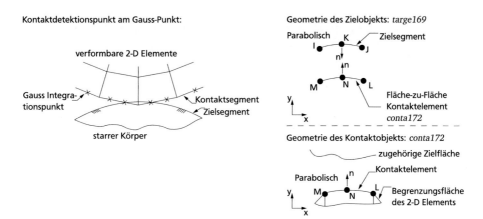

Abbildung 7.3   Kontaktelementformulierung bestehend aus Kontakt- und Zielelement - *conta172* und *targe169* - in ANSYS® 14.5

Glas   Glas verhält sich bis zum Bruch linear elastisch, wie es in Abschn. 3.1.4 erläutert wurde, weshalb ein isotropes, linear elastisches Stoffgesetz für die Modellierung des Glases verwendet wurde. Die hierfür benötigten Eingabeparameter wurden aus Tab. 3.2 entnommen: Ein E-Modul von 70 000 MPa und eine Querkontraktionszahl von 0,23. Darüber hinausgehende Betrachtungen hinsichtlich des Werkstoffs Glas mussten im Rahmen der durchgeführten numerischen Untersuchungen nicht angestellt werden.

Zwischenschicht aus PVB   Um die TCT Tests validieren zu können, wurden verschiedene Materialgesetze für die Zwischenschicht des VSG im FE Modell implementiert. Die Zwischenschicht des VSG bestand aus PVB-Folien, die sowohl eine Temperatur- als auch eine Zeitabhängigkeit in ihrem Materialverhalten aufweisen, wie es in Abschn. 3.2 ausführlich dargelegt wurde. Dieses Materialverhalten wurde mit der linearen Viskoelastizität nach Abschn. 2.4.4 mit einer aus der Literatur entnommenen Prony-Reihe berücksichtigt.

Um die Korrektheit des FE Modells zu überprüfen, wurde zunächst das Modell mit den Ergebnissen aus (BATI et al., 2009) verglichen. Darin wurde für die PVB-Folie ein linear elastisches Stoffgesetz angesetzt. Im Bereich der Rissspitze treten große Verzerrungen in der Folie auf, deshalb wurde noch zusätzlich das in Abschn. 2.4.3 vorgestellte hyperelastische Modell nach MOONEY-RIVLIN in das FE Modell implementiert.

Lineare Elastizität   Unter der Annahme, dass die PVB-Folie ein linear elastisches, isotropes Materialverhalten aufweist, wird nur der E-Modul sowie die Querkontraktionszahl benötigt. Um das hier vorgestellte TCT-Modell mit dem numerischen TCT Test von BATI et al., 2009 zu verifizieren, wurden die dort verwendeten Materialparameter (E-

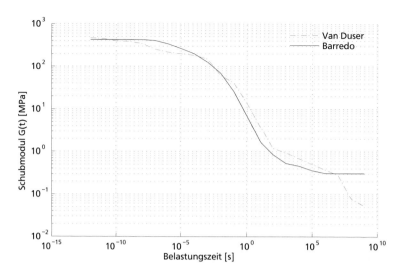

Abbildung 7.4 Viskoelastisches Materialgesetz von PVB-Folien als Prony-Serie bei einer Referenztemperatur von 20 °C nach (BARREDO et al., 2011) und (VAN DUSER et al., 1999)

Modul: $E = 8\,\mathrm{MPa}$; Querkontraktionszahl: $v = 0,45$) angesetzt. Um das numerische Modell mit dem Kraft-Wegverlauf des TCT Tests mit einem hohen Haftgrad anzupassen, musste ein E-Modul der PVB-Folie von $50\,\mathrm{MPa}$ unter der Annahme einer Querkontraktionszahl von $v = 0,45$ gewählt werden.

Lineare Viskoelastizität Die lineare Viskoelastizität wird in ANSYS® 14.5 durch eine Prony-Reihe abgebildet, wie in Abschn. 2.4.4 eingehender erläutert wurde.

Für die numerischen Untersuchungen wurden zunächst zwei unabhängige Veröffentlichungen (BARREDO et al., 2011; VAN DUSER et al., 1999) hinsichtlich des viskoelastischen Materialverhaltens von PVB miteinander verglichen. Beide Autoren entwickelten aus dem allgemeinen Relaxationsmodell gemäß Abb. 2.10 eine Prony-Reihe für den Schubmodul:

$$G(t) = G_\infty + \sum_{i=1}^{n} G_i e^{-\frac{t}{\tau_i}} \quad \text{mit} \quad G_\infty = G_0 - \sum_{i=1}^{n} G_i \quad . \tag{7.1}$$

Die dazugehörige *shift*-Funktion der Zeit-Temperatur-Verschiebung wurde mit Hilfe der Gleichung (2.52) bestimmt. Die Parameter der Prony-Reihe und der WLF-Funktion sind in Anhang F gegeben. In (SCHUSTER, 2014) wurde die in Kap. 6 verwendete PVB-Folie von *Kuraray Division Trosifol*® DMTA Versuchen unterzogen. Die ermittelte Prony-Reihe ergab eine sehr gute Übereinstimmung mit der Prony-Reihe von (BARREDO et al., 2011),

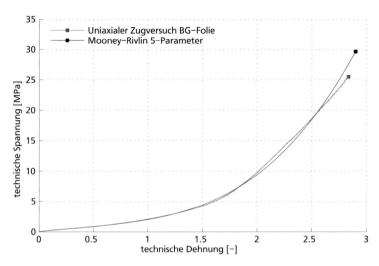

Abbildung 7.5 Identifizierung des 5-parametrischen Mooney-Rivlin Modells anhand uniaxialer Zugversuche mit BG-Folien nach (EIRICH, 2013)

sodass für die numerischen Untersuchungen die Prony-Reihe und die WLF-Funktion von (BARREDO et al., 2011) verwendet wurden.

Hyperelastizität   Die PVB-Folie weist aufgrund ihrer amorphen Struktur auch hyperelastisches Materialverhalten auf. Zur Bestimmung des hyperelastischen Materialverhaltens von PVB-Folien wurden in (EIRICH, 2013) uniaxiale Zugversuche am reinen Material von BG-Folien der Firma *Kuraray* mit einer Abzugsgeschwindigkeit von $5\,\mathrm{mm\,min^{-1}}$ durchgeführt.

Mit dem 5-parametrischen Mooney-Rivlin Modell, das in Gleichung (2.51) gegeben ist, wird eine gute Übereinstimmung zwischen den experimentellen Zugversuchen und dem 5-parametrischen Mooney-Rivlin Modell erzielt. Dies wird in Abb. 7.5 verdeutlicht. Die ermittelten Parameter des hyperelastischen Materialgesetzes nach Mooney-Rivlin sind in Anhang F aufgelistet.

Die Wegrate, bei der das Mooney-Rivlin Modell validiert worden ist, liegt im Bereich der Wegrate von $6\,\mathrm{mm\,min^{-1}}$ der durchgeführten TCT Tests.

7.3 Kohäsivgesetz der Grenzfläche

Im Rahmen der numerischen Berechnungen wurden zwei Ansätze für das Kohäsivgesetz untersucht: Der bilineare Ansatz nach (ALFANO et al., 2001) und der exponentielle Ansatz nach (XU et al., 1994), die in ANSYS® 14.5 implementiert sind und in Abschn. 2.6.4 eingehend erläutert wurden. Das implementierte exponentielle Kohäsivgesetz kann nur für

Tabelle 7.1 Untersuchte Grenzflächenelemente (Elementformulierung) und Kohäsivgesetze (Stoffgesetze) in ANSYS®

Element, Stoffgesetz	Rissmodus	Implementierte Funktionen: Kohäsivgesetz, Materialkonstanten	Bedeutung gemäß den aufgeführten Herleitungen in Abschn. 2.6.4
Kontakt, Bilinear: Energie-basierend	Mode I Mode II Mixed	TB,CZM,ID,,,CBDE TB,Data,T_n^o,$\mathcal{G}_{cn}$,,,η,β TB,Data,,,T_t^o,$\mathcal{G}_{ct}$,η,β TB,Data,T_n^o,$\mathcal{G}_{cn}$,T_t^o,$\mathcal{G}_{ct}$,η,β	T_n^o : Maximale Normalspannung $\mathcal{G}_{cn}$: Bruchenergie Normalseparation T_t^o : Maximale Tangentialspannung $\mathcal{G}_{ct}$: Bruchenergie Tangentialseparation η : Numerische Dämpfung, Stabilisierung β : tangentiale Separation unter Drucknormalspannung; 0 (Nein), 1 (Ja)
Kontakt, Bilinear: Separationsbasierend	Mode I Mode II Mixed	TB,CZM,ID,,,CBDD TB,DATA,T_n^o,δ_n^c,,,η,β TB,DATA,,,T_t^o,δ_t^c,η,β TB,DATA,T_n^o,δ_n^c,T_t^o,δ_t^c,η,β	T_n^o : Maximale Normalspannung δ_n^c : Normalseparation bei Ablösung T_t^o : Maximale Tangentialspannung δ_t^c : Tangentialseparation bei Ablösung η : Numerische Dämpfung, Stabilisierung β : tangentiale Separation unter Drucknormalspannung; 0 (Nein), 1 (Ja)
Interface, Bilinear	Mode I Mode II Mixed	TB,CZM,ID,,,BILI TB,Data,T_n^o,δ_n^c,$-T_t^o$,δ_t^c,α TB,DATA,T_n^o,δ_n^c,$-T_t^o$,δ_t^c,α TB,DATA,T_n^o,δ_n^c,$-T_t^o$,δ_t^c,α,β	T_n^o : Maximale Normalspannung δ_n^c : Normalseparation bei Ablösung T_t^o : Maximale Tangentialspannung δ_t^c : Tangentialseparation bei Ablösung α : $\delta_n^o(\delta_n^c)^{-1}$ Mode I; $\delta_t^o(\delta_t^c)^{-1}$ Mode II; $\delta_n^o(\delta_n^c)^{-1}$ oder $\delta_t^o(\delta_t^c)^{-1}$ Mixed Mode β : Wichtungsfaktor Mode I zu Mode II
Interface, Exponentiell	Mixed	TB,CZM,ID,,,EXPO TB,DATA,T_n^o,δ_n^o,δ_t^o	T_n^o : Maximale Normalspannung δ_n^o : Normalseparation bei T_n^o δ_t^o : Tangentialseparation bei T_t^o T_n^o : über Bedingung $\phi_n \overset{!}{=} \phi_t$

ID : freiwählbare Materialnummer

δ_n^o, δ_t^o : Separation bei der zugehörigen maximalen Kohäsionsspannung T_i^o: Normal (n) oder Tangential (t)

Interface-Elemente angewendet werden. Zudem geht dieser Ansatz davon aus, dass das Potential in Normalen- und Tangentialrichtung gleich groß ist. Bei dem bilinearem Ansatz kann zwischen der Energiefreisetzungsrate und der Kohäsionsspannung bzw. Separation in die Normalen- und Tangentialrichtung unterschieden werden. Für die Interface-Elemente muss das bilineare Kohäsivgesetz durch Kohäsionsspannung und Separation als Eingabeparameter definiert werden. Dagegen gibt es für das bilineare Kohäsivgesetz der Kontaktelemente die Möglichkeit, zwischen energiebasiertem oder separationsbasiertem Eingabedatensatz auszuwählen. Bei den hier vorgestellten numerischen Untersuchungen wurde immer von einer Energiefreisetzungsrate und einer Kohäsionsspannung ausgegangen, denn hierfür waren Anhaltswerte aus den experimentellen Versuchen und Veröffentlichungen bekannt. Die Umrechnung auf die benötigten Parameter wie Rissöffnungsseparation δ^c oder Kontaktsteifigkeit K_i wurde über die jeweiligen Ansatzfunktionen angestellt. Diese sind im Wesentlichen in Abschn. 2.6.4 zu finden. In Tab. 7.1 sind die Eingabeparameter in ANSYS® 14.5 für die Umsetzung der Kohäsivzonenmodelle zusammengestellt.

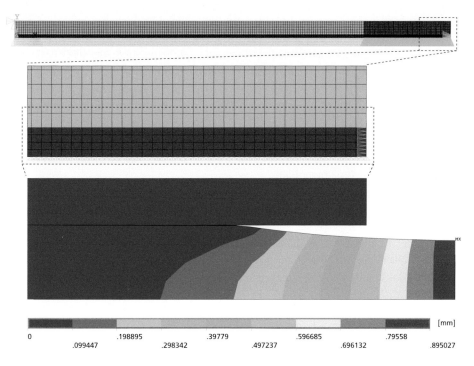

Abbildung 7.6 Deformation der TCT-Probe 1.1.7

Es ist als erstes das Kohäsivgesetz über den Befehl TB, CZM aufzurufen, gefolgt vom Ansatz des Kohäsivgesetzes abhängig von der Wahl des Grenzflächenelementes. Im nächsten
Schritt werden die notwendigen Parameter über den Befehl TB, Data angegeben.
Als Schwerpunkt der numerischen Untersuchung wurden Kontaktelemente mit energie-
basierendem bilinearem Kohäsivgesetz verwendet. Die anderen Ansätze wurden als Verifikation des vorliegenden Modells durch die Literatur und für die Herausarbeitung des
Einflusses der verschiedenen Kohäsivgesetze auf die benötigte Kraft, die zu einer Delamination führt, verwendet.

7.4 Through-Cracked-Tensile Test

7.4.1 Modellierung

Wie bereits erwähnt, werden für die numerische Untersuchung zum Delaminationsverhalten der PVB-Folie im gebrochenen VSG die in Kap. 6 vorgestellten TCT Tests herangezogen. Dazu wurde die Doppelsymmetrie des TCT Tests ausgenutzt. Die Bezeichnungen für
die Gesamtdelaminationslänge $2a$ und die Gesamtverschiebung 2δ der PVB-Folie wur-

den gemäß Seite 144 verwendet. Es wurde ein Viertel des Längsschnitts der TCT-Proben mit ebenen FE Elementen (Typ *plane183*) modelliert, wie in Abb. 7.6 zu sehen ist. Das Modell wurde auf der Symmetrieebene in Längsrichtung in der Mitte der PVB-Folie in y-Richtung unverschieblich gehalten. Zudem wurden die Knotenpunkte der PVB-Folie (violettes Netz) in der anderen Symmetrieebene in x-Richtung (Kraftrichtung) fixiert, da die Belastung über eine Lagerverschiebung der PVB-Folie aufgebracht wurde. In der oberen linken Ecke wurde das Glas (hellblaues Netz) unverschieblich in xy-Ebene gehalten. Die Länge des FE Modells betrug 100 mm und die Glasdicke 3 mm. Ausgehend von der Doppelsymmetrie wurde auch nur die halbe Dicke der PVB-Folie von 0,76 mm der in Kap. 6 durchgeführten TCT Tests modelliert.

Das FE Modell wurde so aufgebaut, dass die Knoten der unterschiedlichen Werkstoffen koinzident waren, um auch Interface-Elemente verwenden zu können. Es wurde eine Netzverfeinerung im Bereich des gebrochenen Glases, die sich bei der unverschieblichen Lagerung der PVB-Folie in x-Richtung befand, durchgeführt. Die Netzverfeinerung war variabel in der Länge und wurde vorwiegend mit einer Länge von 20 mm in x-Richtung modelliert. Das kohäsive Stoffgesetz wurde in der Regel für die gesamte Länge der Grenzfläche angesetzt. Dieses konnte jedoch bei Bedarf optional nur in dem verfeinerten Bereich aktiviert werden, und für die übrige Grenzschicht wurden koinzidente Knoten oder starr verbundene Kontaktelemente zugewiesen. Das Werkstoffgesetz des Glases war als linear elastisches Stoffgesetz implementiert. Das Stoffgesetz für die PVB-Folie konnte über Bitschalter zwischen linear elastisch, viskoelastisch (Prony-Reihe) und hyperelastisch (5-parametriges Modell nach Mooney-Rivlin) zugeschaltet werden. Vorwiegend kam das viskoelastische Materialmodell zum Tragen.

Bis auf die Netzkonvergenzstudie wurden die numerischen Berechnungen immer geometrisch nichtlinear durchgeführt. Bei der Nachbereitung der Ergebnisse wurde stets die Reaktionskraft über die Zeit bzw. die aufgebrachte Verschiebung ausgelesen. Zudem wurde die numerische Delaminationslänge bei den Kohäsivgesetzen mit Kontaktelementen ausgelesen und beurteilt. Als Reaktionskraft wurde immer die Gesamtkraft F der TCT Test-Probe ermittelt, indem die Reaktionskraft aus der numerischen Berechnung aufgrund der Symmetrie mit dem Faktor 2 und der Breite der Proben (30 mm) multipliziert wurde, da im ESZ und im EVZ in ANSYS® 14.5 mit einer Einheitsdicke mm gerechnet wurde. Die Gesamtdelaminationslänge $2a$ nach Abb. 6.1 wurde berechnet, indem die numerische Delaminationslänge mit dem Faktor 2 multipliziert wurde. Genauso wurde die Gesamtverschiebung 2δ berechnet.

7.4.2 Numerische Untersuchungen

Um die Ergebnisse der numerischen Untersuchungen des TCT Tests besser beurteilen zu können, wurde zunächst der Einfluss hinsichtlich Diskretisierung, Grenzflächenelementformulierungen und Kohäsivgesetze numerisch untersucht. Für alle numerischen Unter-

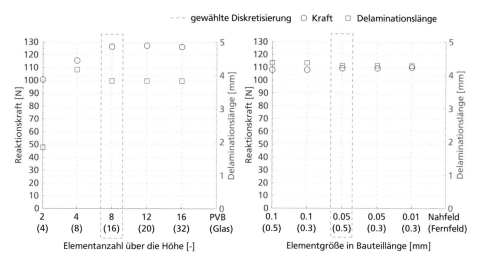

Abbildung 7.7   Konvergenzstudie zur Diskretisierung des TCT-Modells

suchungen wurde die Belastung in Form einer Verschiebung bis zu einer Zeit von 18,6 s aufgebracht. Als Referenz wurde stets die ausgewertete Probe 1.1.7 (Wegrate 6 mm min^{-1}) der durchgeführten TCT Tests in Kap. 6 verwendet.

Zudem wurde für die PVB-Folie das viskoelastische Stoffgesetz bei einer Temperatur von 21 °C verwendet. Es wurde ein ebener Spannungszustand vorausgesetzt (ESZ).

Diskretisierung   Zu Beginn der numerischen Untersuchungen wurde eine Konvergenzstudie hinsichtlich der Wahl des FE-Netzes durchgeführt. Es wurde untersucht, ob sich eine tendenzielle Konvergenz hinsichtlich der auftretenden numerischen Delaminationslänge und der auftretenden Reaktionskraft einstellt. Dies wurde mit Kontaktelementen und einem bilinearen symmetrischen Kohäsivgesetz ($\mathcal{G}_{cn} = \mathcal{G}_{ct} = 70\,\mathrm{J\,m^{-2}}$; $T_n^o = T_t^o = 4\,\mathrm{MPa}$ und $\eta = 0,01$) durchgeführt. Die Berechnung erfolgte geometrisch linear.

In einem ersten Schritt wurde die Elementlänge in x-Richtung im Feldbereich zu 1,0 mm und im Nahbereich zu 0,5 mm gesetzt und die Anzahl der Elemente in der Höhe variiert. In Abb. 7.7 ist zu sehen, dass bei einer Elementzahl von 8 Elementen für die PVB-Folie und 16 Elementen für das Glas keine signifikanten Änderungen sowohl in der Reaktionskraft als auch in der Delaminationslänge zu verzeichnen sind. In einem zweiten Schritt wurde diese gefundene Elementanzahl über die Höhe festgehalten und die Elementgröße in der Bauteillänge variiert. Es ist ersichtlich, dass im Nahfeldbereich eine Elementgröße von 0,05 mm und im Fernbereich eine Elementgröße von 0,5 mm ausreichend ist. Ausgehend von dieser Diskretisierung wurden alle nachfolgenden numerischen Untersuchungen durchgeführt.

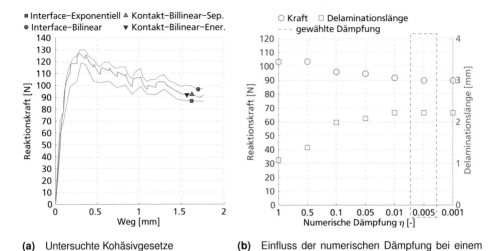

(a) Untersuchte Kohäsivgesetze

(b) Einfluss der numerischen Dämpfung bei einem bilinearen Kohäsivgesetz mit Kontaktelementen

Abbildung 7.8 Vergleich und Einfluss der Kohäsivgesetze auf die Reaktionskraft

Kohäsivgesetze Das linear elastische Materialgesetz für die PVB-Folie und das exponentielle Kohäsivgesetz wurden verwendet, um das FE Modell mit der Veröffentlichung von (BATI et al., 2009) zu verifizieren. Nach Feststellung einer sehr guten Übereinstimmung, wurde für die PVB-Folie nun für die folgenden Untersuchungen das viskoelastische Materialgesetz verwendet. Als erste Untersuchung wurden die unterschiedliche Kohäsivgesetze nach Tab. 7.1 miteinander verglichen. Dazu wurde von folgenden Parametern ausgegangen: $(\mathcal{G}_{cn} = \mathcal{G}_{ct} = 70\,\mathrm{J\,m^{-2}}; T_n^o = T_t^o = 4\,\mathrm{MPa}$ und $\eta = 0,01)$. Fehlende Parameter für die anderen Kohäsivgesetze als das energiebasierende Kohäsivgesetz (CBDE) wurden entsprechend umgerechnet.

Wie in Abb. 7.8a zu sehen ist, sind die Unterschiede im Ergebnis der Reaktionskraft nicht sehr signifikant. Alle untersuchten Kohäsivgesetze zeigten einen „unruhigen" Kraft-Wegverlauf auf, der auch nicht mit einer Erhöhung der Zwischenschritte oder mit einem Wechsel des Gleichungslösers verbessert werden konnte. Ein „ruhiger" Verlauf wird durch eine geometrisch lineare Berechnung mit linear elastischem Materialgesetz für die PVB-Folie erzielt. Dies bildet jedoch nur ungenügend das reale Verhalten des TCT Tests ab. Der bilineare Ansatz zwischen Interface-Elementen und Kontaktelementen liefert sehr ähnliche Ergebnisse. Der exponentielle Ansatz führt dagegen zu einer etwas geringeren Reaktionskraft, die zu einem Einsetzen der Delamination führt. Die Umrechnung des energiebasierenden Kohäsivgesetzes der Kontaktelemente zum separationsbasierenden Kohäsivgesetz ist richtig implementiert, da diese beide Vorgehen identische Ergebnisse liefern. Der Unterschied der maximalen Reaktionskraft zwischen den verschiedenen Ansätzen liegt zwischen 120 N bis 130 N ($< 10\,\%$). Der kontinuierliche Abfall der Reaktionskraft über den Weg bzw. Zeit ist auf das verwendete viskoelastische Materialgesetz der PVB-Folie zurückzuführen. Mit allen hier vorgestellten Kohäsivgesetzen kann offensichtlich die auftretende Delamination im TCT Test simuliert werden.

Der Schwerpunkt der numerischen Untersuchungen lag auf den Kontaktelementen mit dem energiebasierenden Kohäsivgesetz, aufgrund der oben erwähnten eindeutigen Definition der numerischen Delaminationslänge. Aus diesem Grund wurden noch weitere Parameterstudien durchgeführt, die den eventuellen Einfluss auf die Reaktionskraft und der Delaminationslänge im TCT Test bei der Verwendung von Kontaktelementen mit einem Kohäsivgesetz aufzeigen.

Die Verwendung von Kontakten in Kombination mit dem bilinearen Kohäsivansatz unterliegt der Angabe einer numerischen Dämpfung (vgl. Tab. 7.1), die keiner physikalischen Deutung zuzuordnen ist und die die numerische Berechnung nur stabilisieren soll. Um den Einfluss der Dämpfung auf die Reaktionskraft und auf die numerische Delaminationslänge zu untersuchen, wurde eine Parameterstudie durchgeführt. Dabei stellte sich heraus, dass ab einer Dämpfung von $\eta = 0,005$ keine signifikanten Änderungen in der Reaktionskraft und in der Delaminationslänge zu erwarten sind, wie in Abb. 7.8b zu sehen ist.

Als weiterer Parameter wurde die Kontaktsteifigkeit untersucht, die als Steigung der Geraden im bilinearen Ansatz zu verstehen ist (vgl. Abb. 2.17). Die Steigung der Geraden wurde über das Verhältnis $\delta^{\mathrm{o}}(\delta^{\mathrm{c}})^{-1}$ gesteuert. Bei einem Verhältnis von $\delta^{\mathrm{o}}(\delta^{\mathrm{c}})^{-1} = 0,5$ ist die Steifigkeit der Kohäsivzone bis zum Beginn der Entfestigung identisch mit der Steifigkeit bei Entfestigung. Je kleiner das Verhältnis $\delta^{\mathrm{o}}(\delta^{\mathrm{c}})^{-1}$ im Bereich von $0 < \delta^{\mathrm{o}}(\delta^{\mathrm{c}})^{-1} <$ 0,5 ist, desto größer wird die Kontaktsteifigkeit (größere Steigung bis zur Entfestigung) bei gleicher Energiefreisetzungsrate (Flächeninhalt des Dreiecks in Abb. 2.17). Dagegen wird die Kontaktsteifigkeit bei $\delta^{\mathrm{o}}(\delta^{\mathrm{c}})^{-1} > 0,5$ immer geringer bis zu einem Grenzwert von $\delta^{\mathrm{o}}(\delta^{\mathrm{c}})^{-1} = 1$, bei dem gar keine Entfestigung mehr auftritt. Für diesen Grenzfall sind die Ergebnisse mit Vorsicht zu betrachten, da es sich hierbei streng genommen um eine Unstetigkeit handelt, wie die Ergebnisse der Parameterstudie in Abb. 7.9 zeigen. Wird dieser Grenzfall außen vor gelassen, so kann festgestellt werden, dass mit einer Erhöhung der Kontaktsteifigkeit $\delta^{\mathrm{o}}(\delta^{\mathrm{c}})^{-1} \to 0$ die Reaktionskraft bei der Delamination zunimmt, dafür jedoch die numerische Delaminationslänge abnimmt. Der Einfluss auf die Reaktionskraft bei unterschiedlichen Kontaktsteifigkeiten ist tendenziell geringer als bei der Delaminationslänge.

Für die weiteren Untersuchungen wurde das Verhältnis zu $\delta^{\mathrm{o}}(\delta^{\mathrm{c}})^{-1} = 0,5$ für jegliche Energiefreisetzungsraten und Kohäsionsspannungen gewählt, um keine Steifigkeitsunterschiede zwischen Be- und Entlastung zu haben, die zu eventuellen numerischen Schwierigkeiten führen könnten.

Durch die bisher getätigten numerischen Untersuchungen wurden einige Einflussfaktoren für die Modellierung des TCT Tests festgelegt. Auf dieser Basis wurden die beiden wichtigsten Parameter studiert: Die Energiefreisetzungsrate und die Kohäsionsspannungen im Bezug auf deren Interaktion mit den beiden Separationsrichtungen (Normalen-

Tabelle 7.2 Untersuchung des Einflusses der Energiefreisetzungsrate $\mathcal{G}_c$ und der Kohäsionsspannungen T^o auf die Delamination

Modell	Modus	Energiefreisetzungrate		Kohäsionsspannung		Risslänge
		$\mathcal{G}_{cn}$ $[\mathrm{J\,m^{-2}}]$	$\mathcal{G}_{ct}$ $[\mathrm{J\,m^{-2}}]$	T_n^o [MPa]	T_t^o [MPa]	$2\,a$ [mm]
D81	Mode I	100	0	5	0	0,0011
D88	Mixed	100	∞^a	5	5000	0,0011
D93	Mixed	100	$1\cdot10^5$	5	500	0,0011
D83	Mixed	100	∞^a	5	5	0,8333
D84	Mixed	∞^a	100	5	5	0,4134
D86	Mixed	100	$1\cdot10^5$	5	5	0,0031
D82	Mode II	0	100	0	5	1,1173
D85	Mixed	100	100	5	5	1,2172
D87	Mixed	$1\cdot10^5$	100	5	5	1,3811
D89	Mixed	∞^a	100	5000	5	1,1173
D91	Mixed	100	$1\cdot10^5$	5	5000	1,1174
D92	Mixed	$1\cdot10^5$	100	500	5	1,1174
D90	Mixed	$1\cdot10^5$	100	5000	5	n. b.[b]

[a] $1\cdot10^6\cdot\mathcal{G}_c$
[b] keine Konvergenz erzielt

und Tangentialrichtung). Dazu wurden die Rissöffnungsarten Modus I, Modus II und der Mixed Mode untersucht. Eine Übersicht der angesetzten Energiefreisetzungsraten und Kohäsionsspannungen in die jeweilige Richtung ist in Tab. 7.2 gegeben. Im Mixed-Mode greift das lineare Kriterium nach Gleichung (2.71), sodass der Einfluss einer Energiefreisetzungsrate in eine Richtung durch Setzen des dazugehörigen $\mathcal{G}_c \to \infty$ auf den Delaminationsfortschritt minimiert wird. Als Ausgangswerte wurden für die Energiefreisetzungsrate $\mathcal{G}_c = 100\,\mathrm{J\,m^{-2}}$ und für die Kohäsionsspannungen $T^o = 5\,\mathrm{MPa}$ angesetzt. Bis auf das Modell D90 konnte bei allen Berechnungen eine Konvergenz erzielt werden. In Abb. 7.10 ist die resultierende Reaktionskraft der verschiedenen Modelle dargestellt. Im Wesentlichen kann die Parameterstudie in drei Gruppen eingeteilt werden, die in Tab. 7.2 jeweils zusammengefasst wurden. Die höchste Reaktionskraft wird bei der Annahme des Modus I sowie durch die Minimierung des Einflusses der tangentialen Energiefreisetzungsrate $\mathcal{G}_{ct}$ und durch das Hochsetzen der Kohäsionsspannung T^o erreicht (vgl. Modelle D81, D88 und D93). In Tab. 7.2 wird deutlich, dass sich keine Delaminationslänge bei diesen Modellen einstellt ($2\,\delta^c = 0,0011\,\mathrm{mm}$).

Bei den Modellen D83, D84 und D86 kann das typische Verhalten eines TCT Tests nicht abgebildet werden, denn es ist kein maximales Kraftniveau zu erkennen. Insbesondere bei einer hohen tangentialen Energiefreisetzungsrate $\mathcal{G}_{ct}$, gepaart mit einer geringen Kohäsi-

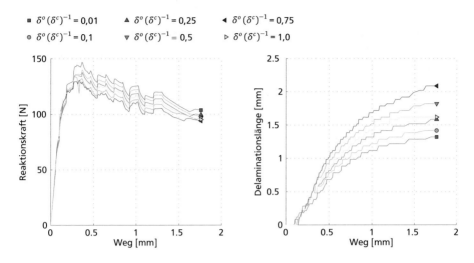

Abbildung 7.9   Einfluss der Kontaktsteifigkeit auf die Reaktionskraft und die Delaminationslänge

onsspannung T_t^o, kann keine hohe Reaktionskraft aufgebaut werden (vgl. Modell D83), da sich schon bei einer kleinen anliegenden Kraft eine Delamination einstellt. Aus diesen Gründen sind diese gewählten Parameter für Energiefreisetzungsrate und Kohäsionsspannungen für die Abbildung eines TCT Tests nicht geeignet.

Die besten Ergebnisse hinsichtlich Reaktionskraft und numerische Delaminationslänge sind in der dritten Gruppe zu erkennen (Modelle: D82, D85, D87, D89, D91, D92). Die Zusammenstellung in Abb. 7.10 und Tab. 7.2 machen den Einfluss der Rissöffnungsart des TCT Tests deutlich: Der TCT Test ist dominanter im Modus II als im Modus I. Das Modell D85, bei dem sowohl gleiche Energiefreisetzungsraten als auch gleiche Kohäsionsspannungen in Tangential- und Normalenrichtung angesetzt worden sind, stellt einen guten Mittelwert der untersuchten Modelle von der dritten Gruppe dar. Als Folge dieser numerischen Untersuchung wird für die Validierung der TCT Tests stets der Mixed Mode verwendet, bei dem das identische bilineare Kohäsionsgesetz in beiden Separationsrichtungen angesetzt wird.

Erkenntnisse der numerischen Untersuchungen   Die numerischen Berechnungen wurden durchgeführt, um den Einfluss verschiedener Parameter und Modellierungsansätze herauszuarbeiten. Es konnten einige Parameter festgelegt und bestimmte Modellierungsansätze ausgeschlossen werden, wodurch für die Validierung der TCT Tests nicht mehr alle Pfade beschritten werden müssen. Die wesentlichen Erkenntnisse, die für die weiteren numerischen Untersuchungen verwendet werden, sind im Folgenden kurz zusammengefasst:

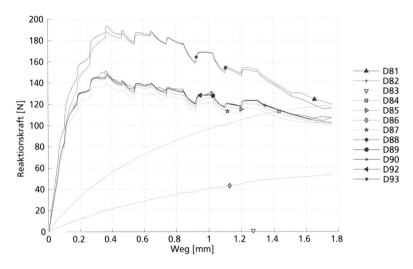

Abbildung 7.10 Einfluss verschiedener Energiefreisetzungsraten und Kohäsionsspannungen auf die Reaktionskraft im TCT Test

- Diskretisierung: 8 Elemente über die Dicke der PVB-Folie und 16 Elemente über die Dicke des Glases; eine Elementlänge von 0,05 mm im 20 mm langen Nahfeldbereich und im Fernfeldbereich eine Elementlänge von 0,5 mm,

- Grenzflächenelement: Kontaktformulierung,

- Kohäsivgesetz: Bilinearer energiebasierender Ansatz,

- Mixed-Mode: $\mathcal{G}_{cn} = \mathcal{G}_{ct}$; $T_n^o = T_t^o$,

- Kontaktsteifigkeit: $\delta^o (\delta^c)^{-1} = 0,5$ → gleiche absolute Steifigkeit bis zum Beginn der Delamination bei der Verschiebung δ^o und der danach einsetzenden Entfestigung,

- Numerische Dämpfung für Kontakt mit Kohäsivgesetz: $\eta = 0,005$.

7.4.3 Validierung des numerischen Modells

Um eine Prognose hinsichtlich des Resttragverhaltens von gebrochenem VSG machen zu können, ist ein erster Schritt, die quasi-statischen experimentellen Untersuchungen in Kap. 6, die mit einer Wegrate von 6,0 mm min^{-1} durchgeführt worden sind, numerisch abzubilden. Die experimentellen Versuche zeigten kaum einen Unterschied in der Haftfestigkeit zwischen der BG R10-Folie und der BG R15-Folie, sodass im Rahmen der Validierung der experimentellen Untersuchungen nur auf die BG R10-Folie (niedrigste Haftung) als untere Grenzwertbetrachtung und die BG R20-Folie (höchste Haftung) als obere

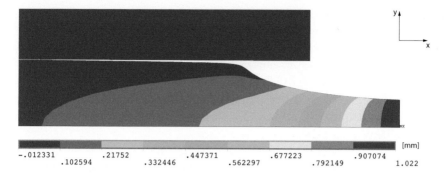

[mm]

-.012331   .21752   .447371   .677223   .907074
        .102594   .332446   .562297   .792149   1.022

(a)   Verschiebung δ der Probe TCT 1.3.10 in x-Richtung

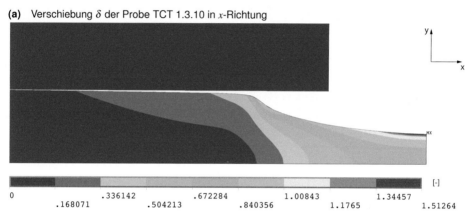

[-]

0   .336142   .672284   1.00843   1.34457
    .168071   .504213   .840356   1.1765   1.51264

(b)   Dazugehörige 1. Hauptdehnungen in der PVB-Folie der Probe TCT 1.3.10

Abbildung 7.11   Darstellung der Verschiebung und der dazugehörigen Dehnungen der Probe TCT
1.3.10 mit viskoelastischem Materialgesetz der PVB-Folie im EVZ

Grenzwertbetrachtung betrachtet worden ist. Für die BG R10-Folie wurde die Probe 1.1.7
und für die BG R20-Folie die Probe 1.3.10 zur Validierung herangezogen.
In der numerischen Simulation wurde die optisch ausgewertete Verschiebung in der entsprechenden Zeit bis zum Zeitpunkt $t \approx 18{,}6\,\mathrm{s}$ vom Prüfungsbeginn berücksichtigt. Dies
entsprach einer Verschiebung in x-Richtung von bis zu $1{,}8\,\mathrm{mm}$. Für die Berechnungen
wurde stets die Theorie der großen Verformungen verwendet (geometrisch nichtlineare
Berechnung). Als Validierungsparameter wurde die resultierende Reaktionskraft über die
optisch ausgewertete Verschiebung in x-Richtung herangezogen. Für die numerische Berechnung der TCT Tests wurden die in Abschn. 7.4.2 herausgearbeiteten Erkenntnisse
angesetzt. Als Materialgesetz der PVB-Folie wurde zunächst das viskoelastische Materialgesetz nach (BARREDO et al., 2011) verwendet.
Um eine Validierung des numerischen Modells mit den experimentellen Untersuchungen
zu erhalten, wurden die Energiefreisetzungsrate $\mathcal{G}_{\mathrm{cn}} = \mathcal{G}_{\mathrm{ct}}$ und die dazugehörigen Kohäsi-

onsspannungen $T_n^o = T_t^o$ so variiert, dass der numerische Kraft-Wegverlauf mit der experimentellen Kurve übereinstimmt. Dazu wurden die Grenzfälle des ebenen Spannungszustandes (ESZ) und ebenen Verzerrungszustandes (EVZ) untersucht. Beim gewählten Versuchsaufbau stellt sich jedoch ein Zustand zwischen dem ESZ und dem EVZ ein. Dieser Zustand kann nur in einem 3-D Modell genau abgebildet werden, das jedoch aufgrund des mehraxialen Spannungszustands numerisch nicht zufriedenstellend umsetzbar ist. Daher werden hier die beiden Grenzfälle ESZ und EVZ in einem 2-D Modell berücksichtigt, um die experimentellen Versuche realitätsnah abzubilden.

Bei der Probe 1.1.7 mit der BG R10-Folie (geringe Haftung) konnten die numerischen Parameter so angepasst werden, dass sowohl im ESZ als auch im EVZ der experimentelle Kraft-Wegverlauf bis nach dem Kraftmaximum gut abgebildet werden kann, wie in Abb. 7.12a zu sehen ist. Mit Fortschreiten der Probenverschiebung wird der Einfluss des viskoelastischen Materialgesetzes deutlich: Im Gegensatz zur experimentellen Reaktionskraft nimmt die numerische Reaktionskraft danach kontinuierlich ab anstatt zu.

Mit zunehmendem Haftgrad zwischen Folie und Glasoberfläche konnten die TCT Tests mit einem viskoelastischen Materialgesetz der PVB-Folie nur noch im EVZ annähernd abgebildet werden. Dies wird mit dem Vergleich des experimentellen Ergebnisses der Probe 1.3.10 in Abb. 7.12b deutlich. Die Steifigkeit des angesetzten viskoelastischen Materialgesetzes reicht nicht aus, um die experimentellen Ergebnisse abzubilden. Die Folie erfährt infolge des Risses und der Belastung Verzerrungen, die als nicht mehr klein angesehen werden können, wie Abb. 7.11 belegt. Daher sollten große Verzerrungen berücksichtigt werden, die mit einem hyperelastischen Materialgesetz erfasst werden können. Wird das in Abschn. 7.2 vorgestellte hyperelastische Materialgesetz nach Mooney-Rivlin angewendet, so nimmt zwar die Reaktionskraft kontinuierlich im ESZ und EVZ zu oder bleibt zumindest nach dem Erreichen eines Kraftmaximums konstant. Jedoch führt das hyperelastische Materialgesetz der PVB-Folie im ESZ zu einer geringeren maximalen Reaktionskraft als bei der Verwendung des viskoelastischen Materialgesetzes. Der Grund hierfür kann in der unterschiedlichen Ausgangslänge der Folie l_0 zwischen den Zugversuchen für die Ermittlung des hyperelastischen Materialgesetzes und den durchgeführten TCT Tests sein: Obwohl die Abzugsgeschwindigkeit der Zugversuche mit $5{,}0\,\mathrm{mm\,min^{-1}}$ und die der TCT Tests mit $6{,}0\,\mathrm{mm\,min^{-1}}$ annähernd gleich waren, führt eine kleinere Ausgangslänge der Folie zu einer größeren Dehnrate und damit zu einem steiferen Verhalten. Im TCT Test ist anfänglich keine Ausgangslänge vorhanden, sodass diese erst mit fortschreitender Delamination geschaffen wird. Es sollte geprüft werden, ob sich ein adäquateres hyperelastisches Materialgesetz für die numerische Simulation der TCT Tests durch eine höhere Abzugsgeschwindigkeit ergibt. Ein weiteres Indiz für ein hyperelastisches Materialgesetz mit höherer Abzugsgeschwindigkeit ist, dass die Anfangssteifigkeit beim verwendeten hyperelastischen Materialgesetz geringer als der experimentelle Versuch der Probe 1.3.10 ist. Aufgrund der geringen Steifigkeit wurde für die PVB-Folie ein linear elastisches Materialgesetz im ESZ angesetzt, um eine bessere Übereinstimmung mit dem experimentellen

Ergebnis zu erhalten. Daraus resultierte ein linear elastischer E-Modul von $E = 50\,\mathrm{MPa}$, eine Querkontraktionszahl von $\nu = 0,45\,[-]$ sowie die dazugehörigen Energiefreisetzungs-raten von $\mathcal{G}_{cn} = \mathcal{G}_{ct} = 225\,\mathrm{J\,m^{-2}}$ und Kohäsionsspannungen von $T_n^o = T_t^o = 9,5\,\mathrm{MPa}$ (vgl. Abb. 7.12b). Die Steifigkeit der Folie wurde mit dem linear elastischen Materialgesetz überschätzt, sodass die maximale Reaktionskraft früher als im experimentellen Versuch erreicht worden ist. Mit einem E-Modul von $< 50\,\mathrm{MPa}$ konnte die notwendige maxima-le Reaktionskraft von $\approx 250\,\mathrm{N}$ nicht erreicht werden. Es wurde nur im ESZ gerechnet, da der EVZ zu höheren Reaktionskräften bei sonst gleichen Parametern führt. Das linear elastische Materialgesetz wurde nur herangezogen, um zu zeigen, dass eine höhere Folien-steifigkeit zu einer höheren Reaktionskraft führt und sich gleichzeitig eine Delamination der Folie mit Kohäsivzonenelementen erkennbar macht. Die sich einstellende Delamina-tion ist aufgrund des konstanten Reaktionskraftplateaus bei $\approx 250\,\mathrm{N}$ begründet. Um das Resttragverhalten von gebrochenem VSG simulieren zu können, müssen die Zeit- und Temperaturabhängigkeit der PVB-Folie sowie große Dehnungen berücksichtigt werden, sodass der linear elastische Ansatz dahingehend nicht zielführend sein wird.

7.4.4 Auswertung und Interpretation

Für die Validierung des numerischen Modells mit den experimentellen TCT Tests sind die in der Numerik verwendeten Energiefreisetzungsraten $\mathcal{G} = \mathcal{G}_{cn} = \mathcal{G}_{ct}$, die Kohäsionsspan-nungen und die Haftscherfestigkeiten sowie die dabei resultierende Delaminationslänge der Folie von grundlegender Bedeutung. Um die Delaminationslänge auszuwerten, wur-de der Kontaktradius (Pinball), bei dem sich der Kontakt numerisch löst, so groß wie die sich aus der Energiefreisetzungsrate und Kohäsionsspannung ergebende Ablöseseparati-on δ^c gewählt (vgl. Seite 37). Damit konnte die numerische Delaminationslänge aus der FE Berechnung ausgegeben werden. Eine entsprechende Gegenüberstellung der nume-rischen Berechnungen der TCT Tests mit den dazugehörigen experimentellen Ergebnissen ist in Tab. 7.3 zusammengestellt.

Die experimentell ermittelten Energiefreisetzungsraten und Kohäsionsspannungen ste-hen nicht in Einklang mit denen in der Numerik. In der Energiefreisetzungsrate wurde bei der Probe 1.1.7 ein Unterschied von $297\,\mathrm{J\,m^{-2}}$ gegenüber $70\,\mathrm{J\,m^{-2}}$ und $90\,\mathrm{J\,m^{-2}}$ fest-gestellt. In den Kohäsionsspannungen wurde numerisch eine Spannung von $4,0\,\mathrm{MPa}$ und $1,7\,\mathrm{MPa}$ gegenüber der experimentellen Haftfestigkeit von $6,8\,\mathrm{MPa}$ benötigt. Ähnliche Abweichungen konnten bei der Probe 1.3.10 beobachtet werden. Ein Grund hierfür ist, dass bei der experimentell ermittelten Energiefreisetzungsrate die tangentiale Separation und die normale Separation einfließen, auch wenn die numerischen Untersuchungen ge-zeigt haben, dass der TCT Test eher Modus II dominant ist (vgl. Abb. 7.10). Aus den numerisch ermittelten Energiefreisetzungsraten kann nicht auf eine gesamte Energiefrei-setzungsrate geschlossen werden, sodass eine Vergleichbarkeit zwischen der experimen-tellen und numerischen Energiefreisetzungsrate nicht möglich ist. Die für das numerische

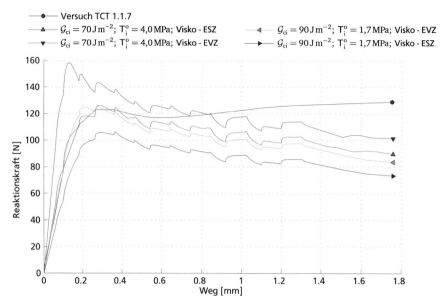

(a)   Geringe Haftung: Probe TCT 1.1.7 mit BG R10-Folie

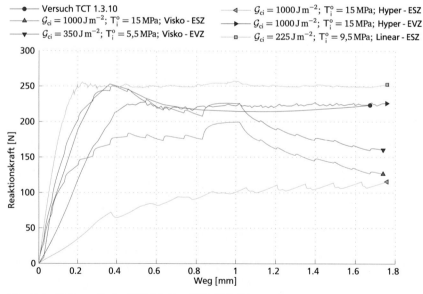

(b)   Hohe Haftung: Probe TCT 1.3.10 mit BG R20-Folie

Abbildung 7.12   Validierung der numerischen Simulation der TCT Tests mit den experimentellen Ergebnissen bei einer Wegrate von 6 mm min^{-1}

Kohäsivgesetz anzusetzenden Kohäsionsspannungen führten ebenfalls im Vergleich mit den experimentell ermittelten Haftfestigkeiten der Haftzug- oder Haftscherversuche zu keinem zufriedenstellenden Ergebnis. Daher gibt es auch hier einen signifikanten Unterschied zwischen experimentellen Haftscherfestigkeiten und numerischen Kohäsionsspannungen. Diese Unterschiede sind vermutlich in dem bilinearen oder exponentiellen Ansatz des Kohäsivgesetzes begründet: Es wurde davon ausgegangen, dass die maximale Kohäsionsspannungen T^o des Kohäsivgesetzes identisch mit den Haftfestigkeiten der Haftzug- und Haftscherversuche sind. Diese Annahme konnte jedoch nicht bei der Validierung des numerischen Modells bestätigt werden.

Die ausgewerteten numerischen Delaminationslängen $2a$ sind infolge der nicht übereinstimmenden Kohäsionsspannung-Separationsbeziehung zwischen experimentellen Versuchen und den numerischen Berechnungen nicht vergleichbar (vgl. Tab. 7.3). Bei der Probe 1.1.7 mit der niedrigen Haftung wurde eine Delaminationslänge von $2a = 1{,}24$ mm experimentell bestimmt. Dagegen ergaben die numerischen Berechnungen im ESZ eine Delaminationslänge von $0{,}62$ mm und im EVZ eine Delaminatinslänge von $0{,}72$ mm. Bei der Probe 1.3.10 war der Unterschied in der Delaminationslänge mit $0{,}60$ mm im Experiment und $0{,}20$ mm in der Numerik sogar noch größer. Es könnte theoretisch die numerische Delaminationslänge durch eine Veränderung des Kontaktradius den Versuchen besser angepasst werden, dies hätte jedoch zur Folge, dass von einer anderen Separation ausgegangen wird, bei der der physikalische vollständige Ablösevorgang zwischen Folie und Glasoberfläche erfolgt ist. Dieses Vorgehen wäre aufgrund der Bedeutung des Kohäsivzonengesetzes inkonsistent und wird daher nicht empfohlen.

7.5 Beurteilung der numerischen Untersuchungen

Durch die vorgestellten numerischen Berechnungen anhand des TCT Tests wurden verschiedene Aspekte hinsichtlich der Umsetzung der Delamination von PVB-Folie im gebrochenen VSG untersucht.

Prinzipiell muss aufgrund der numerischen Untersuchungen festgehalten werden, dass die Verwendung von Kohäsivzonenmodellen ein geeigneter Ansatz ist, um das Delaminationsverhalten von Zwischenschichten im gebrochenen VSG abzubilden. Es wurde herausgearbeitet, dass es keinen signifikanten Unterschied in der Wahl der Grenzflächenelemente als Interface-Elemente oder Kontaktelemente gibt. Es wird daher die Verwendung von Kontaktelementen empfohlen, da bei diesen eine Durchdringung der Grenzflächen ausgeschlossen wird und zudem keine koinzidenten Knoten für die Vernetzung der angrenzenden Werkstoffe benötigt werden. Dies ist insbesondere bei einer etwaigen dreidimensionalen Umsetzung des Modells von Bedeutung. Ein weiterer Vorteil der Kontaktformulierung ist die Festlegung des Ablösevorgangs der Grenzflächen. Während bei den Interface-Elementen stets die Grenzflächen miteinander verbunden sind, auch wenn die Ablöseseparation bereits überschritten ist, wird bei der Kontaktformulierung die Verbindung zwischen

Tabelle 7.3 Vergleich der Ergebnisse der FE Berechnungen mit den TCT Versuchen (EXP) bis zu einem Weg von 1,8 mm

Modell		Mech. Parameter		Versuchsergebnisse				Stoffgesetz	Zustand
		$\mathcal{G}_i$ [a]	T_i^{o} [b]	2δ [c]	$2a$ [d]	$F(2\delta)$ [e]	$F_{\max}$ [f]	PVB-Folie	ESZ/EVZ[h]
		[J m^{-2}]	[MPa]	[mm]	[mm]	[N]	[N]		
TCT 1.1.7	EXP	297	6,8	0,36	1,24	123	-	-	-
	D101	70	4,0	0,36	0,62	121	126	Visko	ESZ
	D102	70	4,0	0,36	1,58	135	158	Visko	EVZ
	D109	90	1,7	0,36	0,72	119	125	Visko	EVZ
	D110	90	1,7	0,36	0,28	104	106	Visko	ESZ
TCT 1.3.10	EXP	1272	13,4	0,36	0,60	253	-	-	
	D01	1000	15	0,36	0,00	168	200	Visko	ESZ
	D27	350	5,5	0,36	0,20	243	250	Visko	EVZ
	D03	1000	15	0,36	0,00	71	120	Hyper	ESZ
	D29	1000	15	0,36	0,02	198	228	Hyper	EVZ
	D28	225	9,5	0,36	2,28	248	257	Linear[g]	ESZ

[a] i: Energiefreisetzungsrate im Versuch $\mathcal{G}$ und in der Numerik $\mathcal{G}_{\mathrm{cn}} = \mathcal{G}_{\mathrm{ct}}$
[b] i: Haftscherfestigkeit im Versuch und die Kohäsionsspannung in der Numerik $T_{\mathrm{n}}^{\mathrm{o}} = T_{\mathrm{t}}^{\mathrm{o}}$
[c] Gesamtweg der TCT-Probe zum Zeitpunkt der ausgewerteten Energiefreisetzungsrate
[d] Gesamtdelaminationslänge bei einer Verschiebung von 2δ
[e] Reaktionskraft F bei einer Verschiebung von 2δ
[f] Maximale Reaktionskraft $F_{\max}$ in der numerischen Berechnung
[g] E-Modul: 50 MPa; Querkontraktionszahl: 0,45 [-]
[h] Zustand: ebener Spannungszustand (ESZ); ebener Dehnungszustand (EVZ)

den Grenzflächen jenseits der Ablöseseparation bzw. mit der Festlegung des Kontaktradius gelöst. Eine direkte Auswertung der numerischen Delaminationslänge ist demnach mit Kontaktelementen einfacher zu bewerkstelligen. Unterschiede in der numerischen Stabilität bei der Wahl der Grenzflächenelemente konnten nicht festgestellt werden.

Der modellierte TCT Test zeigte einen dominanten Modus II als Rissöffnungsart, wobei mit dem Ansatz des Mixed-Modes bei gleicher normaler und tangentialer Kohäsionsspannung-Separation-Beziehung ein nahezu identischer Kraft-Wegverlauf im Vergleich zum Modus II festgestellt worden ist. Dies zeigt, dass der Einfluss des Modus I im TCT Test im Vergleich zum Modus II eine untergeordnete Rolle einnimmt.

Eine Validierung des numerischen Modells mit zwei quasi-statischen TCT Tests - einen mit niedriger Haftung (BG R10-Folie) und einen mit hoher Haftung (BG R20-Folie) - konnte nur hinsichtlich der Kraft-Weg-Beziehung zufriedenstellend erzielt werden. Der Versuch konnte mit der niedrigen Haftung sowohl im ESZ als auch im EVZ mit einem viskoelastischen Materialgesetz aus der Literatur abgebildet werden. Bis zum Erreichen des Kraftplateaus, welches einen kontinuierlichen konstanten Delaminationsfortschritt der PVB-Folie repräsentiert, konnte der Versuch mit dem viskoelastischen Materialgesetz der PVB-Folie sehr gut abgebildet werden. Mit zunehmender Delamination wurde im Experiment eine Versteifung der Folie, die zu einer Erhöhung der Kraft führte, beobachtet. Dies konnte aufgrund des verwendeten viskoelastischen Materialgesetzes nicht simuliert werden.

Bei dem Versuch mit der hohen Haftung konnte ein ähnliches Verhalten zwischen der experimentellen und der numerischen Kraft-Weg-Beziehung festgestellt werden. Jedoch konnte Numerik und Experiment nur im EVZ unter der Annahme des viskoelastischen Materialverhaltens der PVB-Folie validiert werden. Auch die Verwendung eines mit der Dehnrate im TCT Test passenden hyperelastischen Materialgesetzes der PVB-Folie konnte die Ergebnisse nicht verbessern. Dies wurde auf die größere Ausgangslänge der Folie l_0 im Zugversuch zur Bestimmung des hyperelastischen Materialgesetzes und der zu Beginn nicht vorhandenen Ausgangslänge der Folie l_0 im TCT Tests zurückgeführt, denn eine kleinere Ausgangslänge führt bei gleicher Dehnrate zu einer höheren Steifigkeit.

Es wurde gezeigt, dass die Erhöhung des E-Moduls der PVB-Folie zu einer Steigerung der Kraft bis zum Einsetzen der Delamination führt, was den experimentellen Versuchen mit den höheren Haftungen entsprechen würde. Es sollte demnach ein Materialgesetz der PVB-Folie zum Einsatz kommen, das sowohl hyperelastische als auch viskoelastische Eigenschaften aufweist, sodass große Dehnungen, Zeit- und Temperaturabhängigkeit der PVB-Folie berücksichtigt werden.

Die Validierung des numerischen Modells mit den experimentellen Versuchen über die Kraft-Wegverläufe offenbarte signifikante Unterschiede hinsichtlich der Kohäsionsspannungs-Separation-Beziehung zwischen Numerik und experimentellen Versuchen. Zudem konnten auch die numerisch und experimentell bestimmten Delaminationslängen nicht miteinander in Einklang gebracht werden. Ein Grund hierfür ist in der experimentell bestimmten Gesamtenergiefreisetzungsrate zu suchen, da diese sich aus der tangentialen und der normalen Separation zusammensetzt. Ein anderer Grund ist sicherlich, dass es keine experimentellen Ergebnisse gibt, die einen Aufschluss über die Separation δ^c der Grenzfläche geben, bei der sich die Zwischenschicht physikalisch von der Glasoberfläche löst. Die experimentelle Bestimmung der Separation δ^c stellt von der Entwicklung einer geeigneten Prüfmethode eine echte Herausforderung dar.

Wie groß der jeweilige Anteil des Mixed-Modes ist, kann mit dem TCT Test nicht experimentell bestimmt werden, sodass infolgedessen auch Unterschiede zwischen Experiment und Numerik festzustellen waren.

8 Zusammenfassung und Ausblick

8.1 Zusammenfassung der Erkenntnisse

Ziel der Arbeit war, einerseits Prüfmethoden zu entwickeln, die eine Klassifizierung von Zwischenmaterialien von VSG hinsichtlich der Resttragfähigkeit durch Ableitung mechanischer Größen ermöglichen. Andererseits sollten numerische Berechnungsansätze untersucht werden, die als Basis für weitere Forschungsarbeiten dienen sollen, um den Widerstand von gebrochenen Verglasungen hinsichtlich der Resttragfähigkeit prognostizieren zu können.

Dazu wurde zunächst das Tragverhalten eines VSG unter reiner Biegebeanspruchung anhand einfacher FE Modelle studiert. Die dabei auftretenden Spannungen in der Zwischenschicht, im Glas und entlang der Grenzschicht der drei Bruchzustände des VSG (intakt, teilweise und vollständig gebrochen) wurden ausgewertet, um den Lastabtrag besser zu verstehen. Für die Beurteilung der Resttragfähigkeit eines gebrochenen VSG ist insbesondere der Bruchzustand III von Interesse. Aus diesem Grund wurden in dieser Arbeit nur experimentelle und numerische Untersuchungen an VSG im Bruchzustand III durchgeführt.

Prüfmethoden zur Klassifizierung der Zwischenschicht von VSG hinsichtlich der Resttragfähigkeit Auf Grundlage der durch die FE Berechnung verifizierten Spannungen im Bruchzustand III wurden sechs Versuchsarten untersucht, die für eine Klassifizierung der Materialeigenschaften der Zwischenschichten von VSG hinsichtlich der Resttragfähigkeit in Frage kommen könnten. Bedingungen für die Versuchsarten waren die Reproduzierbarkeit der Ergebnisse und die Vergleichbarkeit mit der gängigen PVB-Folie hinsichtlich der Resttragfähigkeit von gebrochenem VSG. Zudem sollten die Versuche nach Möglichkeit Kleinbauteilversuche darstellen, die die aufwendigen und kostenintensiven Resttragfähigkeitsversuche an originalen Bauteilabmessungen in Einbausituation minimieren oder sogar ersetzen können.

Im Rahmen dieser experimentellen Untersuchungen haben sich die zwei Prüfmethoden TCB Test und TCT Test herauskristallisiert, die die wichtigsten Aspekte des Resttragverhaltens von gebrochenem VSG umfassen. Die obere und untere Glasscheibe der VSG-Proben werden bei beiden Prüfmethoden koinzident in der Bauteilmitte gebrochen; dies stellt für das VSG die ungünstigste Rissanordnung für das Resttragverhalten des gebrochenen VSG dar, da die Zugkraft infolge des auftretenden Biegemoments vollständig von der Zwischenschicht übertragen werden muss.

Es wurde ein Verformungskriterium entwickelt, welches über das Herabfallen der Verglasung von den Auflagern bei einem Glaseinstand von 15 mm geometrisch definiert ist. Unter Berücksichtigung der Abmessungen des VSG sowie dessen Aufbau, kann eine Folienverlängerung der Folie berechnet werden, welche die zu untersuchende Zwischenschicht im TCB Test und im TCT Test ohne vorzeitiges Versagen ermöglichen muss. Um dies zu gewährleisten, müssen die Zugfestigkeit der Zwischenschicht und die Haftung zwischen Glasoberfläche und Zwischenschicht aufeinander abgestimmt sein.

Der TCB Test ist ein 4-Punkt-Biegeversuch, der den Widerstand gegenüber Einwirkungen an koinzident gebrochenem VSG untersucht. Die dafür entwickelte Prüfmethode sieht einen Relaxationsversuch vor, bei dem die Probekörper auf die aus dem Verformungskriterium ermittelte Durchbiegung belastet werden, um diese Position dann eine Stunde zu halten. Beim Anfahren auf die Halteposition darf es keinen Abfall in der Kraft-Weg-Beziehung geben, dadurch kann eine vorzeitige Schädigung der Zwischenschicht nahezu ausgeschlossen werden. Die zu untersuchende Zwischenschicht muss nach dem Relaxationsversuch mindestens die gleiche Restkraft wie die bewährte PVB-Folie aufnehmen können.

Der TCT Test ist ein uniaxialer Zugversuch in Bauteilachse an koinzident gebrochenem VSG, der das Delaminationsverhalten der Zwischenschicht in Abhängigkeit der Festigkeit und Steifigkeit der Zwischenschicht erfasst. Die vorgeschlagene Prüfmethode sieht vor, dass der Zugversuch lagegeregelt bis zum Bruch der Folie oder bis zur vollständigen Delamination der Folie geprüft wird. Die Beurteilung der Zwischenschicht des VSG hinsichtlich der Resttragfähigkeit erfolgt über den Vergleich des maximal auftretenden Kraftniveaus während der Prüfung. Das maximal auftretende Kraftniveau darf erst nach der aus dem Verformungskriterium ermittelten Folienlängenänderung auftreten, um ein vorzeitiges Versagen der Zwischenschicht im Bruchzustand III auszuschließen.

Für Zwischenschichten mit hoher Steifigkeit und hoher Haftung birgt das Verformungskriterium einen nicht zu übersehenden Nachteil: denn solche Zwischenschichten können solch einem Verformungskriterium ohne vorzeitiges Versagen nicht zwingend standhalten, obwohl diese eine höhere Restkraft bei einer entsprechenden kleineren Verformung abtragen können als die Zwischenschichten mit geringer Steifigkeit und geringer Haftung.

Delaminationsverhalten von PVB im gebrochenen VSG   Die untersuchten Prüfmethoden haben gezeigt, dass bei Fragen, welche die Resttragfähigkeit betreffen, das Delaminationsverhalten der Zwischenschicht im gebrochenen VSG von entscheidender Bedeutung ist. Die Delamination der Zwischenschicht von der Glasoberfläche ist als ein fortschreitender Riss in der Grenzfläche zu deuten. Für die Schaffung der dabei entstehenden neuen Oberflächen wird Energie dissipiert, die aus der Energiebilanz des vorliegenden Systems bestimmbar ist; dadurch können Zwischenschichten mit der daraus ermittelten mechanischen Größe, die als Energiefreisetzungsrate bezeichnet wird, quantifiziert werden. Die Energiefreisetzungsrate ermöglicht eine Beurteilung hinsichtlich der Resttragfähigkeit und kann darüber hinaus als Eingangsgröße für die numerische Simulation von gebrochenem VSG implementiert werden.

Die Energiefreisetzungsrate für einen entstehenden Riss in der Grenzfläche eines VSG wurde mit dem TCT Test experimentell bestimmt. Dazu wurden TCT Tests an gebrochenem VSG mit PVB-Folie durchgeführt mit zwei unterschiedlichen Probenbreiten, die drei verschiedene Haftgrade (niedrig, mittel, hoch) aufwiesen. Zudem wurden drei verschiedene Wegraten untersucht, wobei nur die beiden langsamen hinsichtlich der Energiefreisetzungsrate ausgewertet werden konnten. Es konnte festgestellt werden, dass der Einfluss der Probenbreite auf die Energiefreisetzungsrate nicht signifikant war und die Energiefreisetzungsrate mit zunehmendem Haftgrad stetig zunahm. Eine Wegratenabhängigkeit der Energiefreisetzungsrate konnte beobachtet werden: mit zunehmender Wegrate nahm die Energiefreisetzungsrate bei allen Haftgraden deutlich zu.

Die numerische Simulation des TCT Tests dient einem ersten Schritt, um das Resttragverhalten von gebrochenem VSG abbilden zu können. Der TCT Test wurde in einem FE Programm als ebenes Problem mit Kohäsivzonenelementen modelliert, die als Grenzflächenelemente die Haftung zwischen Folie und Glasoberfläche abbilden. Um den Riss in der Grenzfläche in Abhängigkeit der Haftung zu simulieren, wurde den Grenzflächenelementen ein Kohäsivgesetz zugeordnet, das auf einem Spannungs-Weg-Gesetz in der Grenzfläche gründet und in Form eines bilinearen oder exponentiellen Ansatzes darstellbar ist. Das Integral der Spannungs-Weg-Beziehung stellt dann die Energiefreisetzungsrate, die für einen Rissfortschritt in der Grenzfläche notwendig ist, dar.

Der TCT Test kann prinzipiell sehr gut mit Kohäsivzonenelementen abgebildet werden. Anhand von numerischen Untersuchungen hat sich das bilineare Kohäsivgesetz, das mit Kontaktelementen implementiert wurde, als überlegen erwiesen. Eine Validierung der experimentell durchgeführten TCT Tests mit der langsamen Wegrate konnte nur über den Kraft-Wegverlauf erzielt werden. Es wurden verschiedene Materialgesetze (linear elastisch, hyperelastisch und viskoelastisch) für die PVB-Folie angesetzt, wobei das viskoelastische Materialgesetz bis nach dem Erreichen des ersten Kraftmaximums die TCT Tests am besten simulieren konnte. Die experimentell ermittelten Delaminationslängen, Haftfestigkeiten und Energiefreisetzungsraten konnten mit dem numerischen Modell nicht bestätigt werden.

8.2 Weiterer Forschungsbedarf

Die Erkenntnisse dieser Arbeit haben zu weiteren Fragestellungen geführt, die noch eingehender untersucht werden müssen, bevor eine prognostizierbare Aussage über die Resttragfähigkeit eines gebrochenen VSG in Einbausituationen gemacht werden kann. Der Forschungsbedarf erstreckt sich von weiteren notwendigen experimentellen Untersuchungen der vorgestellten Prüfmethoden bis hin zu weiterführenden numerischen Betrachtungen.

Weiterführende experimentelle Untersuchungen   Für die in dieser Arbeit entwickelten Prüfmethoden wurde ein Verformungskriterium als Belastung zugrunde gelegt. Es sollte geprüft werden, ob zusätzlich zu diesem Verformungskriterium ein Belastungskriterium anzusetzen ist. Hiermit kann ein Kriechversuch durchgeführt werden, dessen Beurteilung hinsichtlich der Resttragfähigkeit über die aus dem Versuch resultierende Kriechrate erfolgen würde. Erste Überlegungen hierzu sind bereits anhand von vierseitig gelagerten gebrochenen Verglasungen unter einer Einzellast in (KUNTSCHE et al., 2015) vorgestellt worden. Diese müssen noch weitergeführt werden, insbesondere bei der Fragestellung: Welches Belastungskriterium ist anzusetzen, d. h. wie kann eine Prüfvorschrift für die anzusetzende Prüfmethode abgeleitet werden, um eine äquivalente Belastung aus Dauer und Größe der Einwirkung wie im Resttragfähigkeitsversuch in Einbausituation zu erhalten. Die Berücksichtigung beider Kriterien, abgeleitet aus der Verformung und der Belastung, wird einen besseren Aufschluss in der Beurteilung der Zwischenschicht eines VSG hinsichtlich der Resttragfähigkeit geben. Dies sollte sowohl an Bauteilversuchen wie auch an den vorgeschlagenen Prüfmethoden TCT Test und TCB Test verifiziert werden.

Die durchgeführten TCT Tests sollten noch verbessert werden, um die Energiefreisetzungsrate experimentell genauer zu bestimmen. Dazu sind genauere optische Aufnahmen mit höherer Auflösung und höherer Bildfrequenz notwendig. Zudem sollte berücksichtigt werden, dass der relevante Delaminationsbereich, der für die Bestimmung der Energiefreisetzungsrate notwendig ist, innerhalb einer sehr kurzen Folienlängenänderung zu betrachten ist. Zu empfehlen wäre daher die Verwendung von zwei optischen Messsystemen. Eines für den Bereich bis zum Einsetzen des konstanten Delaminationsfortschritts und das andere für den Bereich jenseits des konstanten Kraftniveaus. Dadurch kann die Kraft-Weg-Beziehung des Versuchs exakter abgebildet werden, sodass auf die Annahme eines linear elastischen Materialverhaltens der Zwischenschicht bis zum Erreichen des konstanten Kraftniveaus verzichtet werden kann. Es sei an dieser Stelle nochmals darauf hingewiesen, dass die Wegrate im TCT Test nicht zu langsam gewählt werden darf, um ein kurzzeitiges konstantes Kraftniveau zu erhalten.

Um den Einfluss des Modus I im TCT Test besser beurteilen und für die numerische Simulation von Kohäsivzonenmodellen einsetzen zu können, bedarf es einer Prüfmethode, mit der die Energiefreisetzungsrate im dominanten Modus I bestimmt werden kann. Hierzu könnte der *Peel Test* nützlich sein, bei dem eine Zwischenschicht von der Glasoberfläche in einem definierten Winkel zur Glasoberfläche abgeschält wird. Das Ergebnis des *Peel Test* ist die freigesetzte Energie, mit der in Kombination mit dem TCT Test dann ein Split zwischen Modus I und Modus II abgeleitet werden könnte.

Numerische Untersuchungen Die vorliegende Arbeit hat verdeutlicht, dass noch weitere numerische Untersuchungen des TCT Tests durchgeführt werden müssen, bevor eine in Einbausituation gebrochene Verglasung numerisch realitätsnah abgebildet werden kann. Aus den numerischen Untersuchungen haben sich weitere Fragestellungen ergeben, die es noch zu erforschen gilt.

Es wäre sinnvoll zu prüfen, ob ein definierter Initialriss im Bereich des koinzidenten Bruchs der beiden Glasscheiben zu einer besseren Validierung von experimentellen TCT Tests führt: denn durch den Initialriss liegt die Folie im Bereich des Risses frei und besitzt eine Ausgangslänge, mit der die Kontinuumselemente der Folie bei einer Belastung nicht so stark verzerrt werden und folglich numerisch stabilere Ergebnisse liefern. Hierzu müssten zusätzliche experimentelle TCT Tests mit einem bei der Herstellung vorgesehenen Initialriss durchgeführt werden. Dies könnte beispielsweise mit einer Teflonfolie oder durch Abfräsen des Glases in diesem Bereich bewerkstelligt werden.

Die untersuchten Stoffgesetze für die PVB-Folie sind zu überdenken, denn die mechanischen Eigenschaften der PVB-Folie sind stark temperatur- und zeitabhängig. Zusätzlich treten im TCT Test große Verzerrungen auf. Für die Kombination aus viskoelastischem Materialverhalten mit großen Verzerrungen gibt es noch kein geeignetes Stoffgesetz. Dies wäre in einem ersten Schritt für PVB-Folie zu erarbeiten und in ein FE Programm zu implementieren. Die Entwicklung dieses Stoffgesetzes ist dringend notwendig für die Validierung der durchgeführten TCT Tests.

Als abschließender Ausblick kann angeführt werden, dass mit einem entwickelten Stoffgesetz für die PVB-Folie auch der TCB Test numerisch abzubilden ist.
Weitere Forschungen in dieser Richtung würde das Spektrum der kreativen Möglichkeiten in der Architektur noch erweitern, ohne die im Bauwesen geforderten hohen Sicherheitsanforderungen zu vernachlässigen.

Literaturverzeichnis

Normen und technische Richtlinien

DIN 1249-11 (1986): Flachglas im Bauwesen - Glaskanten - Begriff, Kantenformen und Ausführungen.

DIN 1259-1 (2001): Glas - Teil 1: Begriffe für Glasarten und Glastypen.

DIN 18008-1 (2010): Glas im Bauwesen - Bemessungs- und Konstruktionsregeln - Teil 1: Begriffe und allgemeine Grundlagen.

DIN 18008-2 (2010): Glas im Bauwesen - Bemessungs- und Konstruktionsregeln - Teil 2: Linienförmig gelagerte Verglasungen.

DIN 18008-3 (2013): Glas im Bauwesen - Bemessungs- und Konstruktionsregeln - Teil 3: Punktförmig gelagerte Verglasungen.

DIN 18008-5 (2013): Glas im Bauwesen - Bemessungs- und Konstruktionsregeln - Teil 5: Zusatzanforderungen an begehbare Verglasungen.

DIN 18008-6 (2010): Glas im Bauwesen - Bemessungs- und Konstruktionsregeln - Teil 6: Zusatzanforderungen an zu Instandhaltungsmaßnahmen betretbare Verglasungen.

DIN 52338 (1985): Kugelfallversuch für Verbundglas.

DIN EN 12150-1 (2000): Glas im Bauwesen - Thermisch vorgespanntes Kalknatron-Einscheibensicherheitsglas - Teil 1: Definition und Beschreibung.

DIN EN 12600 (2003): Pendelschlagversuch - Verfahren für die Stoßprüfung und Klassifizierung von Flachglas.

DIN EN 1288-3 (2000): Bestimmung der Biegefestigkeit von Glas - Teil 3: Prüfung von Proben bei zweiseitiger Auflagerung.

DIN EN 1288 (2000): Bestimmung der Biegefestigkeit von Glas.

DIN EN 14449 (2005): Glas im Bauwesen – Verbundglas und Verbund-Sicherheitsglas – Konformitätsbewertung, Produktnorm.

DIN EN 15190 (2007): Strukturklebstoffe-Prüfverfahren zur Bewertung der Langzeitbeständigkeit geklebter metallischer Strukturen.

DIN EN 1863-1 (2012): Glas im Bauwesen - Teilvorgespanntes Kalknatronglas - Teil 1: Definition und Beschreibung.

DIN EN 572-1 (2012): Glas im Bauwesen - Basiserzeugnisse aus Kalk-Natronsilikatglas - Teil 1: Definitionen und allgemeine physikalische und mechanische Eigenschaften.

DIN EN ISO 12543-1 (2011): Glas im Bauwesen - Verbundglas und Verbund-Sicherheitsglas - Teil 1: Definitionen und Beschreibung von Bestandteilen.

DIN EN ISO 12543-2 (2011): Glas im Bauwesen - Verbundglas und Verbund-Sicherheitsglas - Teil 2: Verbund-Sicherheitsglas.

DIN EN ISO 12543-4 (2011): Glas im Bauwesen - Verbundglas und Verbund-Sicherheitsglas - Teil 4: Verfahren zur Prüfung der Beständigkeit.

DIN EN ISO 12543-5 (2011): Glas im Bauwesen - Verbundglas und Verbund-Sicherheitsglas - Teil 5: Maße und Kantenbearbeitung.

DIN EN ISO 12543-6 (2012): Glas im Bauwesen - Verbundglas und Verbund-Sicherheitsglas - Teil 6: Aussehen.

DIN EN ISO 527-2 (2010): Kunststoffe - Bestimmung der Zugeigenschaften - Teil 2: Prüfbedingungen für Form- und Extrusionsmassen.

DIN EN ISO 527-3 (2003): Kunststoffe - Bestimmung der Zugeigenschaften - Teil 3: Prüfbedingungen für Folien und Tafeln.

DEUTSCHES INSTITUT FÜR BAUTECHNIK (2014): Bauregellisten.

KELLER, U., KOLL, B. und STENZEL, H. (2002): Verbundsicherheitsglas sowie PVB-Folie zu seiner Herstellung, EP 1 181 258 B1, Europäische Patentschrift, HT TRO-PLAST AG.

— (2004): Weichmacherhaltige PVB-Folie, EP 1 412 178 B1, Europäische Patentschrift, HT TROPLAST AG.

Literatur

ALFANO, G. und CRISFIELD, M. A. (2001): Finite element interface models for the delamination analysis of laminated composites : mechanical and computational issues, in: *International Journal of Numerical Methods in Engineering* March 2000, S. 1701–1736.

ALTENBACH, H. (2012): *Kontinuumsmechanik*, Springer Vieweg, S. 348.

ANSYS INC. (2012): Ansys 14.5 - Progamm und Handbuch.

BARENBLATT, G. I. (1959): The formation of equilibrium cracks during brittle fracture. The stability of isolated cracks. Relationships with energetic theories, in: *Journal of Applied Mathematics and Mechanics Applied Mathematics and Mechanics* 23.5, S. 434–444.

BARREDO, J. et al. (2011): Viscoelastic vibration damping identification methods. Application to laminated glass, in: *Procedia Engineering* 10, S. 3208–3213.

BATI, S. B., FAGONE, M. und RANOCCHIAI, G. (2009): »Analysis of the post-crack behaviour of a laminated glass beam«, in: *Glass Performance Days 2009*, Tampere, S. 349–352.

BECKER, F. (2009): Entwicklung einer Beschreibungsmethodik für das mechanische Verhalten unverstärkter Thermoplaste bei hohen Deformationsgeschwindigkeiten, Dissertation, Martin-Luther-Universität Halle-Wittenberg.

BECKER, W. und GROSS, D. (2002): *Mechanik elastischer Körper und Strukturen*, Springer-Verlag.

BLACKMAN, B. et al. (1991): The calculation of adhesive fracture energies from double-cantilever beam test specimens, in: *Materials Science Letters* 10, S. 253–256.

BOLTZMANN, L. (1874): *Sitzungsbericht der Akademie der Wissenschaften Wien*, Techn. Ber., Wien: 2. Abt. 70.

BROCKS, W, CORNEC, A und SCHEIDER, I (2002): *Computational Aspects of Nonlinear Fracture Mechanics*, Techn. Ber. July.

BUCAK, O., SCHULER, C. und MEISSNER, M. (2006): Verbund im Glasbau – Neues und Bewährtes, in: *Stahlbau* 75.6, S. 529–543.

BUTCHART, C. und OVEREND, M. (2012): »Delamination in fractured laminated glass«, in: *engineered transparency international conference at glasstec*, hrsg. von J. SCHNEIDER und B. WELLER, Düsseldorf, S. 249–257.

DE MOURA, M. et al. (2008): Data reduction scheme for measuring G of wood in end-notched flexure (ENF) tests, in: *Holzforschung* 63.1, S. 99–106.

DELINCÉ, D. et al. (2008): »Experimental investigation of the local bridging behaviour of the interlayer in broken laminated glass«, in: *International Symposium on the Application of Architectural Glass*, München, S. 41–49.

DOMININGHAUS, H. (2012): *Kunststoffe - Eigenschaften und Anwendungen*, hrsg. von P. ELSNER, P. EYERER und T. HIRTH, Springer Verlag.

DORFMANN, A. L. (2009): Modeling of Rubberlike Materials, in: *Advances in Constitutive Relations Applied in Computer Codes*, hrsg. von J. R. KLEPACZKO und T. LODYGOWSKI, 1965, Springer Verlag.

DUPONT (2009): *DuPont SentryGlas: Architectural Safety Glass Interlayer Brochure*, Techn. Ber.

— (2010): *SentryGlas von DuPont: Verarbeitungshinweise*, Techn. Ber.

EIRICH, M. (2013): Untersuchung des isotropen Dehnungsverhaltens von PVB anhand von quasi-statischen Zugversuchen, Bachelor-Thesis, Technische Universität Darmstadt.

ENSSLEN, F. (2005): Zum Tragverhalten von Verbund-Sicherheitsglas unter Berücksichtigung der Alterung der Polyvinylbutyral-Folie, Dissertation.

FAHLBUSCH, M. (2007): Zur Ermittlung der Resttragfähigkeit von Verbundsicherheitsglas am Beispiel eines Glasbogens mit Zugstab, Dissertation.

FEIRABEND, S. (2010): Steigerung der Resttragfähigkeit von Verbundsicherheitsglas mittels Bewehrung in der Zwischenschicht, Dissertation, Stuttgart: Universität Stuttgart.

FERRETTI, D., ROSSI, M. und ROYER-CARFAGNI, G. (2012): »Through Cracked Tensile Delamination Tests with Photoelastic Measurements«, in: *Challenging Glass 3*, hrsg. von F. BOS et al., Delft: IOS Press BV, S. 641–652.

FIOLKA, M. (2008): Theorie und Numerik volumetrischer Schalenelemente zur Delaminationsanalyse von Faserverbundlaminaten, Dissertation, Universität Kassel.

FLORY, P. J. (1961): Thermodynamic relations for high elastic materials, in: *Trans. Faraday Soc.* 57.0, S. 829–838.

FRANZ, J. und SCHNEIDER, J. (2014a): »Through-Cracked-Tensile tests with polyvinylbutyral (PVB) and different adhesion grades«, in: *engineered transparency international conference at glasstec*, hrsg. von J. SCHNEIDER und B. WELLER, October, Düsseldorf, S. 135–142.

FRANZ, J. et al. (2014b): Untersuchungen zum Resttragverhalten von Verbundglas : Through-Cracked-Tensile Test, in: *Glasbau 2014*, hrsg. von B. WELLER und S. TASCHE, Dresden: Ernst & Sohn, S. 241–252.

GIRKMANN, K. (1959): *Flächentragwerke*, Wien: Springer-Verlag.

GLÖSS, L. (2012): Untersuchung der Resttragfähigkeit von Verbund-Sicherheitsglas anhand von Biegeversuchen, Studienarbeit, Technische Universität Darmstadt, Institut für Statik.

GRELLMANN, W. und SEIDLER, S. (2005): *Kunststoffprüfung*, München: Carl Hanser Verlag GmbH & Co. KG.

GRIFFITH, A. A. (1921): The Phenomena of Rupture and Flow in Solids, in: *Philosophical Transactions of the Royal Society of London. Series A, Containing Papers of a Mathematical or Physical Character* 221, S. 163–198.

GROSS, D. und SEELIG, T. (2011): *Bruchmechanik - Mit einer Einführung in die Mikromechanik*, 5. Aufl., Springer-Verlag.

GROSS, D., HAUGER, W. und WRIGGERS, P. (2007): *Technische Mechanik Band 4 - Hydromechanik, Elemente der Höheren Mechanik, Numerische Methoden*, 6. Auflage, Springer Verlag.

HAKE, E. und MESKOURIS, K. (2001): *Statik der Flächentragwerke*, Aachen: Springer-Verlag.

HARK, M. (2012): Ansätze zur Quantifizierung des Pummel-Tests, Bachelor-Thesis, Technische Universität Darmstadt.

HOLZAPFEL, G. A. (2000): *Nonlinear Solid Mechanics: A Continuum Approach for Engineering*, John Wiley & Sons, LTD.

IRWIN, G. R. (1957): Analysis of Stresses and Strains Near the End of a Crack Traversing a Plate, in: *Journal of Applied Mechanics*.

IWASAKI, R. und SATO, C. (2006): The influence of strain rate on the interfacial fracture toughness between PVB and laminated glass, in: *Journal de Physique IV* 134, S. 1153–1158.

JOHANSEN, K. W. (1962): *Yield-line Theory*, Cement und Concrete Association.

KAISER, W. (2011): *Kunststoffchemie für Ingenieure*, München: Carl Hanser Verlag, S. 304.

KELLER, U. und MORTELMANS, H. (1999): »Adhesion in Laminated Safety Glass - What makes it work ?«, in: *Glass Processing Days 1999*, Tampere, S. 353–356.

KINLOCH, A., LAU, C. C. und WILLIAMS, J. G. (1994): The peeling of flexible laminates, in: *International Journal of Fracture* 66.1, S. 45–70.

KOSCHECKNICK, K. und MENKENHAGEN, J. (2013): Geklebte Verbundbauteile aus Glas, in: *Stahlbau* 82.S1, S. 201–209.

KOTHE, M. (2013): Alterungsverhalten von polymeren Zwischenschichtmaterialien im Bauwesen, Dissertation, TU Dresden.

KOTT, A. (2006): Zum Trag- und Resttragverhalten von Verbundsicherheitsglas, PhD-Thesis, Zürich: ETH Zürich.

KUNTSCHE, J. (2015): Mechanisches Verhalten von Verbundglas unter zeitabhängiger Belastung und Explosionsbeanspruchung, Dissertation, TU Darmstadt, eingereicht.

KUNTSCHE, J., FRANZ, J. und SCHNEIDER, J. (2015): Untersuchungen zum Resttragverhalten von Verbundglas, in: *Glasbau 2015*, S. 383–395.

KURARAY DIVISION TROSIFOL (2012): TROSIFOL Manual, hrsg. von KURARAY EUROPE GMBH DIVISION TROSIFOL.

KUTTERER, M. (2003): Verbundglasplatten - Näherungslösungen zur Berücksichtigung von Schubverbund und Membrantragwirkung, Dissertation, Universität Stuttgart.

— (2005): Verbundglasplatten - Schubverbund und Membrantragwirkung, in: *Stahlbau* 74.1-2, S. 39–46; 143–150.

LEE, Y. und KIM, K. S. (2002): A Cohesive Surface Separation Potential, in: *KSME International Journal* 16.11, S. 1435–1439.

LIU, J., LI, J. und WU, B. (2013): The Cohesive Zone Model for Fatigue Crack Growth, in: *Advances in Mechanical Engineering* 2013, S. 1–16.

MATLAB INC. (2011): Matlab R2011b.

MATZENMILLER, A. und FIOLKA, M. (2005): Berechnung fortschreitender Risse in Laminaten, International Congress Center Bundeshaus Bonn.

PULLER, K. (2012): Untersuchung des Tragverhaltens von in die Zwischenschicht von Verbundglas integrierten Lasteinleitungselementen, Dissertation, Universität Stuttgart.

ROSE, J. H. (1981): Universal Binding Energy Curves for Metals and Bimetallic Interfaces, in: *The American Physical Society* 47.9, S. 675–678.

RÖSLER, J., HARDERS, H. und BÄKER, M. (2012): *Mechanisches Verhalten der Werkstoffe*, hrsg. von T. ZIPSNER und E. KLABUNDE, 4. Auflage, Springer Vieweg, S. 537.

SACKMANN, V. (2008): Untersuchungen zur Dauerhaftigkeit des Schubverbunds in Verbundsicherheitsglas mit unterschiedlichen Folien aus Polyvinylbutyral, PhD-Thesis, TU München.

SCHNEIDER, J. et al. (2012): »Tensile properties of different polymer interlayers under high strain rates«, in: *engineered transparency international conference at glasstec*, Düsseldorf: Schneider, Jens Weller, Bernhard.

SCHNEIDER, J., WÖRNER, J.-D. und FRANZ, J. (2013): *Klassifizierung der Materialeigenschaften der Zwischenschichten von Verbund-Sicherheitsglas hinsichtlich der Rest-*

tragfähigkeit, Techn. Ber., Darmstadt: Deutsches Institut für Bautechnik; Institut für Werkstoffe und Mechanik im Bauwesen.

SCHOLZE, H. (1988): *Glas - Natur, Struktur und Eigenschaften*, 3., Berlin: Springer-Verlag.

SCHULA, S. (2015): Kratzer im Glas, Dissertation, Technische Universität Darmstadt, Institut für Statik.

SCHULER, C. (2003): Einfluss des Materialverhaltens von Polyvinylbutyral auf das Tragverhalten von Verbundsicherheitsglas in Abhängigkeit von Temperatur und Belastung, Dissertation, Technische Universität München.

SCHUSTER, M. (2014): Untersuchung des zeitabhängigen Materialverhaltens von VSG-Zwischenschichten, Master-Thesis, Technische Universität Darmstadt.

SCHWARZL, F. R. (1990): *Polymermechanik*, Springer-Verlag.

SESHADRI, M. et al. (2000): Mechanical behaviour in tension of cracked glass bridged by an elastomeric ligament, in: *Acta Materialia* 48.18-19, S. 4577–4588.

SESHADRI, M. (2001): Mechanics of glass-polymer laminates using multi length scale cohesive zone models, PhD-Thesis, Carnegie Mellon University.

SHA, Y. et al. (1997): Analysis of adhesion and interface debonding in laminated safety glass, in: *Journal of Adhesion Science and Technology*, S. 49–63.

SHET, C. und CHANDRA, N. (2002): Analysis of Energy Balance When Using Cohesive Zone Models to Simulate Fracture Processes, in: *Journal of Engineering Materials and Technology* 124.4, S. 440–450.

SIEBERT, B. (2004): Beitrag zur Berechnung punktgehaltener Gläser, Dissertation, TU München.

SOBEK, W., KUTTERER, M. und MESSMER, R. (1998): *Rheologisches Verhalten von PVB im Schubverbund. Forschungsbericht 4\98*, Techn. Ber., Institut für Leichte Flächentragwerke, Universität Stuttgart.

STAMM, K. und WITTE, H. (1974): *Ingenieurbauten - Theorie und Praxis: Sandwichkonstruktionen*, hrsg. von K. SATTLER und P. STEIN, Springer Verlag.

STERNBERG, P. (2013): Untersuchungen des Delaminationsverhaltens von Polyvinylbutyral, Master-Thesis, TU Darmstadt.

TAUBENHEIM, I. (2012): Klassifizierung von Glaslaminaten hinsichtlich der antimetrischen Rissöffnung, Master-Thesis, Technische Universität Darmstadt.

TSRANKOV, B. (2012): Tragverhalten von Leichtglas mit SGP-Zwischenschicht, Master-Thesis, TU Darmstadt.

VAN DUSER, A., JAGOTA, A. und BENNISON, S. J. (1999): Analysis of Glass/Polyvinyl Butyral Laminates Subjected to Uniform Pressure, in: *Journal of Engineering Mechanics* 125.4, S. 435–442.

WAGENBLAST, J. (2012): Klassifizierung von Glaslaminaten hinsichtlich der symmetrischen Rissöffnung, Master-Thesis, Technische Universität Darmstadt.

WÖLFEL (1987): Nachgiebiger Verbund: Eine Näherungslösung und deren Anwendungsmöglichkeiten, in: *Stahlbau* 56.6, S. 173–180.

WÖRNER, J.-D., SCHNEIDER, J. und FINK, A. (2001): *Glasbau - Grundlagen, Berechnung, Konstruktion*, Springer Verlag.

WU, E. M. und REUTER, R. C. J. (1965): *Crack extension in fiberglass reinforced plastics*, Techn. Ber. 2, University of Illinois.

XU, X.-P. und NEEDLEMAN, A. (1994): Numerical simulations of fast cracks in brittle solids, in: *Journal of the Mechanics and Physics of Solids* 42.9.

Anhangsverzeichnis

A Mathematische Formeln und Algorithmen

A.1 Formeln zur stochastischen Auswertung

Für die Ergebnisse und Auswertungen der Versuche wurde nach Möglichkeit der Mittelwert $\bar{x}$ der Zufallsvariablen x_i (Ergebnisse) der Stichprobe n angegeben

$$\bar{x} = \frac{1}{n} \sum_{i=1}^{n} x_i \quad . \tag{A.1}$$

Der Zufallsvariablen x_i wurde immer eine Standardnormalverteilung unterstellt. Es wurde nicht von der Grundgesamtheit der Versuche ausgegangen, sondern von einem Stichprobenumfang n, sodass die Standardabweichung s wie folgt berechnet werden kann:

$$s = \sqrt{\frac{\sum(x - \bar{x})^2}{(n-1)}} \quad . \tag{A.2}$$

Um Ergebnisse besser in Relation zueinander zu bringen, wurde der Variationskoeffizient V ermittelt, der als relatives Streumaß bezogen auf den Mittelwert der Zufallsvariable zu deuten ist:

$$V = \frac{s}{\bar{x}} \quad . \tag{A.3}$$

Der Situation und der Deutung der Ergebnisse entsprechend wurde der Mittelwert nach Möglichkeit immer angegeben, die Standardabweichung oder der Variationskoeffizient wahlweise.

A.2 Algorithmus der optischen Auswertung

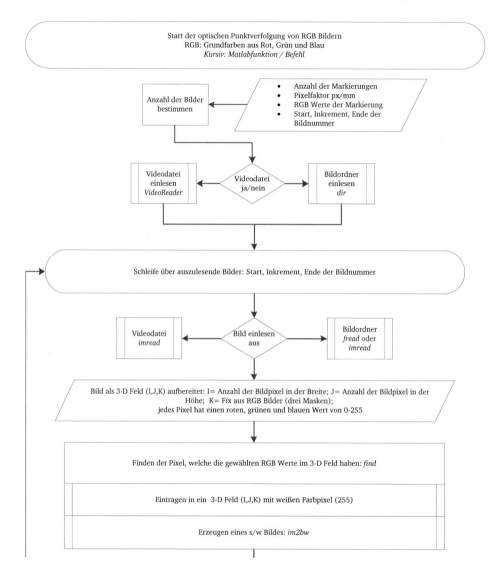

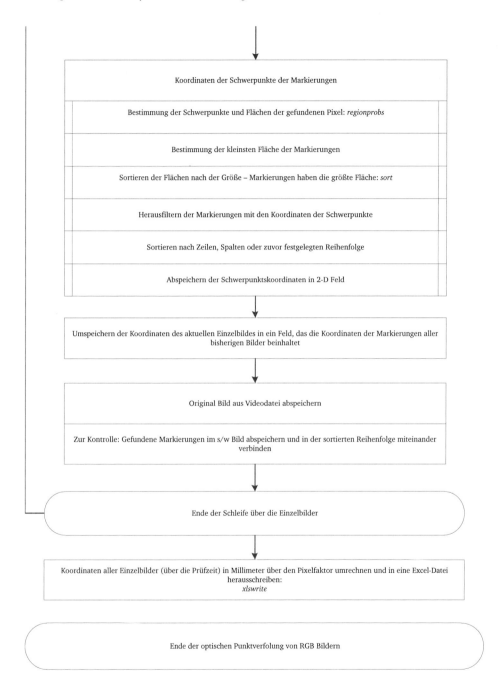

Abbildung A.1 Schematischer Ablauf des Algorithmus der optischen Auswertung

B Ergebnisse der Haftfestigkeitsversuche

Im Folgenden sind alle Versuche, die zur Bestimmung der Haftzug- und Haftscherfestigkeit durchgeführt worden sind, dokumentiert.

Tabelle B.1 Zusammenstellung aller Untersuchungen zur Haftfestigkeit bei Raumtemperatur $(22 \pm 2)\,°C$: Mittelwert $(\bar{x})$, Standardabweichung (s) und Variationskoeffizient (V)

Folie		Haftscherfestigkeit				Haftzugfestigkeit		
	v^b [mm min^{-1}]	1	6	6	600	1	6	600
	d_f^c [mm]	0,76	1,52	0,76	0,76	0,76	0,76	0,76
		τ_b	τ_b	τ_b	τ_b	σ_b	σ_b	σ_b
BG R10	$\bar{x}$ [MPa]		7,91	7,36	9,39		9,20	8,68
	s [MPa]		1,50	3,35	1,58		1,46	1,24
	V [-]		0,19	0,46	0,17		0,16	0,14
BG R15	$\bar{x}$ [MPa]		7,02	6,97	9,94		10,84	8,36
	s [MPa]		2,29	1,33	1,45		1,41	1,13
	V [-]		0,33	0,19	0,15		0,13	0,14
BG R20	$\bar{x}$ [MPa]	10,91	n. m. [a]	12,69	16,50	9,63	12,54	16,75
	s [MPa]	3,11	n. m. [a]	2,95	2,32	1,46	0,26	2,22
	V [-]	0,28	n. m. [a]	0,23	0,14	0,15	0,02	0,13
SC	$\bar{x}$ [MPa]	3,39	5,17	5,76		3,71	4,70	6,88
	s [MPa]	1,44	2,38	3,35		0,50	0,66	0,41
	V [-]	0,42	0,46	0,58		0,13	0,14	0,06
SC$^+$	$\bar{x}$ [MPa]		3,91	3,11	5,14		9,10	8,32
	s [MPa]		0,61	0,62	0,96		1,11	0,54
	V [-]		0,16	0,20	0,19		0,12	0,06
ES	$\bar{x}$ [MPa]		n. m. [a]	13,04			7,62	10,29
	s [MPa]		n. m. [a]	0,63			1,58	1,92
	V [-]		n. m. [a]	0,05			0,21	0,19

[a] nicht möglich: Anzahl der auszuwertenden Proben zu gering aufgrund von adhäsivem Versagen mit Glasbruch

[b] Prüfgeschwindigkeit

[c] Dicke der Folie

Tabelle B.2 Ergebnisse der Haftfestigkeitsversuche mit 0,76 mm Folien und Durchmesser 30 mm bei einer Prüfgeschwindigkeit von 1,0 mm min^{-1}: Anzahl der ausgewerteten Proben n zur Gesamtanzahl; Mittelwert ($\bar{x}$), Standardabweichung (s) und Variationskoeffizient (V)

Folie	Probe	Haftscherfestigkeit $\tau_b{}^a$ [MPa]	Haftzugfestigkeit $\sigma_b{}^a$ [MPa]
	1	4,16	4,58
	2	2,93	3,61
	3	3,18	3,92
	4	3,42	3,80
	5	2,53	3,71
	6	2,04	3,42
SC	7	1,36	3,41
	8	3,62	4,07
	9	4,06	2,69
	10	6,63	3,90
	$\bar{x}$ [MPa]	3,39	3,71
	s [MPa]	1,44	0,50
	V [-]	0,42	0,13
	1	12,21	8,80
	2	5,45	8,81
	3	8,60	9,92
	4	11,66	8,96
	5	11,52	12,24
	6	11,39	9,20
BG R20	7	7,27	7,23
	8	15,14	11,69
	9	10,75	10,16
	10	15,14	9,28
	$\bar{x}$ [MPa]	10,91	9,63
	s [MPa]	3,11	1,46
	V [-]	0,28	0,15

^{a} bei einer Prüfgeschwindigkeit von 1,0 mm min^{-1}

Tabelle B.3 Ergebnisse der Haftfestigkeitsversuche mit 0,76 mm Folien und vermessene Durchmesser $(30,0 \pm 2,3)$ mm: Mittelwert $(\bar{x})$, Standardabweichung (s) und Variationskoeffizient (V)

Folie	Probe	Haftscherfestigkeit			Haftzugfestigkeit	
v^{d} [mm min^{-1}]		6	6	600	6	600
$d_f{}^{e}$ [mm]		1,52	0,76	0,76	0,76	0,76
		τ_b [MPa]	τ_b [MPa]	τ_b [MPa]	σ_b [MPa]	σ_b [MPa]
	1	6,06	6,99	8,91	10,00	9,80
	2	7,33	2,76	9,07	9,80	8,40
	3	7,43 [a]	3,24	9,90	6,60	9,80
	4	8,98	11,67	5,42 [a]	10,00	6,80
	5	9,26	9,98	3,97 [a]	9,60	8,60
	6		3,48	7,54		
	7		3,59	10,98		
	8		10,78	7,19		
	9		12,58	9,74		
BG R10	10		3,32	11,82		
	11		8,26			
	12		8,74			
	13		9,41			
	14		6,86			
	15		7,92 [a]			
	16		8,68			
	$\bar{x}$ [MPa]	7,91	7,36	9,39	9,20	8,68
	s [MPa]	1,50	3,35	1,58	1,46	1,24
	V [-]	0,19	0,46	0,17	0,16	0,14
	1	4,76	7,92	12,47	12,40	8,40
	2	6,78	8,97	11,09	9,30	7,70
	3	6,74	9,63	7,70 [a]	9,60	7,50
	4	10,85	6,07	8,73	12,10	10,30
	5	5,97	7,75	8,53	10,80	7,90
	6		8,27	10,02		
	7		8,00	11,61		
BG R15	8		5,56	8,87		
	9		5,77	8,74		
	10		5,67	9,43		
	11		7,59 [a]			
	12		6,49			
	13		6,20			

Fortsetzung auf der nächsten Seite…

Tabelle B.3 (Fortsetzung)

Folie	Probe	Haftscherfestigkeit			Haftzugfestigkeit	
v^{d} [mm min^{-1}]		6	6	600	6	600
$d_{\mathrm{f}}^{\mathrm{e}}$ [mm]		1,52	0,76	0,76	0,76	0,76
		τ_{b} [MPa]	τ_{b} [MPa]	τ_{b} [MPa]	σ_{b} [MPa]	σ_{b} [MPa]
	14		5,90			
	15		6,56			
	16		5,75			
BG R15	$\bar{x}$ [MPa]	7,02	6,97	9,94	10,84	8,36
	s [MPa]	2,29	1,33	1,45	1,41	1,13
	V [-]	0,33	0,19	0,15	0,13	0,14
	1	15,63 [a]	8,80	19,20	12,60	13,25
	2	9,67 [a]	12,29	12,69	12,70	18,98
	3	9,67 [a]	11,24 [a]	16,24 [a]	12,30	17,25
	4	9,16	17,03	15,42	12,80	16,17
	5	8,25 [a]	15,11 [a]	13,62 [a]	12,50	18,12
	6		16,02	16,96	12,10	
	7		11,89	18,45	12,80	
	8		14,12 [a]	18,96 [a]		
BG R20	9		14,36	14,27 [a]		
	10		14,11 [a]	16,27		
	11		11,80			
	12		9,31			
	13		9,93 [a]			
	14		9,27 [a]			
	$\bar{x}$ [MPa]	n. m. [c]	12,69	16,50	12,54	16,75
	s [MPa]	n. m. [c]	2,95	2,32	0,26	2,22
	V [-]	n. m. [c]	0,23	0,14	0,02	0,13
	1	3,07	7,21		4,10	6,60
	2	5,04	6,94		5,00	6,50
	3	5,16	2,50		5,70	7,40
	4	9,09	3,51		4,20	7,00
SC	5	3,47	7,34		4,50	7,50
	6		9,69			
	$\bar{x}$ [MPa]	5,17	5,76	n. v [b]	4,70	6,88
	s [MPa]	2,38	3,35	n. v [b]	0,66	0,41
	V [-]	0,46	0,58	n. v [b]	0,14	0,06

Fortsetzung auf der nächsten Seite…

Tabelle B.3 (Fortsetzung)

Folie v^d [mm min^{-1}] d_f^e [mm]	Probe	Haftscherfestigkeit			Haftzugfestigkeit	
		6	6	600	6	600
		1,52	0,76	0,76	0,76	0,76
		τ_b [MPa]	τ_b [MPa]	τ_b [MPa]	σ_b [MPa]	σ_b [MPa]
	1	4,13	3,61	3,68	9,30	7,50
	2	4,46	3,17	5,12	10,90	8,30
	3	3,04	3,64	5,05	8,90	8,40
	4	4,02	2,11	5,57	8,20	9,00
SC$^+$	5		3,02	5,74 [a]	8,20	8,40
	6			6,31		
	$\bar{x}$ [MPa]	3,91	3,11	5,14	9,10	8,32
	s [MPa]	0,61	0,62	0,96	1,11	0,54
	V [-]	0,16	0,20	0,19	0,12	0,06
	1	14,13	12,59		5,80	8,71
	2	11,10 [a]	13,47		6,10	10,33
	3	7,43 [a]	14,04 [a]		8,10	12,97
	4	12,21 [a]	12,41		10,00	9,13
ES	5	8,42 [a]	14,07 [a]		7,20	
	6		13,68		8,53	
	$\bar{x}$ [MPa]	n. m. [c]	13,04	n. v.[b]	7,62	10,29
	s [MPa]	n. m. [c]	0,63	n. v.[b]	1,58	1,92
	V [-]	n. m. [c]	0,05	n. v.[b]	0,21	0,19

[a] nicht berücksichtigt bei der Auswertung: adhäsives Versagen mit Glasbruch
[b] nicht verfügbar: keine Proben wurden getestet
[c] nicht möglich: zu geringe Probenanzahl, die ausgewertet werden konnte
[d] Prüfgeschwindigkeit der Haftversuche
[e] Foliendicke

C Auswertung der TCB Tests

Abkürzungen:

SC – SC-Folie

BG – BG R20-Folie

SG – SentryGlas®

b – Breite der Probe

l – Länge der Probe

h_c – innerer Hebelarm des Kräftepaares nach Gleichung (5.9)

Δl – elastische Verlängerung der Folie (siehe Abb. 5.25)

$l_{0,v}$ – Vermutete Delaminationslänge, die durch erneutes manuelles Belasten unter dem Mikroskop bestimmt wurde (siehe Abb. 5.27). Sie wird über die ermittelte vermutete Delaminationsfläche A_{Delam} und der Breite der Probe b zurückgerechnet: $l_{0,v} = A_{\mathrm{Delam}} b^{-1}$

$l_{0,s}$ – Sichtbare Delaminationslänge. Sie wird über die ermittelte sichtbare Delaminationsfläche $A_{\mathrm{Delam,s}}$ und der Breite der Probe b zurückgerechnet: $l_{0,s} = A_{\mathrm{Delam,s}} b^{-1}$

b_{net} – intakte Breite der Probe; d. h. gerissene Stellen der Folie, falls vorhanden, wurden nicht berücksichtigt

g – Eigengewicht der Probe: es wird von einer Wichte des Glases von $25\,\mathrm{kN\,m^{-3}}$ und einem Aufbau des VSG von $2\,\mathrm{mm} \times 3\,\mathrm{mm}$ für alle Proben ausgegangen; das Foliengewicht wurde vernachlässigt.

A_{net} – Querschnittsfläche der Folie, die über die intakte Breite b_{net} und der angenommenen konstanten Dicke der Folie berechnet wird. SC-Folie und BG R20-Folie haben eine Dicke von $0{,}76\,\mathrm{mm}$; SentryGlas®-Folie hat eine Dicke von $0{,}89\,\mathrm{mm}$.

F – aufgebrachte Last der Universalprüfmaschine

$M_{\max}$ – Maximales Feldmoment berechnet nach Gleichung (5.8) unter Berücksichtigung der aufgebrachten Last F und des Eigengewichts der Proben g.

Z_F – Berechnete Zugkraft in der Folie, die über das auftretende Feldmoment M_{max} nach Gleichung (5.7) ermittelt wird.

Z – Folienzugkraft bezogen auf die Dicke der verwendete Folie, also je Einheitsdicke, damit die Zugkräfte der unterschiedlich dicken Folien miteinander verglichen werden können. Die SC-Folie und BG R20-Folie haben eine Dicke von 0,76 mm, dagegen die SentryGlas®-Folie eine Dicke von 0,89 mm.

σ_{net} – technische Spannung in der intakten Folie, die gemäß Gleichung (5.6) ermittelt wird.

ε_v – vermutete technische Dehnung: $\Delta l\,(l_{0,v})^{-1}$

ε_s – sichtbare technische Dehnung: $\Delta l\,(l_{0,s})^{-1}$

E_v – E-Modul der Folie, die ausgehend von einem eindimensionalen Spannungszustand berechnet wird: $E_v = \sigma_{net}\,(\varepsilon_v)^{-1}$

E_s – E-Modul der Folie, die ausgehend von einem eindimensionalen Spannungszustand berechnet wird: $E_s = \sigma_{net}\,(\varepsilon_s)^{-1}$

Tabelle C.1 Versuchsdaten der TCB Tests

Probe	Abmessung		Kamera		Mikroskop			Berechnung	
	b	l	h_c	Δl	$l_{0,v}$	$l_{0,s}$	b_{net}	g	A_{net}
	[mm]	[mm]	[mm]	[mm]	[mm]	[mm]	[mm]	[N mm^{-1}]	[mm^2]
SC#01	29,85	115,0	3,31	1,34	1,84	1,35	29,85	$4{,}48 \cdot 10^{-3}$	22,69
SC#02	30,00	115,6	3,35	1,37	2,07	1,99	30,00	$4{,}50 \cdot 10^{-3}$	22,80
SC#03	30,30	115,4	3,47	1,41	2,14	1,64	30,30	$4{,}55 \cdot 10^{-3}$	23,03
SC#04	30,43	114,8	3,38	1,35	2,26	1,98	30,43	$4{,}56 \cdot 10^{-3}$	23,12
SC#05	29,80	114,7	3,03	1,36	2,95	2,69	29,80	$4{,}47 \cdot 10^{-3}$	22,65
SC#06	29,98	114,7	3,13	1,38	1,79	1,79	29,98	$4{,}50 \cdot 10^{-3}$	22,78
SC#07	30,85	114,7	3,29	1,32	1,00	0,68	30,85	$4{,}63 \cdot 10^{-3}$	23,45
SC#08	30,75	114,7	3,18	1,42	1,86	1,80	30,75	$4{,}61 \cdot 10^{-3}$	23,37
SC#09	30,15	114,2	3,16	1,33	2,39	2,22	30,15	$4{,}52 \cdot 10^{-3}$	22,91
SC#10	30,00	114,7	3,37	1,37	2,14	1,81	30,00	$4{,}50 \cdot 10^{-3}$	22,80
BG#01	30,15	115,0	3,40	1,32	2,27	2,27	30,15	$4{,}52 \cdot 10^{-3}$	22,91
BG#02	30,25	114,7	3,34	1,36	2,37	2,28	30,25	$4{,}54 \cdot 10^{-3}$	22,99
BG#03	29,85	114,7	3,14	1,28	2,33	2,33	29,85	$4{,}48 \cdot 10^{-3}$	22,69
BG#04	30,10	114,6	3,33	1,30	1,52	0,80	30,10	$4{,}52 \cdot 10^{-3}$	22,88
BG#05	30,25	114,8	3,19	1,28	1,82	1,11	30,25	$4{,}54 \cdot 10^{-3}$	22,99
BG#06	30,58	114,8	3,38	1,43	2,00	1,73	30,58	$4{,}59 \cdot 10^{-3}$	23,24
BG#07	29,90	114,9	2,98	1,31	2,25	1,98	29,90	$4{,}49 \cdot 10^{-3}$	22,72
BG#08	30,18	114,9	3,19	1,41	1,88	0,93	30,18	$4{,}53 \cdot 10^{-3}$	22,93
BG#09	30,18	115,0	3,11	1,41	2,12	1,78	30,18	$4{,}53 \cdot 10^{-3}$	22,93
BG#10	29,80	114,9	3,14	1,29	1,92	1,79	29,80	$4{,}47 \cdot 10^{-3}$	22,65
SG#01	30,35	115,1	2,99	1,10	-	1,44	30,35	$4{,}55 \cdot 10^{-3}$	27,01
SG#02	30,55	115,2	2,76	1,22	-	1,95	30,55	$4{,}58 \cdot 10^{-3}$	27,19
SG#03	30,80	115,6	2,73	0,98	-	1,50	30,80	$4{,}62 \cdot 10^{-3}$	27,41
SG#04	30,60	115,9	3,06	1,25	-	0,73	9,88	$4{,}59 \cdot 10^{-3}$	8,79
SG#05	30,65	115,3	3,21	1,29	-	0,64	24,80	$4{,}60 \cdot 10^{-3}$	22,07
SG#06	30,20	115,3	-	-	-	0,96	-	$4{,}53 \cdot 10^{-3}$	-
SG#07	30,30	115,4	2,52	1,03	-	1,61	30,30	$4{,}55 \cdot 10^{-3}$	26,97
SG#08	30,30	115,6	2,95	1,17	-	1,34	22,93	$4{,}55 \cdot 10^{-3}$	20,40
SG#09	30,55	115,1	3,15	1,36	-	0,77	10,66	$4{,}58 \cdot 10^{-3}$	9,49
SG#10	30,80	115,3	3,13	1,05	-	1,42	30,80	$4{,}62 \cdot 10^{-3}$	27,41

Tabelle C.2 TCB Ergebnisse zu Beginn der Haltezeit (Prüfzeit $T = 36\,\text{s}$) beim Erreichen des Durchbiegungsverhältnisses $wl^{-1} = 0{,}096$

Probe	Hebelarm	Kraft	Moment	Folienkraft		Spannung
	h_c	F	$M_{\max}$	Z	Z_F	σ_{net}
	[mm]	[N]	[N mm]	[N]	[N mm^{-1}]	[MPa]
SC#01	3,31	6,48	104,9	31,7	41,7	1,40
SC#02	3,35	4,23	70,0	20,9	27,5	0,92
SC#03	3,47	11,35	180,5	52,0	68,4	2,26
SC#04	3,38	5,88	95,7	28,3	37,2	1,22
SC#05	3,03	8,64	138,4	45,7	60,1	2,02
SC#06	3,13	10,23	163,0	52,1	68,5	2,29
SC#07	3,29	9,12	146,0	44,4	58,4	1,89
SC#08	3,18	10,09	161,0	50,7	66,7	2,17
SC#09	3,16	11,92	189,3	59,9	78,8	2,61
SC#10	3,37	16,32	257,4	76,4	100,5	3,35
BG#01	3,40	37,17	580,6	170,6	224,5	7,45
BG#02	3,34	19,56	307,7	92,1	121,2	4,01
BG#03	3,14	35,52	555,0	177,0	232,9	7,80
BG#04	3,33	20,26	318,5	95,5	125,7	4,18
BG#05	3,19	33,39	522,1	163,5	215,1	7,11
BG#06	3,38	44,22	690,0	204,3	268,8	8,79
BG#07	2,98	33,81	528,5	177,2	233,2	7,80
BG#08	3,19	29,03	454,4	142,5	187,4	6,21
BG#09	3,11	40,86	637,8	204,8	269,5	8,93
BG#10	3,14	19,08	300,2	95,7	125,9	4,22
SG#01	2,99	90,98	1414,8	473,3	531,8	17,52
SG#02	2,76	117,90	1832,0	664,4	746,5	24,44
SG#03	2,73	113,43	1762,7	646,4	726,3	23,58
SG#04	3,06	14,20	224,7	73,5	82,6	8,36
SG#05	3,21	52,20	813,7	253,8	285,2	11,50
SG#06	0	0	0	0	0	0
SG#07	2,52	114,33	1776,6	704,9	792,0	26,14
SG#08	2,95	75,03	1167,5	396,2	445,2	19,42
SG#09	3,15	41,06	641,0	203,7	228,8	21,47
SG#10	3,13	131,16	2037,6	652,0	732,6	23,78

Tabelle C.3 TCB Ergebnisse am Ende der Haltezeit 1,0 h (Prüfzeit $T = 3636\,\text{s}$) beim Erreichen des Durchbiegungsverhältnisses $wl^{-1} = 0,096$

Probe	Hebelarm h_c [mm]	Kraft F [N]	Moment M_E [N mm]	Folienkraft Z [N]	Z_F [N mm^{-1}]
SC#01	3,31	1,86	33,3	10,0	13,2
SC#02	3,35	1,51	27,9	8,3	11,0
SC#03	3,47	2,85	48,7	14,0	18,5
SC#04	3,38	1,68	30,6	9,0	11,9
SC#05	3,03	2,16	37,9	12,5	16,5
SC#06	3,13	3,54	59,3	19,0	24,9
SC#07	3,29	2,40	41,8	12,7	16,7
SC#08	3,18	1,60	29,4	9,3	12,2
SC#09	3,16	2,16	38,0	12,0	15,8
SC#10	3,37	4,29	71,0	21,1	27,7
BG#01	3,40	5,16	84,5	24,8	32,7
BG#02	3,34	2,58	44,5	13,3	17,5
BG#03	3,14	4,80	78,8	25,1	33,1
BG#04	3,33	2,64	45,4	13,6	17,9
BG#05	3,19	4,11	68,2	21,4	28,1
BG#06	3,38	6,36	103,1	30,5	40,2
BG#07	2,98	4,68	77,0	25,8	34,0
BG#08	3,19	3,15	53,3	16,7	22,0
BG#09	3,11	4,83	79,4	25,5	33,5
BG#10	3,14	2,22	38,8	12,4	16,3
SG#01	2,99	39,09	610,4	204,2	229,5
SG#02	2,76	38,19	596,5	216,3	243,1
SG#03	2,73	35,01	547,2	200,7	225,5
SG#04	3,06	3,37	56,8	18,6	20,9
SG#05	3,21	15,90	251,0	78,3	88,0
SG#06	Folie versagt; nicht berücksichtigt				
SG#07	2,52	40,80	636,9	252,7	283,9
SG#08	2,95	25,89	405,8	137,7	154,7
SG#09	3,15	0,00	4,5	1,4	1,6
SG#10	3,13	41,82	652,8	208,9	234,7

Fortsetzung auf der nächsten Seite…

Tabelle C.3 (Fortsetzung)

Probe	Spannung	Dehnung		Elastizitätsmodul	
	σ_{net}	ε_v	ε_v	E_v	E_s
	[MPa]	[-]	[-]	[MPa]	[MPa]
SC#01	0,44	0,73	1,00	0,61	0,44
SC#02	0,37	0,65	0,68	0,56	0,54
SC#03	0,61	0,65	0,85	0,94	0,72
SC#04	0,39	0,58	0,66	0,68	0,59
SC#05	0,55	0,45	0,49	1,23	1,13
SC#06	0,83	0,74	0,74	1,12	1,12
SC#07	0,54	1,31	1,93	0,41	0,28
SC#08	0,40	0,74	0,77	0,53	0,52
SC#09	0,52	0,55	0,59	0,96	0,89
SC#10	0,92	0,65	0,77	1,42	1,21
BG#01	1,08	0,58	0,58	1,87	1,87
BG#02	0,58	0,57	0,60	1,01	0,97
BG#03	1,11	0,55	0,55	2,03	2,03
BG#04	0,60	0,87	1,64	0,69	0,36
BG#05	0,93	0,70	1,16	1,32	0,80
BG#06	1,31	0,71	0,82	1,86	1,61
BG#07	1,14	0,56	0,64	2,03	1,79
BG#08	0,73	0,74	1,48	0,99	0,49
BG#09	1,11	0,64	0,76	1,75	1,47
BG#10	0,55	0,66	0,71	0,82	0,76
SG#01	7,56	-	0,82	-	9,22
SG#02	7,96	-	0,62	-	12,74
SG#03	7,32	-	0,69	-	10,63
SG#04	2,11	-	0,84	-	2,52
SG#05	3,55	-	2,09	-	1,69
SG#06	Folie versagt; nicht berücksichtigt				
SG#07	9,37	-	0,65	-	14,41
SG#08	6,75	-	0,89	-	7,59
SG#09	0,15	-	1,80	-	0,08
SG#10	7,62	-	0,81	-	9,35

D Auswertung der TCT Tests

D.1 Bezeichnung

Die Geometriebezeichung der Auswertung der TCT Tests bezieht sich auf Abb. 6.1. Die Bezeichnungen in Tab. D.2 haben dementsprechend folgende Bedeutung:

$\mathcal{G}$ Energiefreisetzungsrate

F Gemessene Kraft im Versuch

2δ Optisch ausgewertete Verformung im Versuch

$2a$ Mittlere Gesamtlänge der aufgetretenen Delamination im Versuch

t Ausgewertete Prüfzeit zur Bestimmung der Energiefreisetzungsrate

σ technische Folienspannung: Kraft bezogen auf die Querschnittsfläche der 1,52 mm PVB-Folien

ε technische Foliendehnung: $2\delta \left(2a\right)^{-1}$

E Elastizitätsmodul der PVB-Folie: Bestimmung über das Hookesche Gesetz $\sigma\varepsilon^{-1}$

Auf die Probengeometrie, den Haftgrad sowie auf die durchgeführte Prüfgeschwindigkeit kann mit der Probenbezeichnung in Tab. D.2 und deren Aufschlüsselung in Tab. D.1 geschlossen werden.

D.2 Energiefreisetzungsrate

Es sei nochmals darauf hingewiesen, dass die optisch ausgewertete Verschiebung 2δ und die gesamte Delaminationslänge $2a$ sich auf mehrere Ergebnispunkte der jeweiligen Messgröße stützen. Die Delaminationsfläche war über die Breite nicht konstant, sodass an manchen Stellen keine Delamination sichtbar war, an anderer Stelle dafür eine größere. Dementsprechend kann im Mittel (bezogen auf die Probenbreite) eine kleinere Delaminationslänge herauskommen, als die Kameraauflösung dies bewerkstelligen kann. Für die Punktverfolgung wurde auch im Prinzip das Mittel der Verschiebung von der Anzahl der gefundenen Pixel je Markierung gebildet, sodass auch hier theoretisch eine kleinere Verschiebung als die Kameraauflösung sich ergeben kann.

Tabelle D.1 Probenbezeichnungen des TCT Tests

Probekörpernummer: x.y.z		
x: Prüfgeschwindigkeit v	y: Folienart	z: Breite b
x $v\,[\mathrm{mm\,min^{-1}}]$	y Haftgrad	z $b\,[\mathrm{mm}]$
1 6	1 BG R10 (gering)	1-10 30
2 600	2 BG R15 (mittel)	11-20 50
3 60 000	3 BG R20 (hoch)	

Tabelle D.2 Zusammenstellung der Energiefreisetzungsraten $\mathcal{G}$ der ausgewerteten Probekörper

Probe	Energierate	Versuchsdaten				Mech. Größen		
	$\mathcal{G}$	F	2δ	$2a$	t	σ	ε	E
	$[\mathrm{J\,m^{-2}}]$	[N]	[mm]	[mm]	[s]	[MPa]	[–]	[MPa]
1.1.2	253,74	114,53	0,31	1,16	3,69	2,51	0,27	9,45
1.1.4	375,14	134,56	0,33	0,98	4,62	2,95	0,33	8,82
1.1.5	515,34	148,57	0,37	0,89	5,53	3,26	0,42	7,83
1.1.7	296,61	123,10	0,36	1,24	4,61	2,70	0,29	9,34
1.1.8	313,99	137,21	0,38	1,37	4,67	3,01	0,27	10,96
1.1.12	245,12	180,77	0,32	1,17	6,49	2,38	0,27	8,77
1.1.14	278,09	200,65	0,21	0,75	3,76	2,64	0,28	9,52
1.1.15	503,23	234,43	0,34	0,79	5,55	3,08	0,43	7,18
1.1.16	399,49	234,90	0,25	0,73	3,70	3,09	0,34	9,09
1.1.17	387,84	216,14	0,42	1,18	5,60	2,84	0,36	7,92
1.1.18	686,38	180,01	0,36	0,47	4,67	2,37	0,76	3,11
1.1.20	360,25	253,88	0,21	0,76	4,68	3,34	0,28	11,77
1.2.4	366,65	170,11	0,27	1,03	4,64	3,73	0,26	14,42
1.2.5	512,37	165,74	0,13	0,36	4,65	3,63	0,37	9,80
1.2.7	546,32	162,32	0,31	0,76	4,69	3,56	0,40	8,81
1.2.8	491,08	170,81	0,37	1,08	4,64	3,75	0,35	10,86
1.2.13	440,74	257,85	0,18	0,54	4,62	3,39	0,34	9,92
1.2.17	120,17	150,70	0,07	0,46	1,83	1,98	0,16	12,43
1.3.1a	956,00	181,11	0,71	1,12	9,35	3,97	0,63	6,27
1.3.2a	953,95	182,46	0,74	1,18	13,04	4,00	0,63	6,38
1.3.2	708,45	187,32	0,34	0,75	5,60	4,11	0,45	9,05

Fortsetzung auf der nächsten Seite...

Tabelle D.2 (Fortsetzung)

Probe	Energierate		Versuchsdaten			Mech. Größen		
	$\mathcal{G}$	F	2δ	$2a$	t	σ	ε	E
	[J m^{-2}]	[N]	[mm]	[mm]	[s]	[MPa]	[−]	[MPa]
1.3.4	1116,71	248,48	0,42	0,77	6,56	5,45	0,54	10,10
1.3.5	1170,14	244,77	0,36	0,62	5,55	5,37	0,57	9,36
1.3.7	1243,99	239,54	0,27	0,43	6,56	5,25	0,62	8,43
1.3.10	1272,46	252,83	0,36	0,60	6,53	5,54	0,60	9,18
1.3.11	1305,41	356,89	0,37	0,51	6,47	4,70	0,73	6,42
1.3.13	1718,65	381,38	0,44	0,49	6,46	5,02	0,90	5,57
1.3.15	1639,64	349,12	0,41	1,37	5,63	4,59	0,94	4,89
2.1.1	1207,23	347,80	1,24	2,98	0,47	7,63	0,42	18,31
2.1.2	1415,55	411,02	0,49	1,20	0,40	9,01	0,41	21,81
2.1.4	1621,82	395,48	0,88	1,79	0,40	8,67	0,49	17,62
2.1.5	1250,81	376,76	1,06	2,66	0,47	8,26	0,40	20,74
2.1.6	1399,90	384,19	1,07	2,45	0,47	8,43	0,44	19,27
2.1.8	1233,56	380,06	0,91	2,33	0,47	8,33	0,39	21,40
2.1.9	1433,44	392,77	0,93	2,13	0,47	8,61	0,44	19,67
2.1.10	805,96	367,57	0,69	2,64	0,47	8,06	0,26	30,63
2.1.11	1446,36	758,08	0,87	2,27	0,47	9,97	0,38	26,14
2.1.12	1527,98	682,37	1,03	2,30	0,53	8,98	0,45	20,05
2.1.13	1129,01	671,46	0,69	2,05	0,47	8,83	0,34	26,27
2.1.14	1301,86	749,54	0,87	2,50	0,47	9,86	0,35	28,39
2.1.15	1515,70	675,52	0,88	1,95	0,60	8,89	0,45	19,81
2.1.16	1966,31	684,97	0,66	1,15	0,49	9,01	0,57	15,70
2.1.17	1505,43	680,03	1,09	2,45	0,53	8,95	0,44	20,21
2.1.18	1595,63	702,01	1,23	2,69	0,60	9,24	0,45	20,32
2.1.19	1434,27	644,12	1,17	2,62	0,54	8,48	0,45	19,03
2.1.20	1429,30	653,57	0,63	1,43	0,53	8,60	0,44	19,66
2.2.1	1549,42	447,36	1,05	2,53	0,37	9,81	0,42	23,60
2.2.2	1775,65	463,36	0,91	1,97	0,37	10,16	0,46	22,10
2.2.4	1410,56	457,13	0,46	1,26	0,33	10,02	0,37	27,07
2.2.5	1538,58	474,63	0,94	2,42	0,33	10,41	0,39	26,76
2.2.6	873,97	447,33	0,67	2,88	0,53	9,81	0,23	41,84
2.2.7	1586,92	462,79	0,55	1,34	0,47	10,15	0,41	24,66
2.2.8	1920,33	455,32	1,19	2,35	0,53	9,99	0,51	19,73
2.2.9	1594,34	450,39	1,22	2,88	0,53	9,88	0,42	23,25
2.2.10	1465,33	418,84	1,31	3,12	0,53	9,19	0,42	21,88
2.2.11	1939,26	778.37	0,73	1,47	0,57	10,24	0,50	20,55
2.2.12	1247,55	867,58	0,69	2,40	0,57	11,42	0,29	39,69

Fortsetzung auf der nächsten Seite...

Tabelle D.2   (Fortsetzung)

Probe	Energierate	Versuchsdaten				Mech. Größen		
	$\mathcal{G}$	F	2δ	$2a$	t	σ	ε	E
	$[\text{J m}^{-2}]$	$[\text{N}]$	$[\text{mm}]$	$[\text{mm}]$	$[\text{s}]$	$[\text{MPa}]$	$[-]$	$[\text{MPa}]$
2.2.13	1566,09	798,34	0,94	2,40	0,53	10,50	0,39	26,77
2.2.14	1304,57	800,82	0,73	2,25	0,53	10,54	0,33	32,18
2.2.15	1386,07	823,41	1,14	3,37	0,57	10,82	0,34	32,18
2.2.16	958,63	779,54	0,53	2,15	0,50	10,26	0,25	41,70
2.2.18	1314,09	684,01	1,09	2,84	0,57	9,00	0,38	23,42
2.2.19	1517,35	676,57	1,05	2,34	0,53	8,90	0,45	19,85
2.2.20	1449,79	685,46	1,01	2,40	0,53	9,02	0,42	21,32

D.3 Erste Versuchsreihe - 6 mm min^{-1}

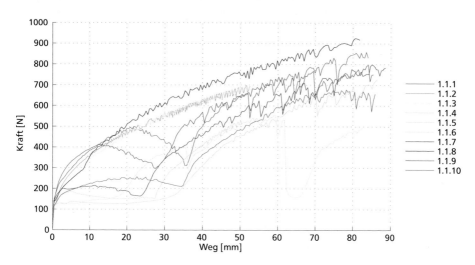

Abbildung D.1 Zusammenstellung der schmalen Probekörper der ersten Versuchsreihe, Versuchsserie BG R10

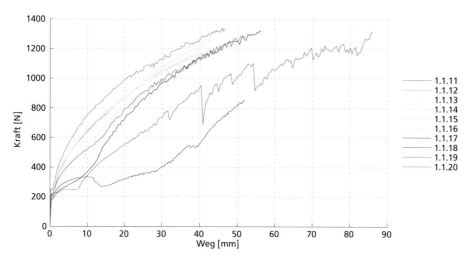

Abbildung D.2 Zusammenstellung der breiten Probekörper der ersten Versuchsreihe, Versuchsserie BG R10

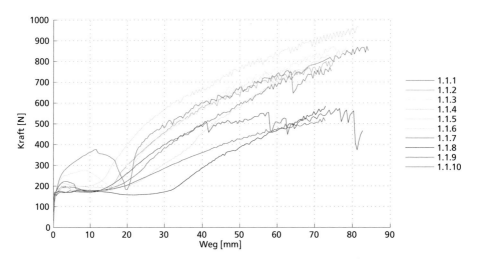

Abbildung D.3   Zusammenstellung der schmalen Probekörper der ersten Versuchsreihe, Versuchs-serie BG R15

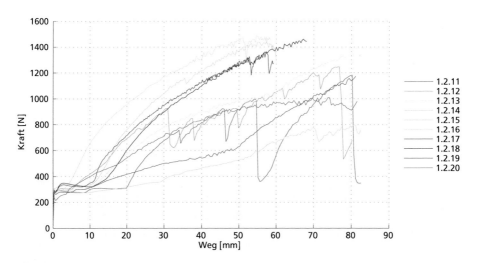

Abbildung D.4   Zusammenstellung der breiten Probekörper der ersten Versuchsreihe, Versuchsserie BG R15

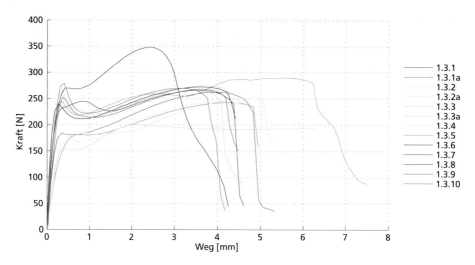

Abbildung D.5 Zusammenstellung der schmalen Probekörper der ersten Versuchsreihe, Versuchsserie BG R20

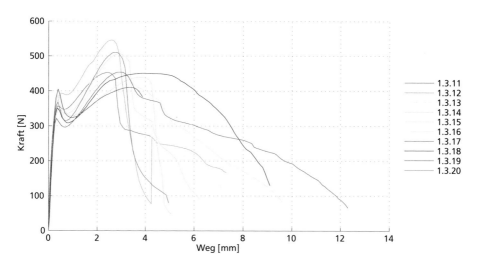

Abbildung D.6 Zusammenstellung der breiten Probekörper der ersten Versuchsreihe, Versuchsserie BG R20

D.4 Zweite Versuchsreihe - 600 mm min⁻¹

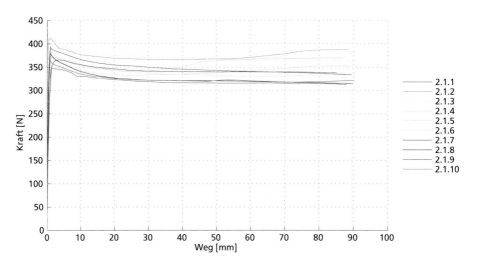

Abbildung D.7   Zusammenstellung der schmalen Probekörper der zweiten Versuchsreihe, Versuchsserie BG R10

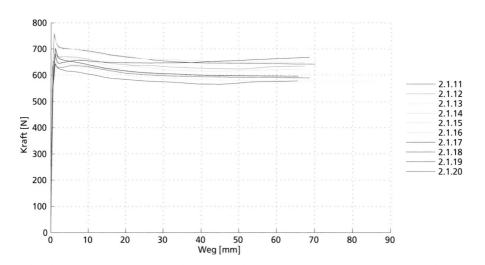

Abbildung D.8   Zusammenstellung der breiten Probekörper der zweiten Versuchsreihe, Versuchsserie BG R10

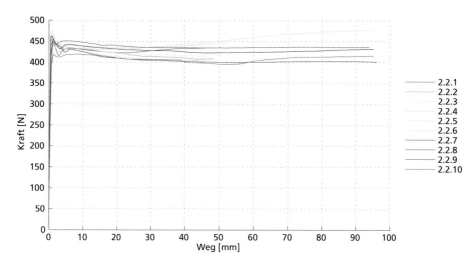

Abbildung D.9 Zusammenstellung der schmalen Probekörper der zweiten Versuchsreihe, Versuchsserie BG R15

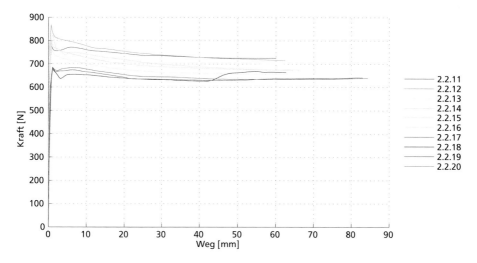

Abbildung D.10 Zusammenstellung der breiten Probekörper der zweiten Versuchsreihe, Versuchsserie BG R15

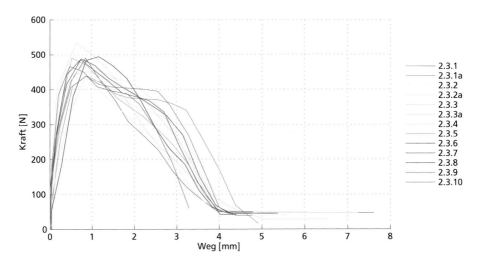

Abbildung D.11 Zusammenstellung der schmalen Probekörper der zweiten Versuchsreihe, Versuchsserie BG R20

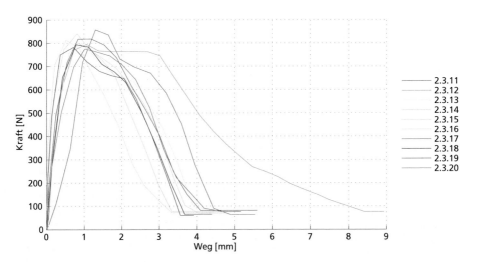

Abbildung D.12 Zusammenstellung der breiten Probekörper der zweiten Versuchsreihe, Versuchsserie BG R20

D.5 Dritte Versuchsreihe - 60 000 mm min^{-1}

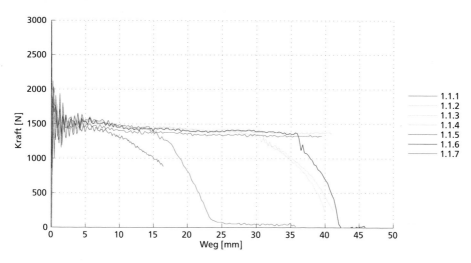

Abbildung D.13 Zusammenstellung der Probekörper der dritten Versuchsreihe, Versuchsserie BG R10

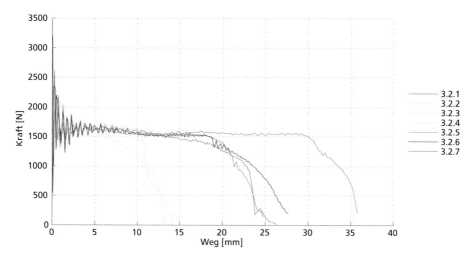

Abbildung D.14 Zusammenstellung der Probekörper der dritten Versuchsreihe, Versuchsserie BG R15

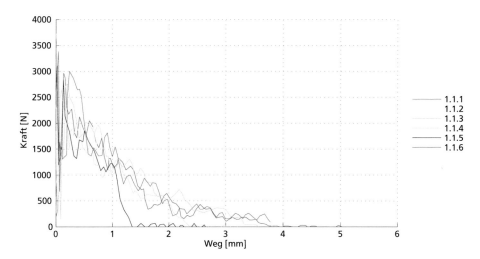

Abbildung D.15 Zusammenstellung der Probekörper der dritten Versuchsreihe, Versuchsserie BG R20

D.6 Zusätzliche TCT Tests mit ES-Folie

Die TCT Tests mit der ES-Folie wurden für die Beurteilung des Delaminationsverhalten nicht eingehender betrachtet. Zur Vollständigkeit wurden jedoch die Kraft-Wegverläufe ausgewertet.

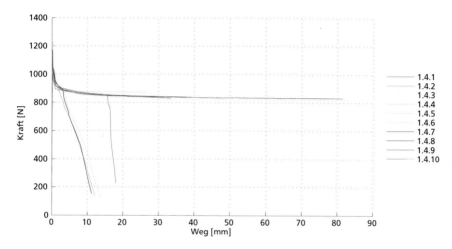

Abbildung D.16   Zusammenstellung der schmalen Probekörper der ersten Versuchsreihe, Versuchsserie ES

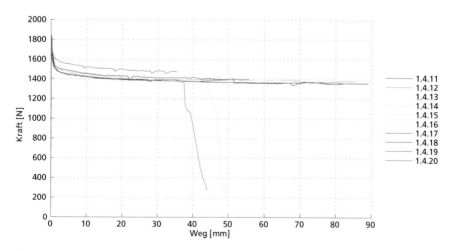

Abbildung D.17   Zusammenstellung der breiten Probekörper der ersten Versuchsreihe, Versuchsserie ES

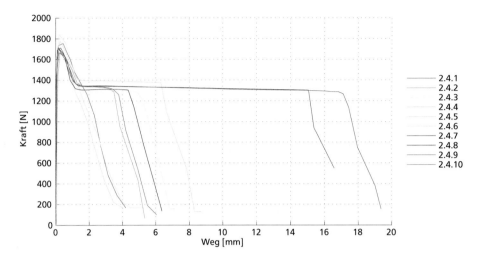

Abbildung D.18 Zusammenstellung der schmalen Probekörper der zweiten Versuchsreihe, Versuchsserie ES

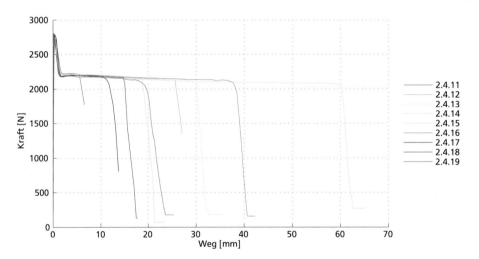

Abbildung D.19 Zusammenstellung der breiten Probekörper der zweiten Versuchsreihe, Versuchsserie ES

E Kraft-Zeitverläufe der Bauteilversuche

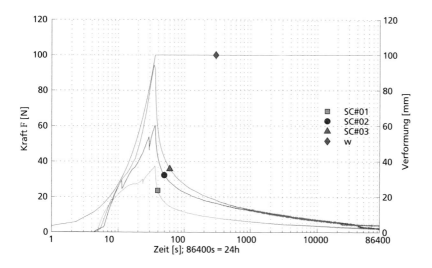

Abbildung E.1 Kraft-Zeitverlauf der Bauteilversuche mit VSG aus SC-Folie

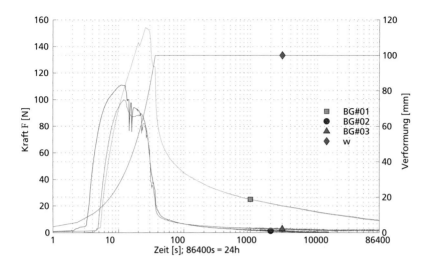

Abbildung E.2   Kraft-Zeitverlauf der Bauteilversuche mit VSG aus BG R20-Folie

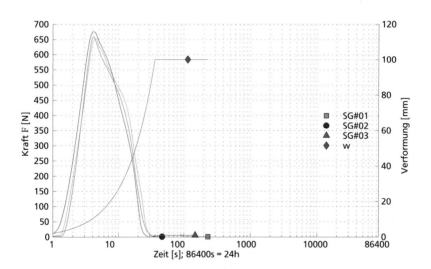

Abbildung E.3   Kraft-Zeitverlauf der Bauteilversuche mit VSG aus SG-Folie

F Numerische Untersuchungen

Tabelle F.1 Prony-Reihe und WLF-Funktion für den Schubrelaxationsmodul $G(t)$ von PVB

Zeitindex i	(VAN DUSER et al., 1999) $G_iG_0^{-1}$ [-]	τ_i [s]	(BARREDO et al., 2011) $G_iG_0^{-1}$ [-]	τ_i [s]
1	$1{,}6060 \cdot 10^{-1}$	$3{,}2557 \cdot 10^{-11}$	$1{,}5100 \cdot 10^{-1}$	$3{,}0900 \cdot 10^{-7}$
2	$7{,}8777 \cdot 10^{-2}$	$4{,}9491 \cdot 10^{-9}$	$1{,}9100 \cdot 10^{-1}$	$3{,}0800 \cdot 10^{-6}$
3	$2{,}9120 \cdot 10^{-1}$	$7{,}2427 \cdot 10^{-8}$	$1{,}4100 \cdot 10^{-1}$	$3{,}0700 \cdot 10^{-5}$
4	$7{,}1155 \cdot 10^{-2}$	$9{,}8635 \cdot 10^{-6}$	$1{,}8400 \cdot 10^{-1}$	$3{,}0660 \cdot 10^{-4}$
5	$2{,}6880 \cdot 10^{-1}$	$2{,}8059 \cdot 10^{-3}$	$1{,}3900 \cdot 10^{-1}$	$3{,}0570 \cdot 10^{-3}$
6	$8{,}9586 \cdot 10^{-2}$	$1{,}6441 \cdot 10^{-1}$	$1{,}2200 \cdot 10^{-1}$	$3{,}0490 \cdot 10^{-2}$
7	$3{,}0183 \cdot 10^{-2}$	$2{,}2648$	$5{,}4000 \cdot 10^{-2}$	$3{,}0400 \cdot 10^{-1}$
8	$7{,}6056 \cdot 10^{-3}$	$3{,}5364 \cdot 10^{1}$	$1{,}3700 \cdot 10^{-2}$	$3{,}0320$
9	$9{,}6340 \cdot 10^{-4}$	$9{,}3675 \cdot 10^{3}$	$2{,}1100 \cdot 10^{-3}$	$3{,}0230 \cdot 10^{1}$
10	$4{,}0590 \cdot 10^{-4}$	$6{,}4141 \cdot 10^{5}$	$9{,}4600 \cdot 10^{-4}$	$3{,}0150 \cdot 10^{2}$
11	$6{,}1430 \cdot 10^{-4}$	$4{,}1347 \cdot 10^{7}$	$9{,}6500 \cdot 10^{-5}$	$3{,}0070 \cdot 10^{3}$
12			$2{,}7500 \cdot 10^{-4}$	$3{,}0000 \cdot 10^{4}$
13			$1{,}5400 \cdot 10^{-4}$	$2{,}9900 \cdot 10^{5}$
$G_0{}^a$	471 MPa		427,8 MPa	
$G_\infty{}^b$	0,0517 MPa		0,307 MPa	
K^c	5730 MPa		2000 MPa	
v^d [-]	0,46		0,39	
WLF^e	$C_1 = 20{,}1$	$C_2 = 91{,}1\,°\mathrm{C}$	$C_1 = 49{,}806$	$C_2 = 328{,}46\,°\mathrm{C}$

^{a} Initialschubmodul
^{b} Endschubmodul
^{c} Kompressionsmodul
^{d} Querkontraktionszahl
^{e} shift-Funktion nach Williams, Landel und Ferry bei $T_{ref} = 20\,°\mathrm{C}$

Tabelle F.2 Ermittelte Parameter des 5-parametrigen Mooney-Rivlin Modells aus Zugversuchen an PVB-Folie mit 5 mm min^{-1} Wegrate in (EIRICH, 2013)

C_{10} [MPa]	C_{01} [MPa]	C_{20} [MPa]	C_{11} [MPa]	C_{02} [MPa]	D [MPa^{-1}]
$-0{,}967\,25$	$1{,}4799$	$0{,}486\,89$	$-1{,}5581$	$1{,}8912$	0

Printed in the United States
By Bookmasters